（德）

Michael Ohl

麦克·奥尔——

著

任性还是理智：

物种命名的故事

Die Kunst der Benennung

王新国　郭明阳——————译

辽宁科学技术出版社

·沈阳·

This is translation edition of German edition Die Kunst der Benennung by Michael Ohl.
ⓒ MSB Matthes & Seitz Berlin Verlagsgesellschaft mbH, Berlin 2015.

ⓒ 2022 辽宁科学技术出版社。

著作权合同登记号：第06-2018-263号。

图书在版编目（CIP）数据

任性还是理智：物种命名的故事 /（德）麦克·奥尔著；王新国，郭明阳译 . — 沈阳：辽宁科学技术出版社，2022.4

ISBN 978-7-5591-1881-3

Ⅰ.①任… Ⅱ.①麦… ②王… ③郭… Ⅲ.①植物-命名法②动物-命名法 Ⅳ.① Q949-65 ② Q959-65

中国版本图书馆 CIP 数据核字（2020）第 216487 号

出版发行：辽宁科学技术出版社
　　　　　（地址：沈阳市和平区十一纬路 25 号　邮编：110003）
印 刷 者：辽宁新华印务有限公司
经 销 者：各地新华书店
幅面尺寸：145mm×210mm
印　　张：9.5
字　　数：224 千字
出版时间：2022 年 4 月第 1 版
印刷时间：2022 年 4 月第 1 次印刷
责任编辑：殷　倩
封面设计：周　洁
版式设计：鼎籍文化创意　刘萍萍
责任校对：韩欣桐　周　文

书　　号：ISBN 978-7-5591-1881-3
定　　价：48.00 元

联系电话：024-23280272
投稿与合作等事务请致电
或者 QQ 185495232

目录

序言 美丽的名称

无论是说还是写，一个名称的要素及其最终表现都是通过文字传达的。在博物学收藏中，这一原则更是明确得无以复加。一屉又一屉、一柜又一柜的各种蝴蝶、蜻蜓、鱼类和蠕虫——大小各异，色彩或艳丽或朴素，来源或常见或珍稀——可以装满庞大的展厅。每一间自然博物馆都是整个世界的一个缩影，容纳千百万种自然的造物，但没有哪一种是完全独立的个体。每一种生物都有一个名字，在自然博物馆中它的名字通常都标注在一个标签上。我们用这些名字赋予这些物种具体的含义，而我们通过给这些物种命名，使这些物种成为我们对自然界感知的组成部分。物种的名称履行词语标记的职能，可用于任何可以想象得到的生物体。物种是生命科学中最重要的概念单元，所以它在我们的讨论中占有最重要的地位。我们对物种进行标准且明确的语言学意义上的确认必须完全遵从科学的发现：你只能给已经发现并确认了的生物体命名。

除了确认科学名称之外，我们也会为世界上多种多样的生物命名，从而可以以它们为题进行讨论。大多数名称，甚至一些名称的组成部分，都源于人类语言久远的过去，所以我们必须依照历史语言学才能重建它们的意义。鉴于这些名称大规模的系统性出现和使用，并且伴随着持续不断的动态变化，土语（地方语言）名称——与科学标签相比——就不适用于生物物种统一命名的标准。

土语名称为何不适用呢？原因在于物种的数量太过庞大。我们在日常谈话中给很多物种做过一时兴起的描述，大多不科学、准确。目前，已经有大约 150 万个物种得到鉴定、注册和命名，但是还有几百万、上千万甚至上亿个物种有待被发现，再被命名。

因此，生物体需要获得可以在全世界通用的科学名称。科学名称有别于我们的日常用语，因为它们一般都是根据古代的语言学准则由古代语言元素构成的。科学名称会和公众生活有一定的距离，甚至形成封闭的属于专业人士的小世界。但物种的名称随处可见，在濒危物种名录上，在每一个花园用品商店里盆栽植物的标签上都可以看到它们，比如矮牵牛花属（*Petunia*）、鸢尾属（*Iris*）和菊属植物（*Chrysanthemum*）。更有甚者，在少儿图书里也可以找到物种的科学名称，沉迷于认识各种恐龙的孩子会不知道雷克斯暴龙（*Tyrannosaurus rex*）、三角龙（*Triceratops*）或者迅猛龙（*Velociraptor*）吗？

诚然，这就是大多数人从科学名称那里获得妙趣体验的最早的经历。虽然这些科学名称以前曾是隐秘的咒语，但是现在它们开启了一条通道，通往已经灭绝了的巨兽的世界。我们听到它们的名字，脑海中会浮现史前景象，觉得自己身临其境，对它们不觉得陌生。对于那些知道物种的名字的人来说，就有可能体会到棘龙（*Spinosaurus*）这种白垩纪时代恐怖的捕食者的生活。显然，行家和只有业余爱好者认知水平的半吊子之间是有区别的。正式的名称不仅能揭示一种生物在它自己世界里生活的情景，而且能引导我们走进科学的世界。一个物种名称能传达权威性和知识，根据科学构建出一个鲜活的世界。因此，一个科学的名称是在印象与内涵、知识与阐释之间飘游的终点。

科学名称的意义绝非仅此而已。这些名称的所有异样之处，使它们成为语言学中的妙品。当你学会如何辨认，并明确科学名称的组成部分，就会进入词语万千变化的世界，体会赏心悦目的拼图情境。你会在与科学名称打交道的过程中进入系统生物学和语言学的复杂领域。为新发现的物种赋予科学名称是充满想象力的创作，也是特别有趣的仪式。只要人类继续谈论自然，为物种确定的名称就会永恒存在，这是从为物种定名中升腾而起的根源性的满足感。

如此一来，本书涉及的观点就明确了。科学名称关系重大，它无处不在，它比你能想到的更易于理解和使用，而且它还很有趣。因为主观的和情绪的效用一贯地在物种的命名中起作用，所以确定名称的技艺应该通过艺术家——也就是分类学家的事例讲述，于他们而言，"生命的目录"的永恒存在往往是他们永载史册的核心前提。这些人通过发现并命名诸如大熊猫、三角龙和侏儒河马这样的生物（更无须说大量没有什么感召力的昆虫、黏菌和扁虫），改变并丰富了我们对自然的理解。

我自己的观点也是主观的、情绪化的，而且并非总是下意识地从我的动物学和昆虫学兴趣中获益，我对昆虫学的兴趣很大程度上来自"会叮人的有翅膀的东西"——胡蜂、蜜蜂和蚂蚁。胡蜂是帮助我获得最多发现的生物，因为它是我身为一名科学家的首要研究对象。我会不时地发现新的物种，而且其中有些甚至会引来科研领域之外的关注，比如武将胡蜂（*Megalara garuda*）或王胡蜂，因其引人注目的体形而得名，还有扁头摄魂蜂（*Ampulex dementor*），得名于《哈利·波特》系列小说中的摄魂怪。我个人的癖好是本书为什么着重谈论动物和昆虫的原因之一。没有比昆虫更具有物种多样性的生物门类了，而且昆虫非常有必要拥有科学名称——一直以来都是这样。

很多人觉得地理大发现和为物种命名的时代已经过去了，但是事实正相反，我们正处于这一时代的中期。每年都比过去任何时间发现和录入更多的新物种，而物种多样性和物种数量持续增加的关键就是科学名称。本书讲述的就是这些科学名称的故事。

乌桑巴拉三角变色龙（*Chamaeleon deremensis*，现在属于三角避役属）的一种模式标本，由格奥尔格·弗雷德里希·保罗·麦斯彻于 1896 年记述，他后来成为哺乳动物收藏馆的馆长。柏林自然博物馆藏，本书作者拍摄。

第一章 元首和蝙蝠（Fledermaus）

1942年3月3日，一则配有怪异标题的短新闻出现在《柏林晨邮报》上，《蝙蝠（Fledermaus）不复存在！》：

"在第15次例行会议上，德国哺乳动物学会通过了一项决议，决定把在动物学上有歧义的两个名称Spitzmaus（鼩鼱）和Fledermaus（蝙蝠）改为Spitzer和Fleder。Fleder是Flatterer的一种旧有形式。Spitzmaus派生出了不同的名字Spitzer、Spitlein、Spitzwicht、Spitzling。此次会议上，在动物学博物馆的礼堂里与会者做了几个重要的报告……"

当时，虽然德国哺乳动物研究的领军人物在柏林的日报上对这些问题做了声明，但是Fledermaus和Spitzmaus依然是蝙蝠和鼩鼱的德语常用名称。没有字典或者野外手册收录Fleder或者Spitzer的词条（但Spitzer有一个基本释义是"削铅笔的小工具"）。

很快，对这一短讯的回应从令人出乎意料的地方——马丁·鲍曼那里传来。马丁·鲍曼是阿道夫·希特勒的私人秘书，他在1942年3月4日发给德国总理府首脑汉斯·海因里希·拉莫斯的一则消息中传达了来自希特勒的极为明确的指示：

"在昨天的报纸上，元首看到了一则关于德国哺乳动物学会第15次例行会议上批准改变动物名称的报道。元首随即指示我和相关团体接触，毫无疑问，这些被改变的名称必须马上改回来。德国哺乳动物学会的成员务必全力投入战争或者更明智的事情当中，或许可以在苏联前线扩建军营。倘若此类重新命名的蠢行再次发生，元首一定会采取相应的措施；在任何情况下，这些已经使用多年的名称都不应该以这种方式加以更改。"

显然，"相关团体"毫无误解地领会并执行了这一禁令。1942 年 7 月 1 日，《动物学期刊》刊载了一则通知，不到 5 行字。这则通知没有署名，但是很可能出自期刊的出版方：

"鉴于对 Fledermaus 和 Spitzmaus 两个名称可能改变的相关讨论（在《动物学期刊》之前的卷次上），期刊的编辑们希望公众们了解，这些已经确立多年的词语不会改变，这是在科学、教育和文化部长遵循元首的指示后做出的说明。"

可以确信拉莫斯将希特勒的指示转给了当时的科学、教育和文化部长伯恩哈德·鲁斯特。鲁斯特可能随后要求"相关团体"的某位人士，在合适的平台上发布撤回之前决议的消息。《动物学期刊》刚好能满足要求，尤其是这个期刊截至 1941 年已经刊载了两篇关于 Spitzmaus 这一名称需要改变的文章了。

那么，这些资深科学家们认为 Fledermaus 和 Spitzmaus 这两个分别指代蝙蝠和鼩鼱的无伤大雅的名称到底有什么问题呢？而且改名这件事又是怎么传到了 1942 年处在紧张时期的希特勒那里，使得他要亲自参与这些小型哺乳动物的正确分类的战斗当中呢？

争论的焦点

大多数人认为争论的焦点在于这两个寻常词语的第二个构词部分，即 maus（鼠），这个复合名称的组成部分在德语语法中是词根（受定语）。词根总是位于一个词的最后，决定这个词的意义和语法上的词性（即词语的阴阳性）。词根左侧的词素更准确地说明了词根的意义。因此，扶手椅（armchair）就是由椅子（chair）这一词根和它左侧（前面）更具体的词素（此处为 arm）构成的。比如我们对 maus 这一词根的使用，Gelbhalsmaus（黄吼姬鼠）就表示一种鼠类。现存大量的鼠类物种，在命名中都需要一个更具体的词素来限定或修饰 maus 这个词根。这一鼠类物种的颈部毛色为黄色，词根 maus 受到它之前词素的限定，从而构成一个更准确的词——意为有黄色颈部的鼠，用于命名这个具体的啮齿动物物种。

这种构词法适用于 Fledermaus 和 Spitzmaus，这表明（在语言学上）它们是鼠类。通过对这两个复合名称中表示具体特征的剖分（Fleder 源于 flattern，意为有襟翼；Spitz 意为尖，指鼩鼱的尖鼻子，还有它尖尖的头部形状），就可以获得意义清晰——或者至少是尽可能准确的名字，因为蝙蝠和鼩鼱还有许多种，特别是鼩鼱。这两个名字，自然都指向鼠，而这就是症结所在。在动物学词汇中，鼠是一种具有较高分类等级的啮齿动物，如鼠总科（Muroidea）。这类动物包含相当混杂的动物种类，偶尔会有奇怪的名字出现，比如鼢鼠（zokor）、盲眼鼢鼠（blind mole rat）、刺山鼠（spiny tree mouse）以及猪尾鼠（Chinese pygmy dormouse），更不用说我们的宠物仓鼠和那些当地特有但不受欢迎的小鼠、大鼠。对于所有的鼠类来说，复杂头骨结构，一对始终在生长的门牙，都是很常见的特征。此外，虽然由无尽的进化产生了各种花样（或长或短的腿，不同的毛色和尾巴长度，凡此种种），但是即使不用生物学的专业眼光，大多数鼠类也倾向于统一的形象。

就动物学而言，仅仅有像鼠一样的外观，是不足以将其归于鼠类的；更具体的头部的解剖特征是必要的论据。系统生物学的基本观点相当简单和明晰。经过长期的进化，植物和动物都衍生出了新的特征，并将这些特征传递给后代。因此，生活在今天的物种之间的相似之处可能会回溯指向一个共有的祖先，它们从祖先那里继承的特征是为了适应不同的环境，进而进化形成各自的新的特征。这些物种之间的相似之处成为发生在久远年代的进化事件的结果，今天我们只能通过科学假设的方式了解那个年代。当只有祖先的证据留存下来的时候，物种的归类才显得"自然"；生物物种的系统构建也是以相同的方式进行的。这与人造物品的系统和归类不同，人造物品的相互关联并非建立在所谓祖先最近发生的特定进化改变的基础上。生物的自然系统表现出看起来最为有理的进化过程，而人造物品的系统分类展现了人类在分类过程中对分类依据的武断运用。今天的系统生物学更青睐生命体自然系统的重建。

重建这些系统是复杂的工作，原因在于进化会以难以预料的方式打破它的节奏。有一些例子表明一个物种进化获得的特征会在之后的物种中消失或者以新的形式再现。这就是说，今天某个物种可用于鉴定的特征明天未必依然存在。系统生物学的高度艺术性在于用所有这些特征建立物种谱系的基础牢靠的假说，并使"生命之树"显得明晰。

我们再回到鼠类和它们头骨的具体解剖特征。这些特征在绝大多数的鼠类中都有出现，而在它们的亲缘物种中没有出现，系统发育学的研究人员得出结论，认为这是鼠类的共同祖先原始鼠（ur-mouse）进化产生的一个特征，所以，这些头骨的特征可以让系统生物学家在鼠类动物中鉴定出天然类群。所有鼠类的共同祖先将这些特征传递给后代的同时，也提供了一个起始点，这是鼠类非常复杂的系统发育树的根部，会最终涵盖大约 1500 个物种——相当于陆地上哺乳动物种类的1/4。与其说某个具体的啮齿动物属于这个分类，不如说它是源于整个鼠总科的最后一个共同祖先的许多后代之一。很多生活在北美的人都很熟悉田鼠、家鼠、鹿鼠，但它们通常都是躲起来的，我们并不能经常碰到它们。这些名字中带有"鼠"这一词根的动物在动物学界是真正的老鼠。

但在蝙蝠和鼩鼱这里情况并不完全相同——Fledermaus 和 Spitzmaus，虽然它们的名字中有词根 maus。这二者都不是啮齿动物，也就是说不属于泛指的鼠类。那么它们是什么呢？在哺乳动物的分类中，整个划分体系都要获得传统的认可，通常是哺乳纲之下的一个目。根据科学的观点，哺乳纲内有 25~30 个目。啮齿动物构成其中一个目，鼠类和其他几个哺乳动物种群属于这个目。与此相对应的是蝙蝠通常属于会飞的哺乳动物，它们的科学名称是翼手目（Chiroptera），源于希腊语 chiros（手）和 pteros（翼）。翼手目的意思就是"用手飞行的动物"，这个名称适合蝙蝠和它们的亲缘物种，即果蝠或狐蝠，它们都有典型的由伸展开的脚趾之间的膜形成的翼，它们是为数不多的有主动飞行能力的哺乳动物，其他看起来有飞行能力的哺乳动物，比如鼯鼠，实际上是被动滑翔。迄今为止翼手目的已知物种超过 1000 种，是哺乳动物中仅次于啮齿动物的第二大群体。蝙蝠没有鼠类头骨独有的特征，却具有翼手目独有的特点，比如"翼手"。蝙蝠无疑属于翼手目。

鼩鼱在系统中的位置也是根据相同的原则确定的。它们不具备上述鼠类的特征，哪怕它们与鼹鼠和刺猬有相同的特征，也与沟齿鼩这种只原生于加勒比诸岛的有毒的奇怪动物有相似之处。现在它们属于一个奇异的目，真盲缺目（Eulipotyphla），这一分类结果于 1999 年被确定。它们和哺乳动物的其他种群，比如马岛猬、麝香鼠和金毛鼹，有什么联系，至今尚无清楚的说明，而且在这些动物之中存在巨大的尺寸差异。在卡尔·林奈生活的 1758 年，最常用于鼩鼱、刺猬、鼹鼠以及其他多少有些异域特征的动物的名称是食虫类动物（Insectivora），这一名称使它们可以找到共同的祖先——也就是说，在今天看来，食虫类动物是一个天然的、在进化上适当地分类的观点是不可信的。无疑，鼩鼱和其他的啮齿动物（即使是鼠类）或者蝙蝠都没有关系（这是最吸引我们的地方）。

"真的"在和我说话吗？

现在，让我们沿着真盲缺目（Eulipotyphla）的足迹来一趟短途旅行。前缀 Eu- 经常用于科学名称，它在希腊语中的意思是正常的或典型的，与病态的或者变异的相对。Eu- 通常放在一个名称的前面，表示一个群体集结成一个实际的或真的类群，比如这里的 Lipotyphla。Lipo- 并非源于 lipos（指脂肪或油），而是来自动词 leipo，意思是缺少或抛弃了的。希腊语 typhlos 的意思是盲的或黑暗的，在医学上用 typhlon 表示盲肠。因此，Lipotyphla 表示盲肠的缺失，并且 Eulipotyphla 表示真的缺少盲肠。也许，不出意外的话，它们会成为盲肠目（Menotyphla，Meno- 意为留存或忍受）的亲戚，盲肠目表示有盲肠，根据盲肠的有无对食虫类动物进行分类是由恩斯特·海克尔于 1866 年最早开始的。

在今天的系统发育研究中，前缀 Eu- 在创造新名称中发挥着重要作用，因为许多系统生物学家都倾向于为所有或至少大量的系统发育树的分支进行命名。蜘蛛、昆虫、螃蟹，还有它们的同族亲属都被专门分到了节肢动物门（Arthropoda）——身体和足分节。节肢动物具有坚硬的外骨骼和顾名思义由多关节连接的附肢，与天鹅绒虫（有爪纲，Onychophora）和水熊虫（缓步纲，Tardigrada）是近亲，后二者是有柔软皮肤的生物，长着简单、无关节的足，事实上它们不属于节肢动物。大多数系统生物学家认为在动物系统中，天鹅绒虫和水熊虫之间的核心关系应该由恰当的名称反映出来。有两个办法可以解决这个问题。办法一：把天鹅绒虫和水熊虫放入节肢动物门，从而扩大节肢动物门的语义学范畴。相应的代价是以前的节肢动物——即真正的节肢动物就需要一个新的名字。办法二：对以前的节肢动物不做改变，但需要一个更高一级的名称来统摄天鹅绒虫和水熊虫。

大部分研究系统生物学的人选择第一种办法。节肢动物因此就吸纳了天鹅绒虫和水熊虫这些有柔软皮肤的亲属。而真正长着分节足的动物，曾经的节肢动物，会得到一个新的名称，即由前缀 Eu- 引导的新词真节肢动物（Euarthropoda）。如前所述，Eu- 表示正常的或典型的（暗含好和美丽的意味），这就是说，真节肢动物作为新命名的节肢动物的一个次级分类单位，可以被看作是"好的"节肢动物——换言之，它们是高贵的，拥有"正派的"节肢动物的特征。希腊语实际上要求前缀 Eu- 在元音字母前面的发音为 Ev-，就是说当大声说这个单词的时候，听起来应该是 Ev-arthropoda，而不是英语发音中的 You-arthropoda——这种希腊语要求的发音方式只有屈指可数的语言纯化论者才会遵循。在此种情况下，无论有无专业人士的认可，这种 You-arthropoda（你这个节肢动物）的读法都会在谈话或讲座中引发听众大笑。

至少从林奈的《自然系统》出版以来，专业人士便知道蝙蝠或者鼩鼱都与鼠类无关，但大众对此并不在意。人们能轻松地在词典里找到 Fledermaus 和 Spitzmaus 这两个词。表面的相似性确实令人惊诧，可是并不具体，这在遇到其他名字中有 mouse 而非 mice 的动物时就会有问题。鳞沙蚕（sea mouse）是一种不常见的海洋刚毛虫，体形和一只小鼠相近，覆有闪光的刚毛，只是和老鼠有些许相似，而且还没有尾巴。山雀（titmouse）是一种小型的林鸟，它的名字可以追溯到中世纪英语中的 mose，和德语 Meise 同源。虽然 mose 一词的语言学起源并不清楚，

褐头鸥（*Larus maculipennis* Lichtenstein，1823，现在属于彩头鸥属）的蛋和一些其他种的海鸥的蛋。柏林自然博物馆藏，本书作者拍摄。

但是这种鸟体形小，而其快速且类似于鼠类的移动方式要么是这个词的缘起，要么导致这个词的败落。将某一物种称为鼠可能是倾向于以结构相似性为判断依据，或者是语言学中的派生现象，然而，Fledermaus 和 Spitzmaus 这两个词争议背后的原因一目了然。

科学家们很确定地想要承认鼩鼱在外观上与鼠类相似，但是系统生物学家的本职工作旨在追求科学上的正确和清晰，不仅在他们的科学工作中，而且在为生物赋予科学名称的工作中，都是如此要求的。一些易于理解的指导方针，比如《国际动物命名规约》（一般称为《命名规约》），是一部动物学领域公认的复杂规范，它唯一的目标就是决定出每个人都可以理解的清楚的名称。这些规约是由国际动物命名委员会制定的，该委员会由来自不同国家的大约30名委员组成，涵盖了动物分类学的一系列研究领域。《命名规约》读起来就像是一部法典，但是对于动物学家而言，它是一个框架，整个动物分类学都容纳在内。请记住这种情况，有些系统生物学家想要将这些严格的标准扩展应用到不具有科学性的普通名称（俗名）上，这是可以理解的。这种想法对为人熟知的动物具有特殊的作用，比如中欧的那些哺乳动物和鸟类，它们都有德语名称。

最早为德语的哺乳动物名称的标准化据理力争的科学家之一是赫尔曼·波勒。1892年生于柏林的波勒毕生钟爱这座城市，并且将一生中大部分时间都投入柏林自然博物馆的工作中。他的职业生涯早期是从哺乳动物生物学家开始的，他还是一名大学生的时候就受雇于该博物馆著名的哺乳动物收藏馆，但没有薪水。凭借勤勉、韧劲和科学上的敏锐，波勒逐步晋升为哺乳动物方面的研究主管，他因此成为德国甚至国际哺乳动物的系统生物学研究领域最具影响力的人。1926年，波勒与路德维希·黑克（柏林动物园的前任园长）以及许多同行联合建立了德国哺乳动物学会，并担任第一任主席。波勒由此把握着哺乳动物研究的动向，正如一位传记作家所说，他"以浓厚的兴趣和毅力"谱写了这个学会之后50年的历史。

除了学术研究和在柏林自然博物馆的馆长工作，波勒对德国哺乳动物的命名也颇有兴趣。他不仅推动名称的标准化，而且还为使现有名称更具科学性，对其加以改变而据理力争，认为名称应该符合动物学的要求。

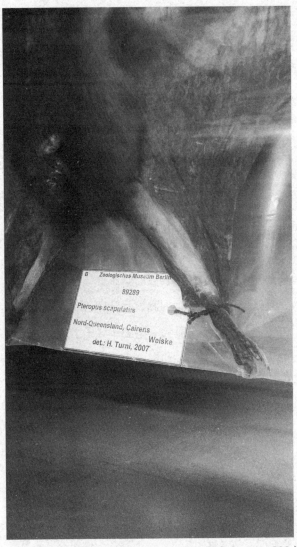

一只红色的小狐蝠（*Pteropus scapulatus* Peters，1862），放在塑料袋中的哺乳动物藏品。

1942 年，波勒就此问题发表了一篇题为《德国有多少种哺乳动物？》的文章。他还附加了一份内容涵盖广泛的德国哺乳动物列表，每一个物种都有波勒所称的正确的"技术性称谓"和相应的德语名称。当谈到有多个物种的鼩鼱（德语有 8 个关于鼩鼱的物种名称，而实际上只是针对现有且仅有的 1 种鼩鼱），以及 16 种在 Fledermaus 名下的蝙蝠的时候，波勒坚持使用可替代的词语。这 8 个鼩鼱物种由此就成了 Waldspitzer、Zwergspitzer、Alpenspitzer、Wasserspitzer、Mittelspitzer、Feldspitzer、Gartenspitzer 和 Haussspitzer。对于蝙蝠，它们复合名称中的词根变成了 Fleder：Teichfleder、Langfußfleder、Wasserfleder、Wimperfleder 等， 都是为了有一个特别雅致的名字。

波勒的文章发表时间早于德国哺乳动物学会第 15 次例行会议和希特勒的情绪化否决，这是一份很有意思的 份资料，因为波勒还在文中表达了自己对名录改版的真切愿望。他所强调的目标是看到 maus（鼠）这个词根的消失，这是对外行人将这些动物和真正的鼠类归为一类的不正确行为做出的反击"。在这些外行人眼中，鼠是"丑陋而且有破坏力的东西，必须要予以打击，最好彻底杀灭"。青云湖蝙蝠和蝙蝠对人没有什么危害，却成为与鼠类具有相同悲惨命运的斗争对象。波勒希望产生"观点上的转变"，这样就可以让受到威胁的动物不再与鼠类混为一谈。然后又该如何呢？波勒想用 Spitz 代替 Spitzmaus，但是 Spitz 已经被用于一个狗的品种。Russler 也可以，只是它已经被用于其他一些食虫类动物了。如此一来就只剩下 Spitzer 了，这个名称能凸显尖脑袋的特征，而且还没有被占用。波勒想为蝙蝠找一个不含有 maus（鼠）词根的名字，而且能够体现它们是能够飞行的哺乳动物的特点。大多数此类的名字都已经用在鸟类身上了，而且 Flatterer 或者 Flutterer 在逻辑上只

能用于特定的蝙蝠物种，指"那些会飞的坏东西"。另外，Flieger（飞
行的）是一个热门候选词语，却也被用于其他的动物种类了。波勒向读
者发问，为什么 Fleder 实际上已经完美地表达了所需的意思，人们却还
要使用 Fledermaus？波勒说 Fleder 有不一样的原初意义，但几乎没有多
少人知道这一事实。他的这一观点是正确的，Fledermaus 可以上溯至公
元 10 世纪，古高地德语 vledern 或者 flattern（Flatterer 的原形）。蝙蝠的
形象是一种 fluttering mouse（飞行的老鼠），这在 10 世纪之后存在于许
多语言中，包括英语中的 flittermouse，另有许多指称蝙蝠的德语名称。
在德国的一些地区，比如莱茵兰－普法尔茨和黑森州南部，古高地德
语 Fledarmus 就曾用于描述夜行生物，比如蛾子。在那里，蝙蝠被称为
Speckmaus，而不是 Fledermaus，因为在蛰伏的时候，它们看起来像是
一块块正在烟熏的肉（Speck）。

波勒试图赋予蝙蝠和鼩鼱永久不变的、科学的名称，为促进二者的
保护而努力，其效果在德国哺乳动物学会的第 15 次例行会议举行的时
候达到了暂时的顶峰，会议通过了一项关于接受波勒倡议的以 Spitzer-
和 Fleder- 为前缀的名称的决议。后来的结果我们已经知道了：希特勒
不开心。

就在这个节骨眼上，确切地说在若干年之后的 1956 年，波勒和许
多知名的德国哺乳动物研究者一同发表了一份奠基性的总结纲要《哺
乳动物德语名称》。所有关于 Spitzer 和 Fleder 的讨论都销声匿迹了；
而在此之前，所有的鼩鼱都被叫作 Spitzmaus，所有的蝙蝠都被叫作
Fledermaus。

名称的本土化

希特勒出于对 Spitzmaus 和 Fledermaus 的青睐而在盛怒之下干扰学

会的决议，不太会对这些名称的实际使用产生广泛的影响。相关的科学家们不会花费太多时间，在放弃新的名称与在其他地方"谋个差事"之间多加考量。与此同时，在《动物学期刊》上发表的声明或者类似的报道，以及德国哺乳动物学会之后在会议上偶然的涉及，应该不会对这些常用名称的使用产生任何深远的影响。

与我们随后探讨科学命名法的章节中的情况不同，鼩鼱（Spitzmaus）和蝙蝠（Fledermaus）二词是德语日常用语。科学名称的正式命名法是一道分水岭，动物名称创立于大约250年前。命名可以按照一种严格形式化的方式，通过重新确定命名规则的多种要素来实现，事实亦是如此，并且只有对这件事感兴趣的人才能理解这些规则变化的意义。这种命名规则的变化在很多时候都会涉及调整或修正相关的法律条文；科学名称的一项特征，是可以精准查明这些名称初现于历史中的哪些特定瞬间。只有当它们发表在出版物上的时候，它们的存在方才得以确立。

日常谈话与其语言学要素是完全不同的情况，而且日常用语具有它自己的历史源流，它从根本上说是不规范的。这里所使用的德语的起源用语言学术语讲是新高地德语——起源于1600年，它的语法和单词在过去的时光中发生了剧烈的变化。现代英语也是如此，它源于17世纪的早期现代英语。单词的变化，单词的构成，单词的消失以及从其他语言中借用词语，这些贯穿整个历史，在今天高速的全球交流渠道中可见，新词以超过以往的速度向德语、英语等语种渗透。因此，和科学命名法相比，口语用语变化并非一种可以追根溯源的语言创造行为。随着时间的推移，可以说，它们在许多方面都受到复杂的语言学发展进程的影响而成为今天的模样。

日常交流中涉及的动物名称大多不是一些简单的词语——即语言学

家所说的那些简单词，而是多种表达要素的集合体。这些复合名称可以是"封闭的"，即其组分之间没有空格，也可以是"开放的"，即其各部分相互分开，但是有连接的词。当把复合名称拆分成几部分，你可以立即看到它们的语言学起源以及它们各自的意思。有一个典型的例子，将一个特定的词素加到一个普通、简单的词根上，比如鼠、鸭子、蛤蜊（clam）上，这对准确表达既定动物是很有必要的：家鼠、环颈潜鸭、竹蛏（razor clam）。通过添加更多的词素或者形容词，一个简单的物种就可以在语言上完全区分出来：红腹啄木鸟、大黑尾灰蜻、金球织网蛛。有人不理解里海兔（Feldhase，brown hare 或 field hare），对他 / 她而言，答案是相当直观的：这是一种野兔，碰巧动物学家也是这么认为的，它喜欢在农田地带出没，以种植的作物为食。

然而，更具有挑战性的是，如何从语言上推导出组成这种动物复合名称的各个元素。术语如 Feldhase，直观上是 Feld 和 Hase，它们很难懂。无可否认这些都挺难，即使恰好有一位偏爱语言研究的生物学家来解答，也不可能给出答案。眼前的问题是某个很久以前就出现了的单词的意义或者用法发生了改变，如果没有今天的词汇表的帮助——至少不借助外力的话，就没法了解这种改变。Hase，或者 hare，现在就是指一种确定类型的哺乳动物，它们有长耳朵、大眼睛和健硕有力的后腿。你总是得假设在这个词的原始用法中，Hase 可能有不同的意思，或者来自另一种不同的语言或语境。新造词语——即一个新的发音序列的创造——也的确存在，但是这种新造词语极其罕见。词语复杂的起源和历史演变后的重建工作，成了语源学的研究领地，是最古老的语言学领域。

Feldhase 一词中的 Feld 来自一个不同于动物学的语境，并且在这里用于特指一种具体的野兔。这种信息即使对于非业余语言学者而言都十分少见，所以我们需要求助于弗雷德里希·克鲁格（他被尊称为"智者"）编写的《德语词源》，从而找到 Feld 一词的原初意义，是伸展或平坦，并在 8 世纪的古高地德语中就已经使用了。Hase 一词也存在于 8 世纪的古高地德语中，并且它的意思是"灰色的事物"。

但是动物名称 Maus 的意思并不容易追溯，以 mus 或相似形式出现，意为鼠的词语可以在所有印度－日耳曼语系中找到，而且它至少可以上溯到 8 世纪的古高地德语。再向前推进一步，就可以在拉丁语中看到鼠也是 mus，这仍然可以在今天的科学名称比如 *Mus musculus*（小家鼠）中看到。那么，可能的情况是印度－日耳曼语系中的 mus 是借用于拉丁语。这是一种语言的派生。那么接下来的问题是，mus 的原初意义是什么？

克鲁格，人如其名的"智者"，告诉我们 mus 一词的原初意义和起源的细节颇有争议，必须要有一个"值得大家重视"的解释。最终，他写道，mus 必须要上溯到古印度－日耳曼语系中的 mus，意为"偷窃"，而且可以参照鼠类那令人生厌的生存方式，就是依靠我们人类的食物养活它们自己。然而还有一个与古高地德语相关的词 chreo-mosido，意思是"抢夺一具尸体"，不能被排除在外。假如这种解释尚不够引起重视，那么这个故事就会变得复杂了。根据克鲁格的说法，我们一定不能忽视的事实是，单词 muscle（肌肉）过去的隐含意思指向不同的语境。许多印度－日耳曼语系的语言都有源于 mus 而指向"肌肉"的词语，无论是一般词语还是特殊词语都有。因此，我们可以相信这个动物名称可以追溯到"运动的事物"这个定义上。在这种情景下，拉丁语动词 movere（我们今天英语中的 move 和 movement）也与 mus 有关。克鲁格的结论是，我们不能确定 mouse（鼠）的原初意义是来自"偷窃"还是"运动"。mouse 这个例子，至少可以表明这么一个早在儿童时期就能很快学会的简单词语，其在语源学上的演变是多么复杂。

尽管有许多普通的语源学词典，但是没有关于德国动物名称的总结性的相关科学研究得以开展。赫尔穆特·卡尔的《德国动植物名称：解释与语序》是相当普及的作品，并且自 1957 年以来已经有多个版本问世，对德国生物物种的名称多样性做了极好的概述。卡尔首先根据词义将这些名称归类，也就是根据复合词中各部分的意思进行归类。结果书中章节的题目成了《自然之灵，无害和有害的》《一年中的节庆》《将死和死亡》。这是一份涵盖名称、名称的派生和名称的意义的庞杂名录。

德国鸟类和哺乳动物名称的语源学重建至少可以追溯到两本有趣的书，卡尔和克鲁格的著作，其他语源学词典对此也有帮助。1899 年，芬兰语言学家雨果·帕兰德将自己毕业论文的一部分，经由达姆施塔特的一个出版社发表出来。这本书名为《古高地德语动物名称之第一卷：哺乳动物名称》，该书的出版得到了弗雷德里希·克鲁格的支持，但未必是正式的指导。1874 年，帕兰德生于芬兰南部城市海门林纳，这里是芬兰历史上堪称最著名的作曲家让·西贝柳斯的故乡，他比帕兰德年长 5 岁。关于帕兰德我们所知不多。1896 年，他在赫尔辛基大学完成了本科和硕士学业，并于 1901 年在那里获得了博士学位。他的博士毕业论文的论题是德国动物名称的语源学研究，而他的第一份工作是德语语源学方面的讲师，他后来成为赫尔辛基大学的教授，他在这个职位上一直工作到 1941 年，即他去世前 3 年。他一直致力于挖掘那些被埋没的知识，他甚至会对自己的姓氏加以研究，那是公元 7 世纪拉丁化的一个姓氏。从 1906 年开始，帕兰德以苏奥拉赫蒂（Suolahti）为姓发表文章，这是其家族的原初芬兰名。

出于这个原因，我们感兴趣的这些书是以他两个不同的名字发表

的。特别是帕兰德在 1899 年出版的这本书，它是第一卷，那么这本书
应该还有第二卷，但它一直没有印，并且几乎被历史埋没了。这是一桩
憾事，因为这本书为发掘哺乳动物的德语名称的起源提供了丰富的基础。
帕兰德提出一个精妙的例子，单词 Pferd，马。据说它起源于晚期古高
地德语 pfarifit，它和中古高地德语 pferfrit、pharit 以及 pfert 有关。历史
上这个词的实际意思是特指"邮差的小马"，并且在古高地德语时代末
期才被用作一般性的词。在更早的时候，这些德语名称很有可能源于中
世纪的拉丁语，并且可以追溯到 paraveredus 一词。但是，在拉丁语中
表示邮差的小马的词是 veredus，而带有前缀 para-（意思是在一旁）的
复合词 paraveredus 是指在邮递过程中作为托运邮件的马匹的备用马的
那些马。paraveredus 一词最终进入早期德语并变形为 Pferd，很可能是
对这个词进行了口语化的缩略。当然，探索 Pferd 一词历史的道路在延
伸：拉丁单词 veredus 可以上溯到一个更古老的塞尔蒂克语的词。用来
表示马的威尔士语是 gorwydd，它显然是由发音为 wo 或者 we（意为在下
面或借由）的 ve 和塞尔蒂克语 reda（二轮马拉战车）组合而成的，reda
在古高地德语中的对应词是 rida，意思是驾驭、骑或运动。根据上述的
这些词，Pferd 与 reda 和 rida 有关联。

　　帕兰德的第二本书是《德语鸟类名称：语言学研究》，以他的芬兰
名字苏奥拉赫蒂发表于 1909 年，但书是用德语写作的。这本书根据历
史资料研究了所有鸟类名称的使用，以及这些名称自中世纪以来的变化。
这一卷的体量比上一卷要大得多，这也不必惊讶，因为在讲德语的地
理区域内（以及世界范围内），鸟类的物种数量要远比哺乳动物多得多。
同样，这本书带给读者的快乐只多不少。

　　与古高地德语的动物名称的语源学一样吸引人的是，Pferd 这个例

子澄清了一件事：即使对于那些手握最权威的拉丁语和希腊语词典的人来说，名称寻源的艺术依然不可捉摸。这一点对于那些以德语词根本身作为动物名称的词语而言尤其如此，这些词根古老、非复合，而且它们的原初意义难以从眼下对语言的理解中求得。有很多这样的例子：Aal、Adler、Ameise、Egel、Forelle、Geier、Hamster、Kröte、Schnecke、Storch、Unke 以及 Wespe，这些名字只是一些"简称"。有意思的是虽然这些德语的英语对应词有很多都源于古英语，但是它们从根源上来看都来自古高地德语，比如 eel（鳗鱼）、ant（蚂蚁）、hamster（仓鼠）、snail（蜗牛）、stork（鹳）和 wasp（胡蜂）。

除此以外，这些简单的非复合词进入现代语言体系的时间各不相同。在语言历史学中的流行做法是寻找古代的文字资料，从而确定一个词最早出现的时间。关于这些词历史起源的科学著作，比如雨果·苏奥拉赫蒂关于德语鸟类名称的研究，大多是参考历史文献以及在其中发现的名称得出的。与鸟类名称的历史起源有关的最早且最重要的资料是《〈利未记〉注疏》（*Leviticus Apostils*），大约成书于公元 8 世纪。在语言学历史中，注疏是对书中的一个词或难懂的一部分进行注解和解释的文字。《〈利未记〉注疏》阐明的是《利未记》中第 11 章附录中的一些翻译词语，讲述的是宗教教义在纯洁性方面的要求，特别是关于可食用动物和避开不可食用动物方面的教规。这部注疏的作者是坎特伯雷的西奥多，也被称为塔苏斯的西奥多，他得名于位于今天土耳其的故乡，在公元 7 世纪后半叶他成为坎特伯雷大主教，并且被认为是英国教会的创始人之一。在哈德良（并非是罗马皇帝哈德良——译者注）的陪同下西奥多被召至坎特伯雷，前者生于北非，是那不勒斯附近一座修道院的院长。《〈利未记〉注疏》中有一份拉丁语和古英语鸟类名称的汇编，大多是成对写就的。写这份名称汇编是出于实际操作的考虑：基督徒行至巴勒斯坦，他们对当地的饮食并不熟悉，需要了解那些可以食用和不可食用的鸟类。鉴于他们的北非－拜占庭出身，我们可以相信西奥多和他的得力助手哈德良对《圣经》中小亚细亚地区的动物是熟悉的。多亏有了这部烹饪词典，我们才有机会了解大量鸟类最早的详细名录。

语言历史学家们能参阅的最古老的资料来自公元 8 世纪，此类资料越近世越丰富。15 世纪中期发明的印刷机为图书的生产带来了一场革命，并且在其后的几百年里随着出版物的增加，寻找动物名称就变得越来越容易了。终于，互联网通过全球网络为我们提供了获取出版物电子版本的机会，即使面对近来词语在使用方面发生的变化，我们仍可以轻易查询得到。

通过这种方式，我们就有可能建立一份年表，标明特定动物名称出现在德语中的可能的最近时间点。举例来说，鳕鱼（Kabeljau）这个名称在 12 世纪就已经使用了，而直到 19 世纪海豚（Delphin）和羚羊（Antilope）才有迹可寻。同样，文学作品有时候也会揭示一个名称进入我们的词汇表的具体环境。我们文化史中大量意义重大的事件导致我们的生物学名称的存量极大地丰富起来，简单说就是我们之前所不了解的生物多样性变得逐渐可知了。从欧洲民族大迁徙时代到中世纪末期，商人和旅人将药用植物和香料从南欧带到德国。十字军和骑士开启了东方世界（主要指近东和中东地区——译者注）动植物的发现和掠夺之门，并且许多动物名称，比如长颈鹿（Giraffe）、鹦鹉（Papagei）和单峰驼（Dromedar），都起源于这一时期。在开始于 16 世纪前后的地理大发现时代，异域动植物终于有了进入欧洲的通路，很快就上了西方人的餐桌。

探险者们带回了大量发现这些动物的地区的原住民所使用的名称。与此同时，还有其他一些名称则是全新的创造。

语言的进化

我们可以看到，在 1000 年之后，源头难以尽数的动物名称被归档，并且还经历了语言内部的变化。可是问题依然存在，即语言学上的创造是如何形成如今这些动物名称的。语言学家针对这个问题勾勒出了一系列的可能性。一个不依赖任何现有单词发音序列，真正全新创造的名称是罕见的。如有足够的理由将动物名称确定为全新的创造，那只能是模仿而来的，语言学家称其为拟声词。对声音的模仿在创造动物名称中具有最重大的作用。布谷鸟（cuckoo）无疑是最为人熟知的例子了，也另有几个类似的例子：山雀（chickadee）、红眼雀（towhee）、美洲鹑（bobwhite）、食米鸟（bobolink）、北美夜鹰（whip-poor-will）以及一种美国东南部的夜鹰（chuck-will's-widow）。有意思的是，人们认为海鸥（Möwe）的名称源于古高地德语中的动词 mawen 和现代荷兰语中的 mauwen，这二者都指向猫的叫声，也就是说，这是一个拟声词从一个动物到另一个动物的转移。事实上，没有通过拟声造词法创造的哺乳动物名称，即使是鸟类，除了上述几个例子外，也找不出更多以拟声词创造的动物名称。

鸟的叫声和对叫声的模仿要比真正的拟声词更有特点，现存的此类名称未必是在模仿这些叫声，而是对叫声的描述。这样的例子有鸣鸟（warbler），还有哀鸠（mourning dove）、反舌鸟（mockingbird）和北美歌雀（song sparrow），这些名称都可以通过拆解它们的构词成分而快速理解。

将那些从动物的来源地借用的词和外来词汇并引入英语是更为普遍的命名方式。墨西哥钝口螈（axolotl，这个名称是墨西哥当地所用的）、美洲虎（jaguar，源于南美洲原生的瓜拉尼语）、豺（jackal，印度语）、黑斑羚（impala，祖鲁语）、鬣蜥（iguana，阿拉瓦克语）以及火蜥蜴（salamander，波斯语），这些名称都源于其他语言。有些名称被引入英语的时候保持不变，所以被认为是外来词语，而其他大量以不同方式进入英语词汇表的名称都遵照英语的发音习惯发生了改动，比如鹤鸵或食火鸡（cassowary），这是一种大型的不会飞的鸟，源于马来语的 kasuari。

但是最简单且常见的造词方式是结合老词，也就是用现有的词来创造新词。英语名称中包括仓鸮（barn owl）、月水母（moon jelly）、水纺蛛（water spider）、高山鹑或刀翎鹑（mountain quail）、地蜂（digger wasp）；而在德语这一以复合造词为人所知的语种中，无论如何都会有多达数千个复合名称出现，比如知更鸟（Rotkehlchen）、喇叭虫（Trompetentierchen）、罗盘水母（Kompassqualle）、水鼩（Wasserspitzmaus）、片脚类动物（Flohkrebs）、欧洲蓝螅（Azurjungfer）以及穴蜂（Grabwespe）。这个名录可以一直列下去，因为用于一般词语创造的准则也适用于动物名称，而且这样创造的名称通过确定词语的词根和限定部分，可以让我们了解这些名称的字面意思和实际意思。

在创造新词的时候，组合的可能性几乎可以说是无尽的，因为单词组成部分的可能来源是无穷多的。鉴于德语的怪异历史，组成复合词的那些组成部分会在时间的流逝中变得面目全非，如今的词汇表发展到几乎无法理解的程度。今天在创造德语名称的时候，它们大多是复合词，其中的词根都含有既定特征，比如地理的起源或者特殊的身体特征。几年前，有人在澳大利亚海岸附近发现了两种新的海豚，不久之后，撰文描述这些新物种的人就为其提出了常用名称（以英语为首），紧接着是科学名称：2005 年发现了矮鳍海豚（*Orcaella heinsohni*），2011 年发现了澳大利亚宽吻海豚（*Tursiops australis*）。第一个名称包含了地理起源和小背鳍的特征信息，第二个名称是根据当地土著语言中的"海豚"命名的。今天的大多数动物名称都是以这种方式或相似的方式创造的。下文中会有更多的例子。

更有意思的是动物名称在时间长河中发生了显著的改变，根据我们对土语的直觉，根本无法看到这些名称与其起源之间有任何联系。这是由于我们有时候在处理外语的或者不熟悉的词语时，总是根据已知的或者熟悉的词语来理解。这种形式的"理解说明"时常会导致语义的反转和新词的形成。描述这种情况的语言学术语是通俗变化语（民间语源）或重新解析。通俗变化语的一个典型例子是小龙虾（crawfish）。古英语当初借用了古法语的单词 crevise（即现代法语中的 écrevisse），用于描述这些淡水甲壳纲生物，将其错误地发音为 cray-vis。不久之后，这个被误用的单词就从法语 crevise 变形为英语的 crayfish 了。在美国的路易斯安那州，crayfish 和法语单词都弃之不用了，因为老百姓很自然地注意到这些鱼（fish）不能游泳，而是爬行（crawl）。所以小龙虾现在的名称 craw（l）fish 就诞生了。

土语中的名称，特别是用于大众科学中对动物的指称，在野外指南或者动物百科全书里有最广泛的使用。《美国奥杜邦学会野外指南》中不仅有鸟类，而且收录了各个动物类群的物种，还有植物、滑石、蘑菇以及夜晚星空的信息，这套丛书在业余爱好者和职业人士中间都非常普及。关于脊椎动物，或者至少是哺乳动物，最好的办法是给每个物种一个常用名称（俗名）。如今有了大量关于动物的网络文章，人们最熟悉的是维基百科或者维基物种，它们曾经历重建的过程。维基百科上关于动物物种的页面持续增加，并且从理论上讲，维基物种以后至少会为每一个物种单独设立一个页面。

有史以来最重要且最权威的动物百科全书之一是《契美克动物百科全书》（*Grzimek's Animal Encyclopedia*），于1967—1972年共出版了13卷，并且被翻译成包括英语在内的多种语言版本（在修订和增补之后的第2版中，全书达到了17卷，多达9000页，现在我们可以在网上订阅）。美国自然博物馆出版的《契美克动物生活》（*Animal Life*）对8000多种动物进行了描述，这个杰出的出版工程是全球众多专业人士共同努力的结果。《契美克动物百科全书》由伯恩哈德·契美克构想策划而成。身为动物园园长、纪录片制作人和电视节目主持人，"动物叔叔"伯恩哈德在过去数年中一直都是德国最广为人知的动物权益倡导者。他主持的系列电视纪录片《动物居所》（*A Place for Animals*）从1956年开始，在30年间总共制作了175期，有数百万的德国观众观看，而他本人因此成为电视明星。他的标志性做法是让动物，比如猴子和猎豹活生生地出现在镜头前，为观众带来身临其境的感官体验。他那老派的有如祖父般迷人的、带有浓重鼻音的音色，为观众们带来标志性的问候"晚上好，亲爱的朋友们"，所见所闻，绝无偏差。契美克特别喜欢非洲的巨型动物，并为保护塞伦盖蒂国家公园奋力疾呼。他拍摄制作的时间最长的纪录片《野生动物无处藏身》（*No Place for Wild Animals*，1956年）和《塞伦盖蒂不应消失》（*Serengeti Shall Not Die*，1959年）在非洲实地拍摄，既为观众们呈现了塞伦盖蒂的大型动物之美，又以动物们面临的危机打动观众。在凭借《塞伦盖蒂不应消失》爆冷获得奥斯卡奖后，契美克获得了更多国家的关注，并且迅速将他的知名度运用到数不清的动物保护倡议活动中。1945—1974年间，身为法兰克福动物园园长的契美克为实现人工圈养动物享有现代化的、更适合动物的生活条件做出了巨大贡献。

契美克不仅懂得如何利用电视展现他的优势——在1950—1960年间电视仍然是一种新型的未被充分开发的媒体形式，而且还撰写了一系列的大众读物。时至今日，《契美克动物生活》仍是他全部图书中最具持久影响力的作品。这部著作以其独有的风格声名远播，原因在于它不仅具有科学上的正确性，而且是为大众所写的易读的科学书籍。契美克想要以这种方式将他自己和《布雷姆动物生活》区分开来，后者的描述如今看来有些幼稚、武断，而且时常有轻视毁谤之嫌。契美克的现代作品不会写"难以描述的聋哑人似的脑袋放在那只鸵鸟的长脖子上"这样的话，这是在把一种生物描述成迟钝、愚蠢、狡猾、懦弱或者鲁莽的样子。这些词语都是从人类的视角出发进行的主观武断的描述，不可与契美克所努力建立的新的客观视角相提并论。

如其所是，在契美克的写作风格中，对科学内容的大众化表述居于首要位置：要保证科学上的准确性和知识及时更新，也要让没有受过科学训练的读者易于理解。出于这个原因，契美克设立了3个语言使用准则。首先，所有外语的或者技术性的表达都要避免，如若实在别无他法，就用更熟悉的词句复述。其次，契美克认为可能带有负面或者轻蔑的含义的词，比如大嘴巴（maul）、牛饮（saufen）、狼吞虎咽（fressen）以及丧命（verenden）等这类同时用于形容人的贬义词，会用其他中性词替代：嘴巴（mund）、喝（trinken）、进餐（essen）和死亡（sterben）。最终，出现在《契美克动物生活》中的许多动物，至少是脊椎动物，都有了一个土语名称。他真的是一个"动物叔叔"，他在每一卷的结尾都附上一个"动物词典"，其中除了德语名称之外，还加上了英语、法语和俄语的动物名称。这种做法给每一章的作者都带来巨大压力。他们不仅要为这些物种找到用这 4 种语言表示的常用名称，而且还经常遇到在现有文献中找不到相对应的常用名称这样的困难——至少不是每种语言都能找齐。在这种情况下，作者们就只能自己发明合适的名称了。

这些书中每一卷的结尾都有"动物词典"，它们因此成为由描述性特征、起源和其他特点构成的烦琐的动物复合名称的绝佳目录。大齿袋狸（large-toothed bandicoot）、卷冠辉极乐鸟（curl-crested manucode）、小五趾跳鼠（little five-toed jerboa）和栗腹沙鸡（chestnut-bellied sandgrouse）是《契美克动物生活》中的几个具有代表性的亮点。

《非洲哺乳动物》这部不朽专著的作者们在数年前也面临着相似的问题。在这部著作 6 卷本共 3500 多页中收录了截至 2012 年发现的 1160 种非洲哺乳动物。从物种的科学名称，到头骨的图画，从物种分布到行为方式，《非洲哺乳动物》是哺乳动物百科全书的杰出范例，即使在细节上未做到全面，也做到了重点突出。

因为哺乳动物十分受大众喜爱，所以许多动物的常用名称都已经存在于很多语言当中，而且其中不少都可以用在这 6 卷本的大部头里，起码在物种列表中可以看到。每一章的作者面临的困难之一是要编辑所有非洲哺乳动物在英语、法语和德语中的口语名称。一组专家专门负责鼩鼱的名称，其中赖纳·哈特勒来自德国，他曾发表了第一份关于希特勒介入鼩鼱和蝙蝠的德语名称的研究成果。专家的工作成果令人惊叹：有151 种鼩鼱生活在非洲，相对于欧洲的 15 种，这是一个庞大的数量，而且它们中的每一种都值得拥有一个专有英语名称。有些鼩鼱的名字由来已久，而其他一些甚至连俗名都没有。在这种情况下，哈特勒和他的小组通常都会翻译科学名称。如果相同的名称已经用在了其他物种身上，那么他们就发明一个新名字。这些鼩鼱研究专家以毅然决然的态度等到了这个项目的完结，多亏他们对英语和拉丁语的综合翻译以及对同形同音词的调整，付出的心力使我们现在有了第一份非洲鼩鼱的完整而美妙的名称列表。这份列表读起来令人兴味盎然，出于这个原因，这个列表应该完整记录在这里，以示其荣耀。

Aberdare Mole Shrew

African Black Shrew

African Dusky Shrew

African Giant Shrew

Ansell's Shrew

Armoured Shrew

Asian House Shrew

Babault's Mouse Shrew

Bailey's Shrew

Bale Shrew

Bates's Shrew

Bicolored Shrew

Blackish Shrew

Bottego's Shrew

Buettikofer's Shrew

Cameroon Shrew

Cameroonian Forest Shrew

Cinderella Shrew

Climbing Dwarf Shrew

Congo Shrew

Crosse's Shrew

Cyreniaca Shrew

Dark-footed Mouse Shrew

Dent's Shrew

Desert Shrew

Desperate Shrew

Doucet's Shrew

East African Highland Shrew

Egyptian Pygmy Shrew

Eisentraut's Mouse Shrew

Eisentraut's Shrew

Elgon Shrew

Etruscan Dwarf Shrew

Fischer's Shrew

Flat-headed Shrew

Flower's Shrew

Fox's Shrew

Fraser's Shrew

Geata Mouse Shrew

Glass's Shrew

Goliath Shrew

Gracile Naked-tailed Shrew

Grant's Forest Shrew

Grasse's Shrew

Grauer's Large-headed Shrew

Greenwood's Shrew

Greater Congo Shrew

Greater Dwarf Shrew

Greater Forest Shrew

Greater Large-headed Shrew

Greater Red Shrew

Greater Shrew

Greenwood's Shrew

Guramba Shrew

Harenna Shrew

Heather Shrew

Hildegarde's Shrew

Howell's Forest Shrew

Hun Shrew

Hutu-Tutsi Dwarf Shrew

Isabella Forest Shrew

Jackson's Shrew

Johnston's Forest Shrew

Jouvenet's Shrew

Jumping Shrew

Kahuzi Swamp Shrew

Kihaule's Mouse Shrew

Kilimanjaro Shrew

Kilimanjaro Mouse Shrew

Kivu Long-haired Shrew

Kivu Shrew

Kongana Forest Shrew

Lamotte's Shrew

Large-headed Shrew

Latona's Shrew

Least Dwarf Shrew

Lesser Congo Shrew

Lesser Dwarf Shrew

Lesser Forest Shrew

Lesser Grey-brown Shrew

Lesser Red Shrew

Long-footed Shrew

Long-tailed Mouse Shrew

Long-tailed Shrew

Lucina's Shrew

Ludia's Shrew

MacArthur's Shrew

Macmillan's Shrew

Makwassie Shrew

Mamfe Shrew

Manenguba Shrew

Mauritanian Shrew

Montane Shrew

Moon Forest Shrew

Moonshine Shrew

Mount Cameroon Forest Shrew

Mount Kenya Mole-shrew

Naked-tailed Shrew

Nigerian Shrew

Nimba Shrew

Niobe's Shrew

Nyiro Shrew

Oku Mouse Shrew

Phillip's Congo Shrew

Pitman's Shrew

Polia's Shrew

Rainey's Shrew

Rainforest Shrew

Reddish-gray Shrew

Remy's Dwarf Shrew

Roosevelt's Shrew

Rumpi Mouse Shrew

Rwenzori Mouse Shrew

Rwenzori Shrew

Saharan Shrew

Sahelian Tiny Shrew

Savanna Dwarf Shrew

Savanna Path Shrew

Savanna Shrew

Schaller's Mouse Shrew

Schouteden's Large-headed Shrew

Sclater's Mouse Shrew

Short-footed Shrew

Small-footed Shrew

Smoky Mountain Shrew

Somali Dwarf Shrew

Somali Shrew

South African Mouse Shrew

Swamp Shrew

Taita Dwarf Shrew

Tanzanian Shrew

Tarella Shrew

Telford's Shrew

Thalia's Shrew

Thérèse's Shrew

Thin Mouse Shrew

Turbo Shrew

Ugandan Lowland Shrew

Ugandan Shrew

Ultimate Shrew

Upemba Shrew

Usambara Shrew

Voi Shrew

Volcano Forest Shrew

West African Pygmy Shrew

West African Long-tailed Shrew

Whitaker's Shrew

Wimmer's Shrew

Xanthippe's Shrew

Yankari Shrew

Zaphir's Shrew

而这些只是鼩鼱的名录。《非洲哺乳动物》里列出了已知的 1160 个物种的全部复合名称。受人喜爱的非洲大型动物，比如长颈鹿及其亚种（包括网纹长颈鹿和努比亚长颈鹿），早就有属于自己的俗名。然而许多小型的、不那么出名的动物，长期被忽视且只能在没有适当名称的情况下凑合用某个名称。

但是何谓"恰当的"常用名称呢？《非洲哺乳动物》的作者们无疑想要确保在最低限度上，物种的复合名称的词根能够指示其动物学上的正确动物门类。使用这些名称的人应该可以借此明确攀岩鼩（Climbing Forest Musk Shrew）真的是一种鼩鼱。其余的就交给这些令人尊敬的专家们灵活判定吧——从现有的科学名称和英文名称中借用的除外，经常需要靠他们自己的第六感来确定。举例来说，在非洲柔毛鼠属（Praomys）下有大约 15 个物种，英文名称意为"有柔软皮毛的鼠类"。林鼠（woodrat）一名用于指称该属内的几个物种，有些专家认为这个名称更合适。管理委员会即《非洲哺乳动物》的编辑小组，最终确定了什么是（以及什么不是）一个好且合适的名称。除此之外再没有什么实质的限制规则，而这部书的作者们也很享受这种几乎无限制的自由。

关于为什么要为非洲哺乳动物创造标准的俗名的问题也很有意思。谁来使用这些名称呢？无论这些名称是否已经成为当地土语的一部分，这个问题都是值得辨别的。在非洲的讲英语的研究人员、动物园工作人员和游客当然会认为 Panthera leo 是狮子（lion）。这种情况适用于所有广为人知的非洲大型动物。在犹豫不决的时候，可以查阅《非洲哺乳动物》中的常用英文名称列表来确定这些名字。但是，那些只有专业人士才能辨认的无数的非洲小型哺乳动物该怎么办？进一步来说，难以相信诸如乔氏三叉戟叶鼻蝠（Geoffroy's Trident Leaf-nosed Bat）和海曼肩章果蝠（Hayman's Lesser Epauletted Fruit Bat）这样的怪异名称在非洲研究项目中扮演重要角色。科学家们更愿意使用三岔蹄蝠（*Asellia tridens*）和小狐蝠（*Micropteropus intermedius*）这样的名称。谁都不知道那些如今飞速横扫全球的在线百科全书，比如维基百科、维基物种和网络生命大百科（它以来源扎实的知识作为基础），能否确保海曼肩章果蝠这样的名字能够在未来出现在平板电脑或者智能手机上，并最终由热爱自然、前往非洲旅游的旅行者们脱口而出，就像他们呼喊狮子那样。

因此，为非洲哺乳动物创造常用名称的工作不能由任何集中化的规章守则来管理了；相反，科学家们可以凭借自己的突发奇想来决定。一个名称是否被接受或者被另一个选择取代，是由标准化作业的作者或者编辑，结合更广泛的"科学共同体"决定的，该共同体是指由对非洲哺乳动物感兴趣的科学家们组成的交流网络，它会最终决定是使用还是弃用一个名称。当然，这种做法既应用于非洲哺乳动物，也应用于全世界动物的命名。

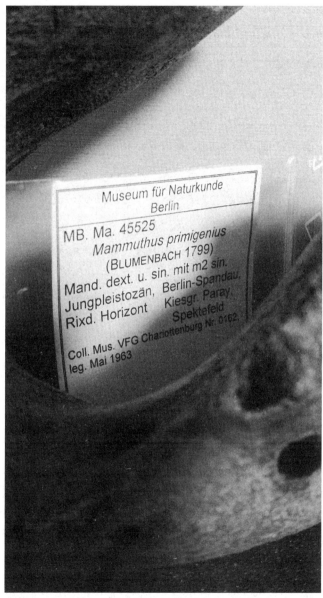

Museum für Naturkunde
Berlin

MB. Ma. 45525
Mammuthus primigenius
(BLUMENBACH 1799)
Mand. dext. u. sin. mit m2 sin.
Jungpleistozän, Berlin-Spandau,
Rixd. Horizont　Kiesgr. Paray,
Spektefeld
Coll. Mus. VFG Charlottenburg Nr. 0162
leg. Mai 1963

下颚碎片化石，羊毛猛犸象（Wollhaarmammuts）

鸟类是个例外。它们一直是科学家和业余爱好者的宠儿。全世界范围内有 1 万种以上的鸟类，而在北美至少有 900 种，相对于全世界 100 万种以上的动物物种来说，这一已知鸟类的数量是相对可控的。这些鸟类的数量和实际存在的数量很接近。鸟类研究在人类文化历史中历时久远，人类始终都在它们身上投注热情，无论是将其作为食物来源、居家装饰，还是一个研究方向，都是如此。全世界的业余鸟类学家们对鸟类紧追不舍，许多欧洲鸟类的分布记录可以上溯到古代，最迟的也在中世纪就已经出现了。几乎再没有哪个门类的动物得到过如此广泛的关注，地球上每个地区都有长长的鸟类名录，无论是彩色的专著，还是大量关于鸟类的图书——更不要说研究论文，多到难以计数。除此之外，全世界的鸟类学家们很好地加入世界范围和地区性质的学会中，留心注意着各自地区的发展状况。

鸟类解剖学因此得以充分发展，并且其中还保留着广泛使用的常用名称的传统惯例。鸟类名称的语言学起源在许多语言中是可知的。世界上的鸟类学家们已经建立了多种关于鸟类俗名的委员会。从 1990 年开始，英文名称标准委员会就致力于完成世界鸟类英文名称的正式名录。这个庞杂且耗时的项目最终集结为 2006 年出版的《鸟类世界：英文名称建议》（*Birds of the World : Recommended English Names*），由鸟类学家弗兰克·吉尔和明特恩·赖特为国际鸟类学会代表大会（International Ornithological Congress，IOC）撰写。考虑到未来可能会有许多改变，IOC 在线世界鸟类名录为使用者提供了一份定期更新的鸟类标准英文名称目（www.worldbirdnames.org）。在这本书纸质版和电子版的前言中，都列出了相关作者的多种定名准则。IOC 在这方面的审议显然相当谨慎，并且还考虑到了更广泛的使用问题，因为它认可那些被广泛使用、但在动物学上不合适的名称，例如，普通名称鸣鸟（warbler），偶尔会被用于完全不相关的鸟类科属的物种，如森莺科 Parulidae（New World Warblers）、莺科 Sylviidae（Old World Warblers）、柳莺科（Phylloscopidae，莺科的另一个分支）以及其他科属，这些名称也被收录，因为这些名称的使用已经有很长的时间，哪怕在动物学上它们有不准确的地方。

　　这些事例表明英文动物名称的涌现和长期发展值得我们研究，并且大多能够向前回溯重建，但是名称的真正的全新创造——即真正的定名过程——不受任何客观标准的控制。这种武断性，特别是在常用名称中，在日常生活中不会带来任何问题，而且会在之后的现象观察中被强化。争论的中心在于现代英语，尤其是在书面英语中使用的那些动物名称。在使用英语的国家和地区，许多常用的和为人熟知的动物物种在各地的方言中都有不同的名字。但是要再次重申的是，即使是在地方性的名称中，鸟类学家也是建立易于理解的物种名录的先锋。瑞士鸟类学家米歇尔·戴斯法耶斯以旁人难以估量的辛勤努力，收集整理了以欧洲语言和他能找到的多种方言编写的欧洲鸟类物种名录。这是一部两卷本的著作，1998 年出版，每卷 1200 页，名为《鸟类名称索引：欧洲词汇语源学范例》（A Thesaurus of Bird Names：Etymology of European Lexis Through Paradigms）。第 1 卷列出了鸟类的名称，每一个物种的科学名称下面还列有多种语言的常用名称。戴斯法耶斯用多种语言列出了方言和用法，还标明了各个不同的地区。大山雀或白颊山雀（Great Titmouse）即是一例，它的科学名称是 Parus major。大山雀在欧洲是常见鸟类，并且自上古时代就为人所知，它们是花园里的常客，大山雀因此有许多独特的地方性名称。戴斯法耶斯从英语、德语、西班牙语、库尔德语和格鲁吉亚语开始，以 41 种语言列出了大山雀的名字。许多语言中还含有大量的地方性名称，仅在英语里，戴斯法耶斯就汇集了 60 个名字，这些名称之间至少在一定程度上可以相互推知。地方性名称之后是关于这个名称可以追溯到的地区或城市的注释。这份大山雀的英文名录附在本书当中，以字母顺序排列，没有地理起源方面的参考内容，如下。

bee-bird	greater blackcap
bee-biter	jacksaw
bee-catcher	jorincke
bell-bird	jorinker
big bluebonnet	king charles
big tit	kue-te-kue
blackcap	oaxee
black-capped billy	oxeye-tit
black-capped lolly	oxey-eye
black-capped tit	sawfich
blackhead	sawfiler
black-headed bob	sawfinch
black-headed bodkin	saw-sharpener
black-headed tomtit	saw-whet
blackskull	saw-whetter
blackytop	sharpie
charbonniere	sharpsaw
great tit	sit-ye-down
great titmouse	tam-tiddymouse

tet	titteribum
thomas tit	tittymaw
tide	tittymouse
tinker	toddiel
tinker-tinker	tommy-tit
tinner	tommy-titmouse
tit	tom-noup
tita	tomtit
tite	tom-tub
titmouse	tydie
titnaup	tydife

　　如果是一位有语言学意识的鸟类学家，想要了解大山雀的巴斯克语名称，那么他／她只需要查阅戴斯法耶斯的这部著作即可：标准的巴斯克语的大山雀名为 *Kaskabeltz auni*，另外还有不下 50 个地方性名称存在于这种语言中。

　　这部《鸟类名称索引：欧洲词汇语源学范例》的第 2 卷可以说更不寻常。作者在这一卷中依据一系列的评判标准，分析了这些名称的结构、起源和含义，还有名称的构成元素。闪族语、波斯语、希腊语和其他古代语言各自都有很长的鸟类历史名录，仅梵语名录就包含至少 1100 个词条；在一份西班牙语 – 法语的驯鹰术词汇表中，还有一份很长的非欧洲起源的法语和西班牙语名称的列表。这是一部绝好的书，深受那些对百科全书列表和目录有特殊喜好的人喜爱。但除此之外，我们不清楚这部光辉巨著的读者还有谁。这也不要紧，因为作者至少明确了一点：在日常英语中的标准动物名称仅仅表现了常用名称的一个侧面。这些名称一般都会和大量的地方名称相联系；在大多数情况下，即使它们尚未从常用词语中消失，也很少有人知道这些名称了。

让我们再次回到波勒和希特勒之间关于蝙蝠和鼩鼱的争议上来。我们只能猜想希特勒做出如此极端的威胁去保护原有名称，不让德国哺乳动物学会对其进行更改的真实目的。这可能是源于1942年他自己的盛怒——这些德国知识分子的领袖们在战争的困难时期居然只关心这些无足轻重和陈腐老套的所谓动物名称的适用性问题。也许这段逸闻只是希特勒对知识分子有敌意的一个例证。我们不清楚希特勒在此事件中起到多少决定性作用，或者这是否是历史学家伊恩·克肖所描述的部下们"效忠元首"的一个案例，但希特勒很可能在读过《柏林晨邮报》之后，是从负面角度看待动物学家们的计划的。希特勒周围的人——当时是鲍曼——可能立即将此阐释为"元首的旨意"，并且导向相应的行动。对于波勒和他的同事们来说，去东部前线的这份"请帖"是否是直接来自希特勒，还是过早遵从上级指令导致的结果已无关紧要。

无论是什么情况，波勒倡议的名称变更都没有因为希特勒的干预而失败，这一干预所引起的震动和倡议本身在讲德语的大众中间引起的效应同样小。波勒之所以失败，是因为他想让标准化的命名系统走出科学的范畴，进入俗名的领地。日常用语不受统一的标准控制，这和其他所有口语是一样的，它遵循的规则和学术讲座不同。日常用语受多种因素影响，具有难以预料的变动性，这导致了有些词语的使用发生变化，而其他一些固定下来。我们在幼儿园时学到小且毛茸茸的有4条腿和1个尾巴的动物是"老鼠"。这种命名行为就足以实现其功能，它为具体的语言内容贴上了"标签"，大多是可以为人所理解的。鼠类和食虫类动物之间的不同对于动物学家而言是重要的，但在日常交流中并不会与"类似老鼠的动物"这一说法产生矛盾，而且对于大多数人来说它们也没什么区别。一只老鼠就是一只老鼠，不管它是黑线姬鼠还是一只鼩鼱。

或许波勒对日常语言有很好的理解，并且预料到了科学语言在缓慢地向土话渗透。实际情况是波勒从其众多科学同行中走出来，向着名称标准化迈出了第一步，使 Spitzer 和 Fleder 二词得以在科学作品中运用——虽然在向科学之外的领域传播时费尽心思，但也在稳步推进。当这些名称第一次出现在学术出版物中的时候，完全可以预见这些名称很快会在大众出版物，比如野外生存指导手册或者其他与动物相关的图书中出现。当它们在契美克的《非洲哺乳动物》中占有一席之地的时候，也许我们今天就会有关于 Spitzer 和 Fleder 的讨论了。事实是这些虽不会令人大吃一惊，但也难以计划或预测，这就是口语表达的基本特征。正是出于这样的原因，日常交谈才成为动植物最重要的、一直有用的命名之泉。

第二章　物种名称的产生

　　他得到的承诺是"茶和甜点"。但是在 1869 年 3 月 11 日，神父阿曼德·大卫很难相信诺言能兑现。那天，虽然他出发去采集的是植物，但是他对动物也颇感兴趣。这是大卫的第二次中国行，我们姑且称其为远征吧，他要去探寻那里尚不为人知的野外环境。1826 年，大卫在法国比利牛斯出生。他自童年起逐渐萌发了对博物学的热情，也得到了曾学习过科学的父亲的支持。大卫当时在巴约纳学习哲学，这里离他的家乡埃斯佩莱特不远。1848 年，他进入圣保罗神学院——也就是天主教的遣使会——并在 3 年后受洗。

　　在接下来的 3 年里，大卫成为意大利北部城市萨沃纳遣使会中等学校的博物学老师。1860 年，在法国政府的支持下，遣使会抵达中国开始传教，大卫自愿行至北京。遣使会在那里建立了一所学校，大卫成为那里的教师。教师们要收集动植物建立一间自然博物馆。约 20 年前，欧洲人就已经到访中国了，但是大部分地区依然没有科学探查研究的足迹。大卫因此便对有机会探索这个在世界上最具重要科学意义的前沿地带而激动不已。在为这次行程做准备期间，教会将他派往巴黎，在那里他遇到了法兰西科学院和法国自然博物馆的科学家们。从汉学家到博物学家，无不叹服于这个年轻牧师的魅力和口才。于是，带着法国科学家们最热切的祝愿，以及对他能够通过实地采集工作极大地促进对中国的探索的期许，大卫启程了。

到达中国之后，大卫便开始了解北京周围的情况。有时，他会出门旅行好几个星期来完成采集工作，以满足他自己的教学任务所需。他将编录好的动植物标本发回巴黎的博物馆。巴黎那边很是惊叹，博物馆馆长亨利·米尔恩·爱德华兹觉得这一次自己将正确的人选送到了正确的地方。这些标本不仅保存完好，适于科学研究，而且这些新的生物形态让见者激动不已。通过法国政府，米尔恩·爱德华兹敦促遣使会的主教免除大卫的教学任务，以便给他安排一个正式的由政府出资支持的科研任务——前往今中国内蒙古考察。这次行程于 1866 年 2 月开始，在持续工作几个月之后，大卫回到了北京。

大卫对中国的第二次考察是在 1868—1870 年，他到达了今天的四川省宝兴县。这次出行对他的身体健康造成了损伤，在那之后的两年里，他一直留在法国康复、休养。1872—1874 年，他对中国进行了第三次也是最后一次考察。在此之后，他的健康状况便不足以支撑他完成长途旅行了。直到 1900 年去世，大卫始终保持研究的热忱，其间曾多次短期前往突尼斯和土耳其。

从博物学的角度讲，他对中国的第二次考察无疑是最重要的。他不仅收集了大量的科研材料，而且正是在这次考察中他实现了自己最重要的科学发现。1869 年 3 月 11 日，他第一次看到了此前从未见过的一种动物，一种当时对于整个西方世界都未知的生物。当时他参加了邓池沟教堂的天主教活动，这座教堂是一座令人赞叹的木结构建筑，现在已经成为中国四川省文化遗产。大卫以这里为基地，研究了这一地区数千种植物和动物。当地一位姓李的地主邀请大卫去家中喝茶，他在这位地主家中看到了一张动物皮，是从未见过的，类似熊的动物的皮。这个动物浑身上下几乎都是白色的，像北极熊，但是四肢、整个肩部的条带和眼睛周围，还有耳朵都是黑色的。这是一头黑白色的熊！凭借自己对中国哺乳动物的深入了解，大卫知道中国是没有黑白熊的。那么这是什么呢，眼前的证据与自己的认知截然不同。他感觉自己即将拥有轰动动物学界的发现。但当时的他没有想到，100多年后，这种动物得到了全世界的宠爱。它将成为外交明星，成为栖息地遭到破坏和物种保护的象征，也是惹人喜爱、生性快乐又懒洋洋的熊的典型形象。在四川省的李先生家的茶室里，在"茶和甜点"里，大卫发现了大熊猫（giant panda）。

在当时，大卫其实不是大熊猫的发现者，因为当地人早已知道大熊猫的存在。很快，他发现实际上每一个四川人都熟悉大熊猫，虽然那些看起来随和、吃竹子的家伙尽量躲避着人类，但是人们都不瞥它们一眼。在和李先生饮茶之后，大卫在晚饭前召集了他雇用的猎人们——信基督的猎人们，他在自己的日志里多次提及这些人。猎人们平静地接受了这项任务。后来大卫在日志里写道，他的猎人们保证很快可以捕获一只一样的动物，这让他放松了不少。很快，在几天之后，兴高采烈的打猎队伍带着一只大型动物回来了。他们把它暂时绑在竹竿上。但是很不走运，这是一头体型硕大的黑色野猪。大卫很失望，又召集他的下属们，亲自向四川地区耸立的冰山进发。在攀爬了一段极其凶险的、几乎要了他们命的山路之后，他们依然一无所获，因为大熊猫踪迹全无。精疲力竭又心灰意懒的他们只好回到驻地。但是，在那里，大卫的猎人们带着一只几乎冻僵硬的大熊猫幼崽在等他们。这是刚刚抓到的，因为哪怕是运送一只活着的大熊猫幼崽都要耗费大量人力，所以猎人们已经将它杀死了。然而大卫神父十分高兴，这些猎人们也很高兴，因为能将这只大熊猫卖上"一大笔钱"——这是大卫后来的记述。在之后的两星期里，猎人们又先后抓到两只雌性大熊猫，并带给大卫，这两只都是活的。1869 年 4

月 7 日，大卫在日志中写道："这种动物看起来并不凶恶，并且举止行为像是一只幼年的熊。它的爪子和头像极了北极熊。它的肚子里全都是树叶。"根据大卫对大熊猫腹中物的描述判断，被抓的大熊猫应该没有活太久。大卫在驻地的桌子上解剖了这些大熊猫，用他经常使用的方法把它们昂贵的皮毛保存起来。他把大熊猫皮卷起来，和骨架、头骨一起装进一个箱子里——这些对解剖学研究很重要，连同一封信，寄给巴黎的阿方斯·米尔恩·爱德华兹。

阿方斯是博物馆馆长和鸟类与哺乳动物部的负责人亨利·米尔恩·爱德华兹的儿子。父子二人都是在巴黎的自然博物馆工作的有名望的动物学家、教授，也是博物馆的主要负责人，他们在不同的时间里分别掌管过这个博物馆。阿方斯是将连字符引入科名，并且提倡正确的拼写，这样就可以区分二者了，这在文献资料整理中并不容易做到。这两个人都处理过大卫在中国高原上发现的物种。亨利曾经负责记述著名的麋鹿，其科学名称为 *Elaphurus davidianus*，以阿曼德·大卫命名。在麋鹿的发现过程中有一个不平凡的故事，稍后会详细介绍。阿方斯记述并命名了川金丝猴（*Rhinopithecus roxellana*），这是一种苗条的猴子，身上有金黄色的毛和浅蓝色的脸，因其可以忍受中国高原地区极端寒冷的天气而著名。阿方斯记述了数十种大卫从中国送来的新发现的哺乳动物物种。

然而在这位忙碌的神父寄往法国的物种中，有一种难以描述。大卫很清楚他发现大熊猫的重大意义。西方世界从未见过这样一种熊，并且作为它的发现者，大卫声明自己有命名权。1869 年，他在巴黎的自然博物馆主办的一本科学杂志上发表了他的中国远征报告的第三部分，其中有他写给阿方斯的两封信的摘录。在第一封信中，大卫描述了他发现的一种罕见的山羊，他只用了 15 行字描述这种山羊。他将其以阿方斯·米尔恩·爱德华兹之名命名为 *Capricornis milneedwardsii*。今天，我们称这个物种为华西鬣羚。

在第二封信中，大卫报告了更多的发现，并在文末注明他采集的样本还要不少时间才能抵达巴黎。他还坚称即将公布的一种熊对当时的科学界而言是全新的。当时大卫还在中国，米尔恩·爱德华兹整理了大卫的旅行报告，将大卫寄给自己的两封信并行摘录，并在神父的记述基础上添加了少量注释，就连同两个物种的描述以大卫的名义发表了。这是完全正常的操作。

大卫相信他手中的是一种真正的熊，并将其命名为 *Ursus melanoleucus*，这个名字直译过来是黑白熊。他的描述文字差不多有 16 行，除了对其独特的颜色的陈述和他认为这是一个新的物种之外，就没有多少有用的信息了。这种动物被说成是"非常巨大的"，有"短耳朵和非常短的尾巴"。他记录说这种黑白花纹非常一致，因为他获得的两件标本——幼年的和雌性的大熊猫——基本是一样的，只不过年老一些的那只的白色皮毛略微发黄。

尽管在中国哺乳动物方面大卫是一个经验丰富且充满热情的博物学家，并且可以确定此前对大熊猫从未有过记述，但他不是一个受过相关学科系统教育的哺乳动物专家，对自己的发现无法进行真正的科学阐述。阿方斯将大卫的记述刻在脑海中，当骨架和皮毛最终运抵巴黎时，阿方斯很快就发现这并不是如大卫所说的一种真正的熊。弗雷德里克·居维叶曾在 1825 年记述过另一种像熊的哺乳动物。居维叶将这种红色熊猫归为单独的一个属，并为其命名 *Ailurus fulgens*，即小熊猫。当年那件作为记述证据的标本依然保存在巴黎的博物馆中。在对比了两个物种的头骨之后，米尔恩·爱德华兹总结说，在大熊猫和小熊猫之间可能有很近缘的关系；但是，它们未必近缘到同属一个属。1870 年，在没有太多细节参考的情况下，他从语言学上借用 Ailurus 一词，将大熊猫的属命名为 *Ailuropoda*。今天，大熊猫的科学名称为 *Ailuropoda melanoleuca*，大卫原来给出的种名 *melanoleucus* 变成了阴性形式的 *melanoleuca*，以便在语法上对应阴性的属名 *Ailuropoda*。

真假之间：大熊猫是一种熊

一个关于大熊猫的系统发育关系的词，一个长期悬而未决的问题，也是很多争议的对象。大熊猫和小熊猫被当作近亲实际上已经有一段时间了，而且它们被认为是捕食性动物中熊猫科仅有的两个物种。二者之间最大的相似之处是其前爪的第二个趾，虽然具有类似拇指的性质，但是并不是真的第六个趾。相反，这是像手指一样的一种所谓籽骨的延伸部分，或是某种不为人所注意的小腕骨。这个"伪拇指"用来抓握植物，方便进食。但是根据现代科学在 DNA 分析基础上的发现，大熊猫更应该和北极熊、棕熊、两种黑熊、马来熊、印度懒熊和眼镜熊一同归入 Ursidae，即熊科，它们属于真正的熊。而小熊猫与 Procyonides（浣熊科）更接近，包括浣熊、貂、臭鼬，甚至海豹，这些不是真正的熊。可是大熊猫在捕食性动物的系统发育树上的位置并不能被确认，不管如何区分，大熊猫都可以归于熊科，所以大卫在将大熊猫归类为一种熊的时候并没有犯大错误。

大卫记述大熊猫之后的 150 多年中，*Ailuropoda melanoleuca* 得到了比大多数捕食性动物更多大量且细致的研究。令人难以置信的是，这种胖乎乎、懒洋洋的植食动物在动物学中实际上是一种食肉动物。在它的熊科亲戚中，鉴于其难以计数的身体特征，以及独特的行为、生理机能和特殊的食性，大熊猫成为一个截然不同的物种。大卫原来的描述中没有提到这些，它就是一种带有特色花纹的黑白熊。大卫曾写道，所有熊类动物中最漂亮的就是他发现的大熊猫。因此，对大熊猫的描述就是以新的科学名称 *Ursus melanoleucus* 为标题的。

大卫的简要描述虽然不包含更具体的信息，但是也足够确保大卫的命名的正确程度，这一点使他永远成为大熊猫的最初记述者。无论在未来大熊猫的分类工作中会发生什么，都不会动摇大卫的地位。出于这个原因，也为了确保物种名的确定性——即 *melanoleucus*，这个名称很可能用于界定其他动物，科学名称的扩展版本便包含了记述者和发表年份，*Ursus melanoleucus* David，1869。这是大熊猫名称的加长形式，如果以米尔恩·爱德华兹为代表的专家们是正确的，也就是说大熊猫不属于熊属（*Ursus*），而属于熊猫属（*Ailuropoda*）这一全新的大熊猫特有的属，那么科学名称及其记述者都要随之改变。今天，大熊猫的科学名称是 *Ailuropoda melanoleuca*（David，1869），加括号表明属的从属关系已改变。

这里要附加一个说明。正如严谨的读者们已经注意到的，术语"种名（species name）"可以有两种使用方式，这在生物学中是常见的，当然也是不得已而为之的，因为种名的不准确性是误解产生的潜在源头。另外，种名是一个由两部分组成的名称，比如 *Ailuropoda melanoleuca*。名称中的前面一部分表述属名，并且首字母都要大写。后面一部分是种名（即物种的具体名称——译者注），始终是小写的，这样就不会将两个种名的用法混淆了。换句话说，一方面种名是表示整个双名法的科学名称，另一方面种名只表示双名法中专指物种名称的后面那一部分。有动物学研究者曾经建议将这两部分称为第一和第二名称，但这个提议从未受到关注。在植物的命名法中，这个问题是通过提出一个具体的名称

而非"具体的修饰语"解决的。修饰语通常是语言学中用以修饰另一个
词或句子的定语，实际上一个修饰语的功能就是再次返回属名。在熊属
中有许多个物种，而特定的修饰语会准确地告诉我们正在讨论的是哪一
种熊。术语"修饰语（epithet）"在动物学中相对比较罕见，并且不出现
在双名法命名中。但是在关于动物学命名的大多数教材中，为了确保语
言上的准确性，修饰语的使用变得相当频繁。在这里，当涉及双名法的
物种名和作为修饰语的物种名之间有区别的时候，我也会使用修饰语。

细节中的魔鬼

大卫对大熊猫的描述告诉我们，在一定的条件下，有效命名一个新
物种不是一个复杂的过程。19 世纪如此，到了 21 世纪，情况也没有什
么变化。生物学命名法的建立从根本上讲是简单的，更为复杂和具体的
标准化规范在之后的 250 年里逐渐进入多个领域。标准化的双名法命名
法则，也就是用一个由两部分组成的名字命名一个物种的法则，可以上
溯到卡尔·林奈。从中世纪到 18 世纪，欧洲的科学家们（"科学家"一
词诞生于 19 世纪，而科学家也是在 19 世纪逐步确立为一种专门的职业
的——译者注）以拉丁语作为国际通用语言，此间的科学文献都是以拉
丁语写作的。在 15 世纪印刷机发明之后，大量记录动物、植物和草药
的图书是用拉丁语写成。遵循当时语言学的规范，林奈之前的博物学家
们都是用拉丁语为动植物命名的，这些名称中很多都被希腊和罗马的古
代学者引用，比如 Crex，长脚秧鸡，可以在亚里士多德的《动物志》中
找到，但是直到 1803 年才由鸟类学家约翰内斯·贝希施泰因正式确定
为属名（长脚秧鸡属）。Crex 曾是拟声词，意为人类用语言模拟的鸟叫声，
这个词会在后文中再次出现。

自 18 世纪早期起，和长脚秧鸡属一样，许多生物都有了单名的名

称，必要时可以在之前加上一个形容词性的特定名称加以扩展。在 1555 年出版的《鸟类志》（*Avium Natura*）中，博物学家康拉德·格斯纳将煤山雀命名为 *Parus ater*，从而和其他山雀，比如大山雀（*Parus major*）区分开来（我们在第一章中谈到过这种鸟）。这两个名字和格斯纳谈及的其他许多动物名称一起，一直使用到 18 世纪，当时林奈和其他一些博物学家在他们的著作中使用了它们，从而也在命名法上确认了这些词语。但是格斯纳还使用了由 3 部分、4 部分组成名称。例如，他将绿头鸭命名为 *Anas fera torquata minor*，意思是带着项链的小型野鸭。此类名称的出现不仅是因为身为追求准确严谨的科学名称的创造者，一定要确定出一个恰当的名称，还因为这样的名称具有辨别特征的作用。这种采用多名法命名的名称含有明确的可识别特征，也是一种对物种的简短描述。随着不断有新物种被发现，这种对特征的辨别变得更加精细，名字也变得更长。物种的名称变成多名法的产物，直到多不下去，又没有回头路，最终使这些名称丧失了用处。比如蜜蜂（honeybee），17 世纪的一些学者们将其写作 *Apis pubescens*、*Thorace subgriseo*、*Abdomine fusco*、*Pedibus posticis glabris utrinque margine ciliatis*。字面意思是"毛茸茸的蜜蜂，有灰色的胸部、棕色的腹部，没有毛的黑色的腿分布在身体两侧"，这确实是一个简短的特征描述。林奈将这类具有辨别特征的名称缩短，将其变得雅致一些，*Apis mellifera*，直译为携带着蜂蜜的蜜蜂，即西方蜜蜂的亚种：欧洲黑蜂。

以上就是我要提出的说明，这些名称都已经经过学者们大量的讨论。林奈肯定是感觉到了 *Apis mellifera* 这个名称不足以起到真正描述界定这种蜜蜂的作用。蜜蜂并不携带蜂蜜，它们携带的是它们从植物的花朵上采集的花粉和花蜜。蜂蜜是蜜蜂将花蜜和它们体内自然分泌的液体混合而成的产物，然后让这种混合物在蜂巢里变成蜂蜜。因此，蜜蜂不携带蜂蜜——它们制造蜂蜜。可以推想，正是出于这个原因，在 1761 年出版的《动物种名》(*Fauna Svecica*) 这一关于瑞典动物的名录中，林奈将蜜蜂的名称改写，并公开发表为 *Apis mellifica*，即制造蜂蜜的蜜蜂。就名称的意义而言，这种改变是合理的。然而，重要的是，虽然科学名称的意义可以从语言学上追溯，但它们不一定与实际的定义相联系，后者在逻辑上指的是所命名事物的一个特征。当然也可能是这样，分类学家通常也会尽力在他们要赋予物种的名字中对它的特征做一些描述。如果这种尝试偏离正题，这个名字仍然可以作为一个物种的语言参考，就像林奈的蜜蜂一样。无论 *Apis mellifera* 这个名称在意思上到底有多么不正确，它现在是，而且会一直是我们熟知的蜜蜂的第一个也是最古老的一个名字，意味着这个名字始终是一个有效的名称。但遗憾的是，在 18 和 19 世纪很多作者实际上使用的是 *Apis mellifica*，无论是因为他们不想质疑林奈的权威性和他的"错误"的正确性，还是因为觉得这个名字更适合。直到今天，*mellifera* 和 *mellifica* 的矛盾依然继续出现在蜜蜂的世界里，尽管首选名称很久以来都是林奈的 *mellifera*。

　　林奈由此更坚定地支持拉丁语科学语系的传统。林奈命名法的一个关键创新之处——这也是该命名法成功的基础——是它的简洁性。根据少数几条基本原则，几乎每个人都可以给一种生物取一个拉丁语名称并期待这个名字永恒存续。所以林奈最伟大的工作是确立了在他自己绝大多数的著作中贯彻使用的令人信服的标准。在 1758 年出版的第 10 版《自然系统》中，林奈一如既往地在动物命名中使用了这一方法，这一著作的出版被誉为是我们今天使用的命名法的起点。为了清楚明确地解决问题，我们默认这一版的《自然系统》于 1758 年 1 月 1 日出版。根据命名法，除少数一些例外，公开发表于 1758 年前的名称和相关作者都被认为是无效的。

今天，这种简单的物种双名命名法成为科学命名过程中的支柱。即使在今天规则国际化和细节化的背景下，只要依照这些指导原则中的少数要素就可以得到一个有效的科学名称——一种对新物种的描述，没有涉及细节程度或准确性的额外条件。物种的地理起源自然是重要的细节，并且通常都会包含在这个物种的描述中，也可能还有其他信息，比如生活方式或者和其他物种混淆的可能性，这些信息是可以提供的，也是必要的。在你知道某个名称已被使用之前，幸运地公开发表了这个名称，你就会成为这个名称的作者，并且永恒不变的。

魔鬼总藏在细节里。分类学，即物种定名的科学，从来都不简单，因为分类学家前进的道路上总会有障碍出现，无论大小多寡。大多数情况下，在以清明的准则去描述一个新物种之前必须要解决两个具体的问题。其一，问题在于这个物种是否真的是一个尚未被记述的物种。大卫神父无疑要回答这个问题。大型哺乳动物得益于它们的体形和独特性，长期以来一直它们是被研究或者被人猎取 / 饲养的对象，大多数大型哺乳动物已经被发现并且得到了合理的研究。这种局面在 19 世纪中期时就已经形成了。如今偶然发现新的哺乳动物物种，都是特殊且罕见的，经常会引起动物研究界的轰动。例子之一是中南大羚（别称越南安南锭角羚），它是 Chu Van Dung 领导的小组在 1993 年发现的，因拥有独特的羚角而得名 *Pseudoryx nghetinhensis*。

其二，明显导致地球物种分类及探索研究复杂化且进程减慢的障碍是已经发表的科学名称和相关描述。从 1758 年开始，被记述的新物种持续增加，尤其是在较老的文献里，这些描述往往都缺少细节并且隐藏得很深。你必须先查阅 1758 年及以后发表的文献中出现的最新的名称，然后用这些描述试着了解新发现的物种是否已经被发现、记述和命名过了。专家们必须竭尽所能从科学的角度出发避免二次命名。一旦犯下二次命名同一物种的错误，会有大麻烦，可能会名声扫地。只是大卫基本不用担心这一点，他清楚当地的熊的种群数量的范围，而且以他的估计，不会将大熊猫和其他物种混淆，所以他无须翻阅浩繁的文献来将他发现的熊和其他物种进行比较。如此一来，大卫就绕过了在发现和描述地球生物多样性时的两个核心问题。他可以毫不迟疑地解决这些问题。

对其他动物种群的研究并不像哺乳动物研究那么充分，但大多数新的动物学发现是出现在这些种群中的。要对动物种群门类保持总体而全面的认识，并能在既定的动物门类中找到已经被记述的物种名称绝非易事。因此对已发表的动物名称做完整记录是物种命名的基础，也是达成分类学研究的最终目标，即创建真实的物种多样性图景的重要基础。

为了得到这一完整的分类学记录，分类学家和其他描述、发现和了解这些物种的专家们需要付出大量艰苦的努力，并且经常将毕生之力投注在某一个特定动物门类的研究上。这种高强度的工作是针对自然界的一个窄小的局部进行的，这使分类学家成为他们各自领域里真正的权威，并且经常是"世界级的权威"。也就是说，这些人对他们研究的动物门类的了解比任何人都多。如果有人想了解一些关于某种动物的分类学知识，那他们实现这样的权威性就只是时间的问题了。"研究书虱的世界级权威"并不是一个可授予的头衔或者一份工作说明。"请允许我做自我介绍：米勒博士，书虱研究的世界级权威。"很难想象会有人这样自我介绍。一个人想通过对书虱的世界的无尽探索获得这样的地位，他需要阅读自 1758 年以来的所有出版物，去看世界上所有书虱的标本，持续不断地发表关于书虱的研究成果。正如伦敦自然博物馆的理查德·福泰所理解的，世界级的权威是"一种不能购买、不能交换、也不能给予的头衔，它自会到来，恰如白发"。

这些专业人士总是能展现他们独有的胜任某个特殊工作的能力，仿佛这是一种荣誉勋章。德国木虱专家克里斯蒂安·施密特被某日报誉为"木虱教皇"。在很多研究机构，例如柏林自然博物馆以及其他一些博物馆，有"虫人"和"鱼人"的称谓。有些称谓会非常具体，甚至还会有"步甲人"，那是一位研究步甲的专家。

命名法的运用过程

对某个物种进行描述和命名的典型科学过程如下：首先，收集目标物种的假定亲缘物种的所有名称；其次，重建我们的先辈可能通过这些名称要表达的意思；最后，将目标物种与以前的原始描述进行比较，有可能的话与原始标本比较。这样应该就可以弄清楚你眼前的动物是否是一个新的物种，如果不是，那么哪一个旧有的名称可用。

要完成第一步，我们不可避免地要去图书馆，或者换句话说是存有与这个动物门类有关的出版物的地方——未必是传统意义上的图书馆。海量的历史和当代分类学文献在近些年已经被转换成了电子格式，并可以通过互联网获取。拥有最优质生物多样性历史文献资源的是生物多样性遗产图书馆（Biodiversity Heritage Library，BHL）。许多动物和植物的分类学文献的电子版本可以在BHL找到，BHL提供的在线使用服务没有出版商或者作者的版权限制，是免费的。BHL对获取古老文献做出了革命性的贡献，让人们可以在图书馆之外查找和阅读资料。但是为了省时省力，许多分类学家仍然愿意前往专业图书馆，他们在那里收集了难以计数的关于他们的研究对象的科学文章，这些内容有多难找到，就有多难以研究。

搜索文献的目的是要对目标动物门类中已经有过记述的物种通盘了解。当所有这些都收集齐备或接近齐备的时候，就可以开始比较了。将你的研究对象与现有的描述、线描图和铜板蚀刻插图，以及文献提供的所有内容进行对比，也要和已经分类完毕的动物进行比对。在这方面，分类工作是分类学中既定的程序。在这一程序中，研究标本会被赋予一个分类名称。在"This is a mouse（这是一只老鼠）"语句中，一个明确指定给某一种啮齿动物的名称（英语单词）被应用到某一种啮齿动物身上。虽然这是分类操作，但是所要求的不外乎像认识钟表指针一样的基本知识。分类工作在科学中的功能与此无异，此时你认为合适的那个科学名称就会和这种动物"固定"在一起。实际操作一般就是这样，分类的结果，也就是这个名称会写在一个标签上，并小心地贴在这个动物上。

分类工作分很多层次，即使在最专业的博物馆里也有所谓的不明材料。分类是一种用来标示这些动物临时性的办法，最理想的是应该在物种的层级上进行分类，但会卡在半路上前进不得。一个动物门类的数量难以确定，比如天牛、美洲大螽斯、扁虫都是这样。也许只能确定科或者属，但一般还是会深入研究，获取更多信息，甚至有时一个自然博物馆里的分类学专业人士最多只能让分类工作进展到"动物"的层级，但是这是很少见的例外。例如2003年，一个13吨重、12米宽的东西被冲到了智利的海岸上，并以"智利团块"的名字蜚声国际。类似的难以名状的"团块"在其他的海岸线上也有发现，引起了轩然大波。这是神秘的巨型章鱼（*Octopus giganteus*），还是其他神话中的生物？至少在智利，这种动物无疑是现身了，但是海洋生物学家们都很困惑。最终，DNA检测结果对此做出了解释，人们在海边发现的不明物确实是一头死去的

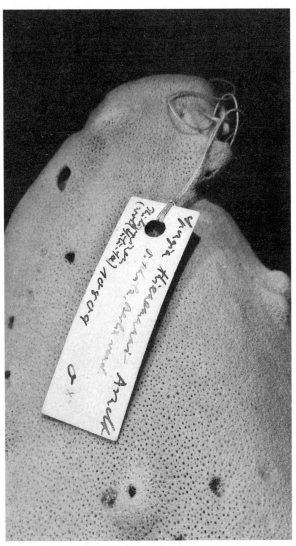

倒挂着的"象耳"海绵的一端，有沃尔特·阿恩特手写的标签。阿恩特在
1943 年记述了这个物种，当时确定的科学名称为 *Spongia thienemanni*，现
在该名称被认为是 *Spongia agaricina*（Pallas，1766）的一个次级同种异名。
柏林自然博物馆藏，本书作者拍摄。

抹香鲸正在腐烂的脂肪组织。

在这一过程中第一个重要的参考资源是模式标本（type specimen）。模式标本是科学家们放在他们的写字台上的单个生物标本，用于为物种命名。在大卫和大熊猫的案例中，在其 1869 年的原始描述里，可以证实他检验并确定命名了两个模式标本。物种名称是不可逆地赋予这些模式标本的。严格地讲，为了清楚起见，物种名称应该只适用于单个个体，但我们下文再详述。在任何情况下，如果已经发表的描述不能为目标物种的鉴定提供足够的信息，就不可避免地要去参考原始的模式标本。模式标本通常分散在世界各地的博物馆中，要利用这些标本并不容易。现在，越来越多的模式标本借由数字化手段被存档，就一些动物门类来说，参考高清的数码照片而非模式标本是足够有效的。

第二个重要的参考资源是经我们"世界级权威"鉴定的材料。这些单个生物——比如我们假设这位书虱专家已经对它们研究、鉴定过——对于其他研究新物种的书虱分类学家而言具有重大的意义。虽然世界级权威难免犯错，但是你可以相信他们对物种的鉴定结果，这是为什么要把描述人的名字写在标签上的重要原因之一。

最后，分类学家需要有尽可能多的尚未鉴定的材料，原因是会有种内变异性出现，没有任何一个个体和另外一个完全相同。遗传信息经过各种不同的过程传递给下一代，在每个个体内随机修饰和混合后，大多会产生微小但有时较大的种内个体的差异。这种变异性是影响物种间差异判定的重要因素之一，当然，它未必是最大的影响因素。你可以说分类学的技艺就是一种辨别种内和种间变异性的能力。你可以在任何两个动物之间找到不同之处，但是这些差异需要多大才足以做出对两个物种的鉴定呢？或者反过来说，在两个动物之间最多可以存在多少差异，但仍能被准确判定为同种物种呢？这可能是分类学中存在的最突出、最困难的问题，并且只有当样本数量很大的时候才可能予以回答。观察越多的动物，就会有越多的源于理想的偏差产生，而更出色的工作者能够判定种内变异的尺度。这样我们就可以理解，大多数分类学家都回避在单一个体的基础上记述一个物种，因为单个物种的变异性显然是无法评估的，必须要引入异常条件——也就是说，必须要有一个独特的特征作为证据，至少根据概率法则，它不能和另一个物种有生物学上的转换关系。大卫神父当时只有一只熊猫，但是他没有在种群分类上浪费片刻时间。他的观点是，考虑到很广泛的变异性，如此独特的一只熊无法和其他已知的熊联系起来——换言之，这可能是一个物种的极端种内颜色差异的例子，但是鉴于熊猫的不可辩驳的特殊性，这种情况看起来完全不可能。

在标本收藏中未能得出鉴定结论的那些标本对每一个分类学家都有吸引力，显然这是因为它们可能是不同的物种。过去的记述者没有发现的物种，也就是真正的珍宝会被隐藏起来，比如尚未发现的物种，或者已经记述过的，但严重缺失另一性别的物种。

此时此刻，专家们已经收集了所有相关物种的描述，并将眼前的物种与博物馆中所有或大多数模式标本和大量分散的材料相比对，而且也清楚了解了哪些物种已经存在，以及它们的鉴定特征是什么。所有这些数据、阐释和描述都最终会组成一篇文章。原因很简单：一个重要的分类学原则是，根据物种的描述和其他的分类学处理，只有已经发表了的内容才是有效的。即使是一件模式标本的标签上的信息，在其发表之前也与分类学的最终鉴定结果无关。论文代表着艰苦卓绝的科研工作和分类学结论的合法性，它是分类学工作的全部和终点。为了发表一篇论文，相关的信息都要落实在纸面上，或者录入电脑。物种特征可以由绘图、电子显微镜的图像以及其他表现形式存档，另外还有地图、表格和由一长串儿字母构成的脱氧核糖核酸（DNA）序列。

现在需要决定每个物种该叫什么了（当然在实践中这通常都是在科学研究后进行的）。这其实相当容易，至少在原则上是这样的。对于每一个新的物种，要从手中的一系列个体中选出一个正模标本（holotype）。这件标本会成为其物种永久名称的承载者。不管这件正模标本最终是属于哪个种群，它都始终保有这个名字。如果待鉴定的物种与正模标本经对比是截然不同的两个物种，正模标本所属的这个标本依然沿用旧有的名称，被鉴定的新物种会有一个新的标签。如今，正模标本必须由官方权威机构指定，否则相关的记述就无效，并且也不会获得名称。撰写物种描述的科学家应该有一件标本，这件标本自然就是正模标本。与之相对的是，如果模式标本有好几件，那就要从中选取一件当作正模标本，其余的都是副模标本（paratype）。作为物种名称的保有者，正模标本对于分类学具有最重大的意义，并且人们理所当然地将其视为博物馆收藏中真正的宝物。正模标本是每一个独立物种的名称的准绳和绝对基准。正是这些正模标本造就了那些伟大的自然博物馆，在生物多样性的研究中变得知名且举足轻重。所以，人们期望物种描述中包括这些正模标本最终归属的信息，并且建议将它们向公众开放。

可用性与有效性

此时，在可用性和有效性之间的差异再次显现出来。一个名称经过彻底详查后才是有效的，而运用命名法中的细微差别足以表明这是一个物种的正确名称。但是要进入命名规则的检验机制，语言要素——即我们在这里所说的一个名称的内容——必须满足一定的基本条件。第一个难点就是名称的可用性。

如前所述，在考虑一个名称是否可用的时候最重要的是出版物。在《命名规约》中有专门的一段，结合一些细节说明了何谓一份出版物。一个重要的要求是，强制使用拉丁字母。无论这个物种的记述使用古代斯拉夫文字还是汉字写就，分类学名称必须全部使用拉丁语写成。

另一个重要的要求是这个名称要能够上溯到一种特定的语言，传统上这种语言最好是拉丁语或希腊语。任意的字母组合有时候允许出现，"假设这是一个可用的单词"。例如，许多物种名称起源于澳洲原住民的语言，这些单词由拉丁字母组合而成，在我们看来有点儿异常。这些单词的语言学来源是有效的，所以从本质上讲这些名称都是可用的单词。相反，一些字母的人为组合，比如"cbafgd"就不能成为一个单词或者一个名称。最后一点同样重要的是在分类学研究成果中，也就是做出分类学决定的时候，必须要使用双名法的规则——即由两部分构成的物种名称。此外，属名和种名必须由至少两个字母构成。此外，随着时间的推移，会有新的细微规则产生，这意味着在不同时间发表的名称所遵循的规则会略有不同。因此，发表于1931年之前、1930年之后、1960年之后和1999年之后不同时间段的名称面临的发表规则多少有些不同。例如在1999年出版的《命名规约》第4版中就要求，所有新的分类学名称都必须清楚地标明出来，也就是说，可以使用已经存在的拉丁词组，例如species nova和genus novum（即新种和新属）。现在普遍使用的是与它们相对应的缩写词sp. nov.或者sp. n.。在其他语言的表述中，像"新种"这样的词也是允许的。1999年版本中其他的重要变化还包括正模标本的强制指定以及模式标本最终归宿的明确说明。

了解了这些命名规则，关于可用性的要求基本上得到了满足。实际上，这并不是一个很难跨越的障碍。这样，分类学的工作就完成了，现在是物种描述过程中的关键时刻：选择一个合适的名称。此时想象力是最重要的，因为科学家现在可能会偏离纯科学中严格的指针而沉迷于他们各自的偏好中。分类学家或多或少可以自由地选择他们喜欢的名字。然而，这种自由只适用于为新名称选择词源意义，以及选择最能反映所需含义的单词。制订物种名称的所有方面在《命名规约》中都有严格的限定。不能使用特殊字符。这些特殊字符包括变音符、连字符，以及各种形式的撇号（所有格符号）。在德语中，最常见的变音符是元音变音，即ä、ö、ü，以及区分音符ë和ï，后两者是用于将两个连续的元音的发音分开的。在其他语言中,特殊符号可能还带有点、线、勾和其他字形的字母，比如ç、á、ñ和ø。母音的变音符号、连字符要去掉。种名和亚种名的首字母要始终小写，而其他名称都要以大写字母开头。

物种名称一般都有古典（即希腊语——译者注）起源，而那些没有古典起源的都是拉丁化的写法，这一点会影响名称的形成。由此，一个物种名称通常都会具有下列各组之一的构成形式：

- 一个形容词或者分词以单数主格出现。大多数物种名称都属于这种构成形式，*Echinus esculentus*（欧洲食用海胆）以及 *Somatochlora metallica*（凝翠金光伪蜻）
- 一个名词以单数主格出现，与属名同位，*Cercopithecus diana*（狄安娜长尾猴）
- 一个名词以所有格出现，*Myotis daubentonii*（水鼠耳蝠）以及 *Diplolepis rosae*（蔷薇瘿蜂）

　　这些听起来都相当复杂，而且似乎扎实的拉丁语能力是非常必要的。许多分类学家的确不太确定他们是否真的可以创造正确的物种名称。大众更是把科学名称视为令人费解的复杂又专业的语言，外行人无法看懂。真相远非如此！所需拉丁语的范围很小，很容易理解，详细信息可以在合适的图书和网上查阅。

　　接下来的挑战是弄清楚这个名字应该表达什么。该物种有没有什么截然不同的特征能让它以此得名？该物种的栖息地或模式标本的地理起源有趣吗？我会愿意用同事、亲人或者慷慨的赞助人的名字为该物种命名，来表达我的敬意吗？或者我只是想要与众不同，因为古典／传统名称已无法达成引人注目的效果？

　　首先，你要选择这个名字必须具备的源词（source word）。即使没有希腊语或者拉丁语的知识，也可以为任何特征找到正确的词语。有许多图书可以帮你找到想要的词及其对应的古典名称。《生物和器官以大小、形状、颜色和其他特征进行的命名》（*Die Benennung der Organismen und Organe nach Größe, Form, Farbe und anderen Merkmalen*，下文简称《命名》）真的是一本用语言表现形态学特征的好书，作者是在莱比锡工作的动物学家弗里茨·克莱门斯·维尔纳。该书于1970年出版，并一直没有再版。在这本550多页的书里，维尔纳提到了每一种可以想到的可以用于描述形态学特征的形状和颜色，并且给出了相应的拉丁语和希腊语词素（word elements）。维尔纳分别分析了"定量特征""形状的类型""表面的凹度和凸度"以及"光泽、颜色、斑点和斑纹"。这真是一个描述性词语的宝藏！维尔纳早在1956年就出版了《生物学、动物学和比较解剖学中专业术语的拉丁语和希腊语词素》（*Wortelemente lateinisch-griechischer Fachausdrücke in der Biologie, Zoologie und vergleichenden Anatomie*，下文简称《词素》），该书的第 9 版出版于 2003 年，并且一直都是生物学家和医生的重要参考书。在《词素》一书中，维尔纳从古典名称的组成部分开始叙述，并以大量的范例给出了德语释义。如果你想要了解以古典词素为基础形成的分类学名称和生物学专业术语的意思，维尔纳的这本《词素》就是首选。同时，如果你想要在希腊语或者拉丁语的词语成分的基础上创造一个描述性的名称，他的《命名》一书会帮上大忙。

内容构想涉及更广泛的是罗兰·威尔伯·布朗用英语编写的《科学词汇的构成》（*Composition of Scientific Words*），首版于 1927 年问世，现在可以买到 1956 年重印的修订版。这是一份布朗认为的对科学命名法有重要价值的所有词汇的列表，无论是英语、拉丁语还是希腊语，都包括在内。每一个词都带有一个多少有些冗长的拉丁语和希腊语的同义词列表，每个词都有英语的解释。对比维尔纳的《命名》，布朗的词汇选择不仅包括形态学术语，还有大量的当代词汇，比如耳环、玻璃、差异等。这里的所有词汇都足以正当合理地成为物种名称的组成部分。这些图书和其他古典名称及其定义的名录都有助于理解已经发表的名称的语源学意义。

因此，在适当的词汇知识的帮助下，合适的名称就可以相当快速地修撰完毕，而且不会产生太多的问题。公允地讲，当你犹豫不决的时候，你或许有必要花点儿时间检索一下拉丁语的变格表，但这种情况真的很罕见。很多语言学上的不规则现象，比如在一些复合词中连接词素的现象，都包含在命名法的规则当中了。一点儿耐心和选对图书就是解决大多数此类问题的全部所需，当你觉得完全无助时，在自然博物馆工作的专业分类学家有时会帮上你的忙。

像 *Blattella germanica*（德国小蠊）这个名称里的地理名称是不言自

明的，当然，会有例外，即表示某个地点或国家的名称来源的古代拉丁语并不再使用的时候，例如，葡萄牙蛞蝓的拉丁名是 *Arion lusitanicus*，这里的种名 *lusitanicus* 就表示葡萄牙（葡萄牙的英语名为 Portugal，但这个物种的中文名实际为"西班牙蛞蝓"，英文名依然是 Portuguese slug，这也是地理名称发生变化的一例——译者注）。生物的种名如 *africanus*（非洲种）、*californicus*（加利福尼亚种）、*asiaticus*（亚洲种）以及 *australiensis*（澳大利亚种），如今都很容易被理解。在此类例子中，用作形容词并且必须和属名的词性保持一致的有 *canadensis*（加拿大种），这个形式表示阳性和阴性，而其中性形式是 *canadense*。

有一种重要且常见的物种名称类型是源于父姓的名字，或者是为纪念一个或多个人而起的名字。与以往不同，如今更流行的是有幽默感或者罕见的名称，这类名称可能和被命名的物种之间没有任何关联，我们会在下文详述。

现在我们不仅顺利完成新物种的描述，还找到了根据命名规则形成的有吸引力的新名字并将其发表——要尽一切努力遵照命名规则再次进行检查，以避免出现任何意想不到的问题。从发表的成果问世开始，你就成为一个新名字的作者（命名者），并且能够沐浴在名誉的光芒中。整个定名过程都要求研究者具有追根究底和坚持不懈的品质，扎实的标本比对结果以及对形态学中的形状的感觉。当然，命名工作本身还有一些不同的要求：对语言有敏感度会有所助益，大量的参考文献，对最重要的命名规则的全盘把握，再注入一股有益的想象力，都可以使命名过程变得更愉悦，而非更艰难。

此外，即使最简单的物种描述都需要花费时间——往往时间长得超乎想象，这是已经发表了的名称导致的，正是它们给分类学工作带来了真正的阻碍。尤其是那些来源于公元 18 世纪后半叶和 19 世纪早期的最古老的名字，时常伴有以今天的标准来看并不充分的描述，结果就是这些名称和具体的物种极难对应起来，或者干脆不能对应。有些物种经常会被多次描述，而且经常有一个名字被用于不同的物种的情况出现。在很多情况下，原始的拼写已经不再符合今天的规则，而且必须予以改变。这样那样的问题使得很难对过去已经记述并命名过的物种确定一个有效的名称。请注意，一个符合命名规则特定条件的可用名称，并不一定是一个有效的名称。并且，一个名称的有效性的问题需要从那些已经通过可用性验证的名称中寻找答案。

或许影响科学名称的有效性的最重要的标准是优先原则。具有优先性的事物大多一目了然。一个生物学分类单元（taxon）中最古老的名字往往就是有效名称。这听起来比实际情况要简单一些。首先，有争议的物种名称必须有明确的年代。在今天的期刊上，出版日期是按当天日期自动生成，但在 18 世纪可不是这样。通常，按照规定表示出年份就可以，但有时候会有同义词在同一年出现，这个时候就需要更准确的日期。从论文本身找出月份或者出版日期的信息是不可能的，图书馆发出的收据通知很有用，至少可以确定出版日期。

引起命名法的优先性讨论最普遍的问题是同义词，也就是说给同一个分类单元指定了不同的名称。分类单元（taxon，复数形式为 taxa）这个词经常用于生物学，也是分类学（taxonomy）的术语。生物学家们倾向于用这个词来代表任何可以想象到的生物门类的一般分类层级，不管它们是否已知。哺乳动物可以是一个分类单元，三趾树懒也可以是一个分类单元。即使被林奈标注为"害虫"的蠕虫（Vermes）都可以成为一个分类单元，当然今天的科学家们都认为蠕虫这种对动物的划分是颇为武断的。蠕虫这个说法包含了蠕虫的基本形态，但是无论如何看待，这种生物形态都是在生命的进化过程中各个物种独立显现的特征。

海星标本（*Paulia horrida* Gray，1840）

我们再回到同义词的问题上来。出于各个同义词自身的优点，同义词就是由大量不同的原因导致的错误。新的研究材料能够提供关于种内变异程度的新信息，其结果可以是曾经被视为两个截然不同的物种变成同一个物种的种内差异的极值。一个物种的不同生命阶段或者不同的性别被描述为完全不同的物种的情况并不少见。如果你想象一下一只蝴蝶在毛毛虫和羽化阶段之间有多么不同，就不会对此感到惊讶了。归根结底，许多物种确实都已经被多次记述了，这是因为一位科学家并不知道另一位科学家的物种描述，或者因为对确定一个物种的标准有不同的观点。这一类的同义词是由那些对物种进行分类学检视的科学家们发现的，这确实表现了分类学家们根据他们自己的评估和艰苦的证实过程所提出的科学假设，即假设分类单元的同一性质，进而相信有两个不同的物种，这种情况称为主观性同义词。鉴于主观性同义词的存在，按理说也应该有客观性同义词的存在，这就说明存在一些十分罕见的情况：对于相同的研究材料存在着两个不同物种的记述。如果两个记述都属于相同的个体，那么它们无疑在客观上涉及相同的生物学分类单元。无论同义词是主观的还是客观的，优先原则都在发挥作用。也就是说，当有疑问的时候，更早的名称还是会成为有效名称。

在同形同音异义词（homonyms）里的情况是相似的，就是相同的名称用于不同的物种。当同形同音异义词出现的时候，也是更早的名称被保留下来，而使用相同名称的较新的物种不能再使用这个名称。如果次同名成为这个物种的有效名称，那么优先原则就会要求该名称要用下一级次同名的同义词作为这些物种的名称，但前提是要有这样一个同义词。如果情况不是这样，那么进行修改的作者就可能会想出一个替代名字，一个全新的科学名称和一个新的物种记述者会就此出现。这就是你自己描述、确定物种名称的极其简单的办法，完全不用多看一眼目标物种。如果对一份名录中的某个悬而未决的同形同音异义词有犹豫，那么你可以（如果愿意的话）发表一个新的物种名，用来代替次同名，需要做的不过是引用文献资料而已。有些科学家确实是这样做的，对此类不一致的搜索结果中的分类学名录进行梳理，他们总能找到点什么。这种替代名称拼贴术，是那些不必了解太多关于各种动物门类知识的科学家们的做法，被业内人士不齿。

同形同音异义词和同义词一样，可以分成原同名和后同名两类。原同名是原先在一个属内有过记述，已经包含了既定物种名称的同形同音异义词。后同名是在目标物种从原先所在的属被归入另一个属的时候出现的。

这些听起来都相当复杂，而且当情况变成同义词和同形同音异义词混杂于同一个物种的时候，要保持通盘了解是很费力的，这里有一个例子。

1787 年，昆虫学家约翰·克里斯蒂安·法布里修斯描述了一种掘土蜂，将其命名为黄边胡蜂（*Crabro sabulosus*）。但是就在同一年，另一位知名的昆虫学家约翰·弗雷德里希·格梅林提出一种假设，说应该将黄边胡蜂归入泥蜂属（*Sphex*）。然而，由此可能得到的科学名称 *Sphex sabulosus* 之前已经存在了，是由林奈在 1758 年定名的。在这种情况下，就有了两个全新的建议，一是由查尔斯·约瑟夫·德·维莱尔在 1789 年提出的 *Sphex ruficornis*，二是卡尔·彼得·桑伯格在 1791 年提出的 *Sphex crabronea*。往前回溯，这两个备选名称都是多余的，*Crabro sabulosus* 实际上属于墨蚜蝇属（*Mellinus*），也就是说它没有次级同形同音异义词。这些不必要的替代性名称因此很容易就被忽视了，即这个物种实际上应该被称为 *Mellinus sabulosus*。但是，根据另一个命名规则，在 1961 年之前出现的晚出同名（此处是 *sabulosus*）是永久无效的，而且不能被改成有效名称。这就意味着维莱尔和桑伯格给出的备选名称是不合理的，并且 *Crabro sabulosus* 这个名称永远都不能成为一个有效名称，*Mellinus sabulosus* 也不能成为有效名称。科学家们面对这样的情况时就要审查有效名称，从而决定晚出同名是否可行。*Sphex ruficornis*（Villers，1789），这个全称是另一个全称*Sphex ruficornis*（Fabricius，1775）的晚出同名。之后是*Sphex crabronea*（Thunberg，1791），这个名称不仅作为一个替代名称是有效的，而且不与其他任何名称冲突。*Sphex crabronea*显然是最古老的可用名称，因此也是一个有效名称的备选。因为这个物种肯定是属于墨蚜蝇属（*Mellinus*）的，所以它的科学名称的特定词尾必须从阴性变成阳性。这个物种的正确的科学名称为*Mellinus crabroneus*（Thunberg，1791）。

显而易见，具有历史性的名称会在分类学鉴定过程中制造潜在的阻碍。同形同音异义词的问题相对而言可以控制，因为在查阅文献的时候，你通常可以将其标注出来，并解决问题。主观同义词带来的困难是最大的，因为作者（描述、命名的人）——即对正确名称的历史产生混淆的人——必须要提供清晰的说明，毕竟不同的作者有各自不同的关于物种名称的想法，也就是说认为不同的名称所指代的是哪些物种。每个物种的原始描述都是相关信息的第一来源，但是在大多数情况下，如果不对照模式标本，就得不出任何结果，至少无法得到100%确定的结果。这需要继续对模式标本进行研究，这不是一项简单的任务，在考查历史性物种描述的时候更是如此。在这些情况下出于安全的考虑，保证模式标本的完整性是有必要的。原来的作者是否真的只有这一只自动变成正模标本的动物呢？或者这位作者实际上有条件接触两个甚至更多的动物作为参考，来完成相关的物种记述工作？这些动物是不是真的属于同一个物种，或者实际上是好几个物种？只有当这些问题得到解答，并且这些模式标本的动物身份得以确定，科学家才能证实可能的主观同义词，并且提出解决同义词问题的恰当方法。

《国际动物命名规约》不是一部特别引人入胜的文献。规则、条目和形式体系整齐列队，尽力捕获每一个潜在的冲突，但凡是要创建一个符合规则的新名称的人都需要它。已经存在的名称依然会产生许多疑问，而要在其中找到适用于每一个例子的条目是一项挑战。这种搜索常常一无所获。分类学家总是会遇见《国际动物命名规约》中没有涵盖的临界个案（borderline cases），无论是整体还是部分情况。这种时候，在线论坛里有相应能力的同行们可以提供帮助。他们的回复可能很不一致，但是看到这些命名规则也让其他人濒临崩溃，总归对你是一种安慰。

出售命名权

对于分类学家来说，命名远非遵循命名法的要求将个人对自然的认知记述下来那么简单。在为一个物种命名时，你不仅是在给生物的名录中添加一个条目，而且也是在添加自己的名字——它会永远和这个新造的物种名称交织在一起。分类学家手握这些新发现的版权，他们为物种分配名称——这是一项关于自然的复杂假设的终点，并且会加入他们自己的名字。新物种是"他"或者"她"的物种。毫无疑问，伴随命名一个新物种而来的名誉是有限的。除了屈指可数的几个亲密的同事以及以父姓命名，赋予家族荣誉的人之外，没有多少人会注意到这种荣誉。鉴于分类学大量、多样的物种描述，命名者们的名字最终会黯然失色，这是动物世界的本性。

然而，很少有其他科学成果的表述能如此清晰、简洁地指向它们的创造者。这些命名者掌握着一个开放的空间，他们可以独立于外部力量，在语言上进行塑造，这在自然科学中通常是非常罕见的。一次又一次，名字的选择代表了分类学研究的情感高峰。

更值得注意的是在某些情况下，科学名称的选择和创造可能与它们被正式描述和发表时不同。分类学家们在多年前就提出了将冠名权让给他人的想法，尽管他们仍将是该名称的正式作者。他们自然不会在没有回报的情况下这样做，而这种回报通常（卑鄙地）以金钱计量。

20 多年前，最早意识到以父姓命名物种的基本思路是可以形成策略式发展的分类学家是这样想的：捐资人给某次远程探险或者某个研究计划捐赠金钱，作为回报，某个物种就以他或她的名字命名。鉴于全世界的博物馆里有大量尚未被记述的物种，分类学家们便处在一个拥有未记述物种并由此获益的有利位置。捐资人根据喜好选择物种和名称，然后，发现该物种的科学家们使这个物种名称与命名法的规则相容，并通过公开发表将其官方化。分类学家们仍保留发现和描述物种的荣誉，捐资人认为自己选择的科学名称会给他们带来知名度，因自己的姓名与物种的名称一起永恒存在而沉浸在巨大的喜悦之中：这是一个双赢的操作。

任何分类学家都可以自己组织"命名权拍卖"活动。但是到了 1999 年，德国 BIOPAT 组织建立，将尚未被描述的物种的命名权向捐资人开放，价格是 2600 欧元一个物种。较受欢迎的动植物种类，例如哺乳动物和兰花的命名权价格急剧上涨。捐资人会获得命名权、一个证书和一份慈善捐款免税证明作为捐款回报。该组织获得的捐款一部分用于资助相关科学家继续开展分类学研究，另一部分资金用于支持在新物种源生地进行的生物多样性保护工作。截至 2013 年，BIOPAT 已经通过这一方式募集资金 62 万欧元。

在 BIOPAT 的网站主页上，访问者可以浏览未命名物种清单，也可以查看已经找到捐资人的物种名单。魅力超凡者如兰花和蜂鸟自然是最受青睐的种类，捐资人喜欢选择个性化的名字，用来献给他们身边的人：有一种马达加斯加的蛙，名为夏洛特螂指蛙（*Mantidactylus charlotteae*），一种土耳其地花蜂被称为黎曼尼地蜂（*Andrena lehmannii*），一种印度尼西亚龙虱叫维克托杜维吉龙虱（*Neptosternus viktordulgeri*），一种巴西蝎子名为马丁帕奇幽灵蝎（*Tityus martinpaechii*）。

在这些命名捐资人中间还有一些名人。斯坦·弗拉西姆斯基是一位成功的商人。他想以妻子和孩子们的名字为一种兰花、两种青蛙、一种蝴蝶和一种象鼻虫命名。这对于他来说只是一点儿小小的投资，但是想必伴随这次投资而来的是踏入光荣的自然资源保护者行列所带来的满足感。有一种非洲兰花，名为阿纳斯塔西娅林恩多穗兰（*Polystachia anastacialynae*），是以美国音乐人阿纳斯塔西娅·林恩·纽柯克（Anastacia Lyn Newkirk）命名的。一位苏联首脑也获得了一种以自己名字命名的兰花。在他的 70 岁寿辰时，一位好友送给他的礼物是一种玻利维亚兰花，名叫戈尔巴乔夫腋唇兰（*Maxillaria gorbatschowii*）。

另外，还有一类命名捐资人是以公司的名义参与的，想要借此展示他们对环境保护工作的奉献精神。丹麦的丹佛斯集团是供暖工程领域的一家企业，为马达加斯加的一种鼠狐猴捐资命名。这种鼠狐猴和仓鼠的体形大小相仿，现在它们被称为丹佛斯倭狐猴（Microcebus danfossi）。有机食品公司 Vitaquell 捐资命名了一种哥伦比亚的蜂鸟，即维塔奎里妍蜂鸟（*Thalurania vitaquelli*）。一种越南壁虎的发现归功于德国电视节目《科学探索》，其名称为探索壁虎（*Gekko scientiadventura*）。

BIOPAT 打造了一个成功的故事，并且是全世界唯一一个以这种专业方式"出售"物种名称的组织。自 1999 年网站建立以来，已经有 150 个捐资项目，现在每年都有 5 ~ 10 个名称售出。BIOPAT 的两位重要人物，克劳斯·贝克和约恩·科勒都各自有其他工作，并同时负责管理这个资助项目。就网站本身而言，他们在公关和宣传方面的资源有限。情况在

2000 年出现了变化，也就是 BIOPAT 建立一年之后，每个人都在谈论他们，媒体也乐此不疲。那一年有 50 个名称售出，但那样的日子已经一去不返了。

从那以后，世界各地的许多自然博物馆、大学和自然保护组织都采用了相似的模式。他们在努力开发他们自己的科学家们发现的分类学宝藏。除了昆虫海报和 T 恤，加州大学戴维斯分校的博哈特昆虫博物馆（The Bohart Museum of Entomology）还提供拥有新的昆虫物种的机会。在可供选择的产品说明下面，有相关原则的背景信息和物种命名的价值，如果顾客认可付钱购买产品以及 2000 美金冠名费，就可以在线点击"加入购物车"，然后通过 PayPal 付款。之后，博哈特昆虫博物馆的科学家和买家会以私密形式讨论余下的内容。

有许多特殊物种的名称购买或者拍卖会受到媒体的关注，要么是因为标价高，要么是因为有名人参与其中。2005 年，一种新的虾在澳大利亚西南海岸被发现，它的命名权是在 eBay 上通过拍卖的方式出售的。前职业篮球运动员卢克·朗力以 2900 美金的竞价获胜，并将这个新的物种命名为克莱尔汉娜莱伯虾（*Lebbeus clarehanna*），这个名称源于他的女儿克莱尔·汉娜·朗力，这是他送给女儿的 15 岁生日礼物。这个拍卖活动的发起者是墨尔本大学的一位学生，他当时想要利用 eBay 拍卖的方式为祖国澳大利亚海洋保护协会寻求资金支持。

2007 年，昆虫学家们在佛罗里达自然博物馆的收藏中，发现了一种罕见的尚未被记述的墨西哥蝴蝶。最终这个物种名称以 4.08 万美金的价格被一名匿名买家拍走，并以俄亥俄的玛格丽·密涅瓦·布莱斯·奇兹米勒的名字命名，这是这位买家的 5 个孙辈，这种斜条环蝶的科学名称为 *Opsiphanes blythekitzmillerae*。

迄今为止最著名的命名权交易是 2005 年一种新发现的玻利维亚伶猴的命名权交易。两位生物学家多年前在玻利维亚的马迪迪国家公园发现了这种当时未知的猴子。像许多公园一样，马迪迪国家公园一直处于非法采伐的威胁之下。为了维护其现有生态，公园管理方每年需要支付 55 万美金的费用。通过与野生动物保护协会合作，英国生物学家罗伯特·华莱士决定将这种新发现的猴子的命名权拍卖，从而获得用于支持这个公园的重要资金。这场匿名拍卖吸引了大量民众和许多"财富 500 强"，同时也受到美国销售额 500 强企业的关注，各方纷纷参与竞拍。最后的赢家是网上赌场 GoldenPalace.com（金纱赌场），他们的出价是 65 万美金。管理这家赌场的决策人最后选择的科学名称是 *Callicebus aureipalatii*，其种名即是赌场的名称"Golden Palace"，而现在这种动物广为人知的名字是金纱赌场伶猴。

意料之中的，这次拍卖在分类学家和自然资源保护主义者之间激起了一场国际大讨论，不仅是因为一家网上赌场获得科学冠名权，而且关于出售科学理想和分类学的可购买性的讨论。然而，所有抗议都是温和的，其影响很快就消散了。全世界有许多机构和博物馆现在都出售或拍卖命名权，但是这些活动在资助分类学研究和自然保护项目中的作用极小。

如金纱赌场伶猴命名权拍卖这样引人瞩目的事件极少发生，但是它的确让很多人通过大量的公众平台，将注意力投向环保问题，以及至今依然有新的动物物种被发现的事实上。对所有批评此事的人来说，这种形式的物种命名仍然是可以接受的，因为这些名称经科学出版物发表需要获得官方认可，所以它具有内在的品控性质。许多批评的声音担心科学家会因此动心，为了追求商业利益而以本不该有的方式看待生物物种，并为买家提供无法通过科学检视的物种。这并非完全不可能，但是即使没有这方面的关切，物种记述的质量也是与许多因素，如出版机构相关联。

被物种掩盖的名气

这样的命名方式尚有许多问题未得到解答。赢得一场拍卖或者进行一次捐赠可以保证赢家或者捐赠者获得为某个物种命名的权利，但是其中包括确保新物种名称的有效性的责任吗？如果这些昂贵且个性化的物种名称变成已知物种的同义词的时候该怎么办呢？在拍卖中拍下的名字可能是可用的，但是它可能已经是无效的了，会被有效名称挡住进入名录的路。有没有为这种情况设立的退款机制呢？不清楚那些买家们会有多么不满的反应。未被记述的物种的提供者应该尽力选择那些真正未被记述过的物种，并且能让其始终拥有一个"好"名字。

身为新物种的记述者是一种光荣，即便这种荣誉通常只是在一个小圈子里为人所知。更广泛的大众群体几乎认不出那些科学名称——哪怕是那些知名的动物的科学名称，这些物种的记述者也完全不为人所知。有些人可能了解 *Gorilla gorilla*（低地大猩猩）、*Canis lupus*（灰狼）、*Corvus corax*（渡鸦）、*Mus musculus*（小家鼠）和 *Rattus norvegius*（褐家鼠）背后的意思，但是它们的命名人是谁呢？关键提示：狼、鸦和家鼠都是首次出现在林奈于 1758 年出版的《自然系统》中，大猩猩是由托马斯·斯托顿·萨维奇和杰弗里斯·怀曼在 1847 年记述的，约翰·贝克恩霍特在 1769 年为家鼠命名（即褐家鼠——译者注）。

至少对于这些物种而言，它们的记述者的名誉只能从这些物种的阴影下透出一缕微光。这些人不仅成功地确认了自然界的动物——数百万年没有人类参与的情况下进化的产物，而且他们还力图借由命名活动将这些动物从被漠视的黑暗中抢救出来。一个物种第一次通过其名称的发表获得了存在的形式，并且被引入人类的认知，即使通常这种认知都只是科学方面的关注。物种名称使大多数物种变成了盘中餐，这其实也算是一件值得骄傲的事，至少有一丁点儿值得吧。

阿曼德·大卫神父为他的发现感到自豪，是真的自豪。将为大熊猫命名让给其他人，哪怕这个其他人是阿方斯·米尔恩·爱德华兹，那也免谈。大卫以一点点努力并遵守命名法中最必要的规则，不可更改地确保了自己对这种独特动物的名称的所有权。

大熊猫不是大卫唯一的动物学贡献，即使他自己并没有对其做记述。*Elaphurus davidianus*，即我们熟知的麋鹿，就是以大卫命名的。麋鹿的发现故事当然也是很有意思的。到了公元 2 世纪，外表俊朗的，原本在中国、韩国和日本可以看到的大卫神父的鹿（麋鹿），由于过度捕猎已经在野外绝迹了。最后一头在野外出现的麋鹿可能是在 17 或 18 世纪消失的。几个世纪以来，一个至少有 100 头的麋鹿群作为食物被圈养在南海子，即北京外围的皇家围场，并供皇帝狩猎取乐。这个围场的围墙长 72 千米，由彪悍的兵士严密看守，不允许任何人向围场里面观望一眼。在发现大熊猫之前 4 年，大卫收买了守卫，爬到围墙上看到了麋鹿，那是大约有 120 头的一大群麋鹿。大卫从这些动物独特的角想到它们可能是一种未知的驯鹿。大卫从守卫那里得知这种动物的中文名称，"四不像"，他还了解到要是杀死一头这样的动物便是死罪。但是大卫知道中国的骨雕师傅们会出售用小块的"四不像"的角制成的角雕。或许这些守卫曾经秘密地捕猎这种鹿并把它们的角卖给骨雕师傅们。1865 年年底，在大卫的坚持下，法国代表团向清政府提出请求，想要一头"四不像"。但是没有任何回复，大卫决定自己动手。他再次贿赂了围场的守卫，并于 1866 年 1 月，带走了两张完整的麋鹿皮。他将这两张皮和描述麋鹿特征细节的信函寄给了阿方斯的父亲亨利·米尔恩·爱德华兹。在鹿皮抵达巴黎之前，法国的请求获准了。遵照清朝皇帝的旨意，一位大臣向法国大使馆赠送了 3 头活着的麋鹿。这 3 头麋鹿在去往法国的途中死去，但无论如何，爱德华兹收到了 5 件动物标本，这些标本成为他于 1866 年记述麋鹿的基础，并将其命名为 *Elaphurus davidianus*（大卫鹿）。但是这里犯了一个小的错误。虽然大卫在他的信里提到了麋鹿的中文名称是"四不像"，但是爱德华兹在他的记述中称这种动物在中国被成为"麋鹿（milu）"。这一细节是根据中国鹿类动物名称的相关资料假定而来的。这样一来，爱德华兹就忽视了"麋鹿"这个名称指的是一种体形小得多的梅花鹿，是由荷兰博物学家昆拉德·雅各布·覃明克在 1838 年发现并记述的。爱德华兹对麋鹿的描述引起多国极大的兴趣，来自世界各地的索要活麋鹿的请求被陆续传递到清政府官员的案头。很快，爱德华兹对"麋鹿"一词的错用被传播开来，直至今日。1869 年，伦敦动物园向公众展出了两头活麋鹿。几年之后，柏林和巴黎的动物园各自拥有了几头麋鹿，这些麋鹿幸福地繁育后代，使许多动物园很快就有了麋鹿宝宝供游人观赏、赞美。

人们想到的是大卫的冒险行为会最终让这种濒临灭绝的鹿，通过在世界各地的许多动物园中的群体繁育得以存活，但事情并非如此。1895 年，北京南部地区遭受了巨大的洪水侵袭，南海子围场未能幸免。许多麋鹿死于洪水或者被困在围场里，最终被饥饿的百姓杀死用以充饥。在这场灾难中有 20 ~ 30 头麋鹿幸免于难，但也成为于 1900—1901 年侵华八国联军的盘中餐。只有一头母鹿在义和团运动中活了下来，并在 1920 年老死。麋鹿就这样在它的源生地灭绝了。那么欧洲的麋鹿呢？动物园里的那些繁育种群的寿命要长得多，但也没有一只活到一战以后。这个物种的命运看起来到了尽头。

　　然而，多亏了贝德福德公爵，他被誉为英国最伟大的自然保护者之一。在他的众多环保壮举中，有大群的欧洲野牛存活至今，但这是另一个故事了。这位公爵认为麋鹿在北京或者欧洲的动物园里的生活都不够好。因此，他陆续从不同的动物园里购买了18头麋鹿幼崽，将它们养在位于沃本修道院的公园里，那是他的产业。这种动物最初是在湿地中安家的，但许多动物园根本不知道或者忽略了这一点。搬了新家的麋鹿在房舍周围广阔的湿地上繁荣兴旺起来，群体数量达到了惊人的70头。在麋鹿被确认已经灭绝，即中国的那场灾难和欧洲动物园繁育种群的瓦解之后，贝德福德公爵将他的鹿群展示给那些持怀疑态度的动物学家们。他将麋鹿卖给不同的动物园，包括位于德国汉堡的哈根贝克动物园。虽然源于沃本修道院的麋鹿种群数量在二战期间经历了几次倒退，但它们今天依然遍布世界各地。这些来自英国的动物有些甚至被带往北京，在那里成为后来麋鹿在中国重新繁育的基础。2005年，全球范围内在国际血统簿上已经注册的麋鹿有1300头，其中1000头生活在它们原生的中国，这样，*Elaphurus davidianus*（大卫鹿）的存活就得到了保证。

　　阿曼德·大卫神父，这位探索中国的极具胆量的探险家，发现了两种大型哺乳动物，即大熊猫和麋鹿，它们先是被人类捕杀，濒临灭绝，后来又通过人类的介入最终获救。

Scomber minutus 的一件模式标本，这是一种牙鲾，由马尔库斯·E. 布洛赫于 1795 年记述，今天这个物种属于牙鲾属（*Gazza*）。柏林自然博物馆藏，本书作者拍摄。

第三章　争论、恰当的名称、独特性

亨利·费尔菲尔德·奥斯本是一位著名的古生物学家，也是进化论的支持者。他生于 1857 年，即查尔斯·达尔文的《物种起源》将化石研究提升到揭开进化之谜的关键地位的前两年。奥斯本在 19 世纪 70 年代初开始了自己的科学生涯，在爱德华·德林克·科普的指导下学习。此后数十年，奥斯本通过他发现的几种魅力无穷的恐龙物种获得了知名度，这些恐龙包括雷克斯暴龙（*Tyrannosaurus rex*）和蒙古伶盗龙（*Velociraptor mongoliensis*）。1908 年，他被任命为位于纽约的美国自然博物馆的馆长。

大约在那个时候，一位名叫罗伊·查普曼·安德鲁斯的热情青年也到博物馆工作了。这位自学成才的年轻人，在想要成为这个令人敬畏的机构中的一员的梦想助推下，自学了标本剥制术。然而当时没有与他的资历相匹配的空缺职位，于是他在那做起了看门人的工作，业余时间前往哥伦比亚大学学习动物学，并为博物馆保管动物标本。

但是安德鲁斯一直渴望能脱离满是灰尘又艰苦沉闷的实验室工作，创下荣耀壮举。实际上此时的安德鲁斯已经有了计划，并且他要亲自去亚洲展开研究之旅：1916—1917 年，他和他的妻子带队完成了一次在中国云南和其他省份的动物学考察工作。当时到中国北方的沙漠戈壁地区似乎很有希望实现他们的光荣与梦想，因为对那里的科研考察尚不充分。

与此同时，奥斯本馆长面对已经收集的化石和古生物学的报告，想要把它们都搞清楚，形成自己的一套大型理论体系：恐龙、哺乳动物、人类都是从同一个地理区域发源的，那就是中亚地区，尤其是今中国内蒙古自治区及蒙古国所在的区域——并且从那里散布到世界各地。奥斯本那时还缺乏用以证明他的"中亚起源理论"的相关化石。除了一块犀牛的牙齿化石，还没有在那一地区找到其他的脊椎动物化石。

因此，当安德鲁斯在 1920 年的一个春日向他提出率领一支远征队去中国北方沙漠戈壁地区考察的建议时，奥斯本毫不意外地抓住这个机会，他想通过广泛的实地研究，最终证实他的理论。安德鲁斯利用午餐时间详细介绍了他的大规模、系统的探险计划。除了有趣的恐龙和哺乳动物化石，奥斯本还希望找到人类生活的证据，以支持"走出亚洲"的理论。当时，由于沙漠戈壁的恶劣条件和危险的政治动荡，那里基本上没有被西方人开发过。派遣一支庞大的科学考察队去那里是一次大胆的尝试，但奥斯本愿意冒这个险。

安德鲁斯开始准备实验相关的工作。1921 年 4 月 22 日，一辆道奇汽车公司的大篷车、若干马匹和骆驼从中国城市卡尔甘（即今天的张家口）出发，穿过长城，开启了由美国自然博物馆在今蒙古以及中国内蒙古开展的一系列成果斐然的考察活动。最后一次考察活动是在 1930 年。在几次为人瞩目的亚洲探险中，安德鲁斯总是戴着他那破旧的宽边帽，随身携带来复枪、弹带和一把柯尔特 9 毫米口径的左轮手枪，出尽了风头，而且有不少人都认为《夺宝奇兵》就是受到安德鲁斯形象的启发而创作的。

被赦免的偷蛋贼

安德鲁斯获得了个人的成功（1934 年他被任命为美国自然博物馆的馆长），从科学角度讲，他领导的总共 5 次对沙漠戈壁的考察活动，发现了大规模的哺乳动物和恐龙化石，还有数量众多的恐龙蛋。这些化石都上溯至白垩纪晚期，这是开始于 1.45 亿年前并结束于 6500 万年前的中生代的最后一个阶段，这一最后阶段发生了生物大灭绝，恐龙是牺牲品。安德鲁斯团队最令人惊叹的发现之一是一副不完整的头骨受损的恐龙骨架，它是在一窝大约 15 个恐龙蛋的近旁被发现的。1924 年，奥斯本将这种恐龙纳入一个新的属，即偷蛋龙属（Oviraptor），这个新物种的科学名称为 Oviraptor philoceraptops（蒙古疾走龙）。这个新的属名是由拉丁文的 ovum（蛋）和 raptor（贼）组成的，奥斯本总结说他手中的是一个偷蛋贼，因为这种大蜥蜴在接近这个筑巢区。他进一步得出结论，这些蛋是原角龙属（Protoceratops）恐龙的，它属于角龙亚目（Ceratopsia），这类恐龙还包括著名的三角龙属（Triceratops）。通过一个希腊文前缀 philo-，这一种名的意思就是“喜爱角龙属”。人们认为这个好事的偷蛋贼在无私的原角龙属恐龙父母奋力保护它们后代的行动中，撞见了命运的终点。这一发现在纽约引起了巨大的热潮。矫揉煽情的报道突然出现在这座城市，描述了本在享受天伦之乐的原角龙夫妻在面对掠夺成性的偷蛋贼时，奋力保护它们的血脉免受侵害。美国自然博物馆里造了一幅很有代表性的透景画，媒体的相关报道不断，甚至电影院里的新闻影片都在报道原角龙和偷蛋龙的这场史前善恶大战。

偷蛋龙的身体趋近蛋窝暗示了它有偷蛋的企图。此外，这幅恐龙骨架保存状况不佳的头骨上有一个功能强大的喙，看起来很适合打开坚硬的蛋壳。然而即使在最初的描述中，奥斯本都对偷蛋的假设提出了怀疑：很可能是偷蛋龙独特的头骨形状产生了误导，与那些恐龙蛋其实没有什么关系。

奥斯本的怀疑直到 20 世纪 90 年代才得到确证。在美国自然博物馆赞助的又一次沙漠戈壁科考活动中，在距离发现第一只偷蛋龙的地点约300千米的地方一辆科考车抛锚了。美国古生物学家马克·诺瑞尔和他的小组在那里发现了一个与之前发现的恐龙相似的恐龙窝。其中一个化石是一只孵化不久的小恐龙，可以很容易地确定这是一只偷蛋龙，但这样的发现太出人意料。当科考小组又发现一个恐龙窝时，先前的怀疑得以确证，即成年的偷蛋龙是像今天的鸟类一样栖居的。这就明确了所谓偷蛋龙根本不是什么偷蛋贼，它是在照料自己的后代时死去的。

偷蛋龙这个令人讨厌的偷蛋贼，显然被赋予了一个错误的名字。大众媒体也曾偶尔提及此事。在詹姆斯·格尼的畅销画册《恐龙帝国：世外乐园》中，偷蛋龙被重新命名为护蛋龙（Ovinutrix），其基本意思是"照料恐龙蛋的恐龙"。科学编辑安德烈斯·圣特克在德国的《时代周报》上提出了一个问题："在（偷蛋龙）恢复了名誉之后，抹黑它的名称会从进化的注册表中抹去吗？"

当然不会，系统生物学家和分类学家会回答这个问题。格尼当然有自由在他的《恐龙帝国：世外乐园》里把根据错误假定而来的名字重新命名。但是偷蛋龙这一名称是在对一个生物学单位进行科学描述的前提下，通过正式和有约束力的命名规则给出的，很像给出生的孩子们取名。人类的名称通常也都有一个定义和一段语言学的历史，而且不必和本人有什么关系。比如菲利克斯（Felix）这个名字意思是"幸运的"，即使叫这个名字的朋友是个倒霉蛋也没问题。相同的情况还有名叫索菲亚（Sophia）的糊里糊涂的女人们，或者名叫彼得（Peter）的那些轻浮男人。这种不一致在姓氏中更甚。姓贝克（Baker）的人无须与烘焙（baking）有什么关联，而费舍尔先生（Mr. Fisher）可能终其一生都没有捉过一条鱼。那么显而易见，人类的名字并不是作为这些名称的拥有者的描述来让人理解的。

但是在生物学中这种情况如何呢？偷蛋龙这个名字明确地反映着这个名字对应的一个确定的生物特征。可以认为这是一个有缺陷的命名，但必须要加以纠正吗？换句话说，在这个名称和被命名的生物之间的关联在生物学中和在人类社会中的情况不一样吗？或者说，在生物学界和人类世界中名称的作用都是简单的标签，用来指称用语言学单元武断命名的物体吗？这些问题导向了更宽泛的问题，生物学中哪些名称是真的来自语言学的立场？这些词语能够用于一个名称吗？如果不能，它们该出现在什么样的场合呢？不管是从语言学还是从生物学的立场出发，其对于名称的使用有什么样的影响？

一朝偷蛋龙，世代偷蛋龙

通过实证研究和观察获得的数据总是站在生物学的最前沿。因此生物学家们常常会忽视语言在科学实践中实际扮演的中心角色。在讨论科学语言的使用时，科学家面临的中心问题是他们自己如何通过语言将自己的认知信息表达清楚。他们怎样将数据、结果和解释传递给其他人的呢？名称作为一种语素，在生物学中的权重要比在其他自然科学中更大。物种作为进化的产物和生物学中极端重要的普遍化单位，在对自然的研究中具有中心作用。对物种的论述是借助科学语言展开的，而这种字面上的探索思考是科学实践的一个重要部分，是对观察到的事物进行的明白无误的语言识别。已有数以百万计的事物因为科学命名语言有了名分，被人知晓。其他科学家也会采用与生物学家相似的方式命名他们所研究的事物。然而生物学的特殊之处在于自然界中存在的并且生物学家感兴趣的事物中的大部分都不为人知。每年会发现大概 2 万种动植物，这意味着生物的名录——这部自然的字典——每年都会以相同的字数扩增，其中大多数都是新词。没有人准确地知道还有多少种物种有待发现，但是即使是在每年不同生物类群新物种发现率基础上进行保守估计，也一定会有 200 多万个物种是未知的。根据目前的科学研究现状看，仍有数百万计的名称待确定，以便用语言学的工具管理这些数量庞大的物种。

科学家们需要达成的不只是语言上的需要。一般来讲，生物学中的核心交流问题之一是人们似乎越发相信语言对事物的描述是真实的。换言之，我们经常会由于事物的字面标签而对事物的真实情况产生误解。有个非常明显的例子是一个物种名称和这个物种名称所指代的物种之间不存在一致性，而我们以不证自明的方式使用这些名称，仿佛这就是生物学研究的真正焦点。在日常生活中这不是一个大问题，而且对名称的某种无心的使用和被命名的个体对日常交流的内容不会有多大的损害。但是如果你想要了解为什么我们现在以如此严谨的方式对待比如名称这样的语素，以及这样做会对我们命名的实物有何影响的话，那么你就必须要深入探索了。即使你不是语言学家，也值得努力了解名称的语言学背景——虽然这条道路往往是崎岖坎坷的，而且在我们所讨论的物种名称的问题上更是困难重重。

但是，如果对于物种命名语言的分析没有结合对被命名物种的批判性审视，那么我们的分析是不完整的。名称是对话的一种特殊组成部分，它有具体的功能和语法现象。那些可以成为名称的词语，必须指代能够展示既定特征的事物。虽然那些不能满足这些条件的被指代物仍然会获得一个语言上的标签，但是这些标签不会被视作合适的名称（标签不等于名称——译者注）。为了决定一个术语是否要用于一个既定的被指代物，你必须了解并评估这个被指代物是否满足必要的要求。更简单地讲，如果你想要理解一个名称，那么你就得知道它实际上是在指什么。

接下来，这些问题需要得到解答：从语言学的角度讲，名称是什么？从生物学的角度讲它又是什么？我们对物种的看法是如何影响名称使用的？相反，我们使用名称的方式是怎样影响我们对这些经历了科学命名过程的生物物种的看法的？

我们在日常生活中不断地遇到名称，特别是人的名字这种形式。孩子们从小就开始学习将他们的名字和他们自己联系起来，并且他们也很快地学会如何说出自己的名字。在差不多同一时期，我们开始把名字和既定的人联系在一起，通常是根据这些有名有姓的个体使这些名字渗透着情感。显而易见，名字是不包括在字典里的，即使它们本身是可以被解读的，我们一般也不去探究它们表达的意思。

我们再来陈述一遍这个事实：一个人通常不会希望自己的名字透露出什么信息。因此，在这里我们已经说出了名字区别与其他词类的一个基本特征。这一特征把名字和语言中的其他部分区分开来。语言学家说，名字不具有词典性质的、固有的意义。一个名字首先是一个标签，它的功能就是指称一个特定的东西。生物学中的科学名称和我们每天遇到的人的姓名都有这样的基本特征。

然而，在大多数情况下，名称确实和单词一样具有意义，这种意义不是词典性质的，而是语言学上的。大多数名称由单词或词组组成，这背后的原因往往都埋藏在语言学历史的深处了。一旦涉及科学名称的确定过程，找出一个合适的名字就是一种与语言学有关的为某些特征贴标签的故意行为。所以，许多体形微小的动物物种名称都有 "minimus"，即拉丁语"最小或者最不重要的"，比如 *Tamias minimus*（花栗鼠），最小的金花鼠属动物。当 minimus 一词不具备任何词典性质的含义，即被视为认知某个生物学特征的简单标签的时候，这个事物（即这里的最小的金花鼠属动物）的特征的确和这个名称的语源学意义相一致（即"小"）。由单个名称在其语源学意义和事物特征之间实现一致性有助于建立物种和名称之间的参考性联系，而且人们也习惯并乐于根据物种的特征为其确定新名称。

可是，当一个名称的语源学意义和这个物种的特征不相符的时候会怎么样呢？只有普通大众在生活中遇到时才会认为某个名称是"错误的"，认为这个名称所暗示的某个特征是这个物种所不具备的。生物学家们会觉得这种不符是令人遗憾的，但还是会接受这个名称。因为语义学对名称不起作用，在正确和不正确之间的争论只有在讨论合适的命名法规则的时候才有意义。只要一个物种的名称已经形成并且符合命名法规则并正确使用，那么这个名称的语言学意义就无关紧要了；它最多只能引起某些人在历史或者情感方面的兴趣，比如我们看到的偷蛋龙（*Oviraptor*）。一朝偷蛋龙，世代偷蛋龙。

让我们再进一步。到目前为止，我一直主要使用名称（name）一词。更准确地说，我们在这里讨论的是一个语言学单位，称为专名（proper name）。在语言学上，专名是和可数名词（比如"树"）以及不可数名词（比如"牛奶"）组成更广泛意义上的名称。在研究名称的时候，由于专名是生物学目前最普通的名称类型，所以名称（name）和专名（proper name）经常交替使用，以求简便。

作为会讲话的人，我们都有一种关于何为专名的直觉。专名用于具体人物（查尔斯·达尔文）、地理位置（大西洋）或者事物（埃菲尔铁塔）。为了获得语言学上的专名，强调这些专名和普通名词之间的区别就尤为重要。我们想象一下整个世界上只有一头驴子，当然这个说法会招致生物学上的异议。为了指称这头驴子，你会说："那是驴（That's the

Donkey）。"此时，"驴（Donkey）"就可以是一个专名，因为这个词是我们眼前的这个独特的个体事物的一个语言标签。虽然动物个体确实存在，在当时的情况下也是物种的唯一代表，但是这对那头驴来说是一个虚构的情景，因为它不可能是地球上唯一存活的驴，实际上有数以千百万计的驴生活在这个星球上。因此，我们提到的这个同一性的名称（即"那是驴"）并不能用于快速理解我们所说的内容，因为没有具体情景（比如邻居家院子里的驴），就不能确定是在说哪一头驴。那么人们就会转而加上一个不定冠词，说："那是一头驴（That's a donkey）。"

这个例子表明了在专名和通名（appellative）之间的不同之处。一个专名是明白无误地指称一个具体的事物——在这里是我们所假设的整个宇宙里唯一的驴。但是通名可以同时用于许多个物体，因为我们的陈述方式是"那是一头驴"，这种说法可以用于指代地球上无数驴子中的任意一头（我们不会说"那是一个查尔斯·达尔文"，而只说"那是查尔斯·达尔文"——译者注）。

并不是所有的个体都有仅仅用于它们自己的名称，相反许多人的名字都有不同的人在使用。举例来说，很多人都有相同的名，比如麦克（Michael，即本书作者的名字），那么问题就是如何维持它的清晰性。在每天的交谈中，必不可少的清晰性是通过相对确定的谈话情境得以确保的（如上文所述）。在我自己家"麦克"一词是绝对不会引起误解的。当然，我的家人会同时讨论其他的麦克，说话的人会有意确定谈话的具体情境，从而保证大家能清晰地确认所指的人。在我们社会生活中有正式的讲话模式，在名之上再加一个姓，这会有助于表意清晰，但不能确保一定如此，也有很多人的全名也是麦克·奥尔（Michael Ohl）。

生物学中也有相似的情况。人们希望每一个动物学的名称能够明白无误地指代一个分类单元——也就是一个由多个个体组成的群体，比如某个物种。不相关的动物可能会有相同的种名，而它们位列不同的属。所以许多动物物种都有简单且容易解释的种名，如 *similis*、*minor* 或者 *americanus*。这里所说的情况是，每一个动物在一个逐渐扩增的群体构成的分类系统中，属的划分要表现在名称里。一个物种的名称可以通过由属名和种名构成的双名达到必要的清晰度。

因此，我们大致了解了专名最重要的功能，它们在语言学上指的是单一的对象，语言学家会把专名和单一对象之间的联系称为直接指称（direct reference）。这个术语意思是对单一对象的论及，而且名称会立即执行其指称功能（传达信息）——也就是说，直接论及事物而没有语义上的"迂回"。

通名的情况不同。通名有助于指代事物，不是一个而是一整类事物。不同的事物对某个类别的从属关系是由既定的类别属性决定的。如此一来，我们就能够通过一个通名来推断出一个事物的既定特征。对于一个有一定背景知识的谈话者来说，"那是一只大乌鸦"这个说法就会暗示这种鸟的特征是"黑色的，有较大的喙并且发出哇哇的叫声"。所有这一类别中的成员都有这些性征，并且可以根据这些特征归入这一类别。

我们要掌握这个观点：名称在语言学里用于指代一个单独的非语言的事物。由专名标注的事物都是个体，通常是一种有时限的存在，它们可以是历史上的或者当代的名人（巴拉克·奥巴马）或者是虚构的形象（詹姆斯·柯克船长）。专名直接行使指称的功能，而不是通过语义学的方式起作用。在这种名称和事物之间的一对一的关系中，专名和通名之间有本质的区别，后者指称的是一类事物。因此，你可以用一个专名清楚地定义一个事物。但通名不行，它所表达的意义必须是一个既定类别中的个体所共有的。

　　我们可以从语言学的角度看到专名和通名之间存在着本质的区别，但是在实践中二者之间的界限有时候会变得模糊，使人分不清哪一个名称在指称哪一个事物。一个例子是在"太阳在山顶上"这句话中，"太阳"（即 sun，在英文中也泛指"恒星"——译者注）一词无疑是一个通名，但地球上的每个听到它的人都知道这是指在我们的太阳系中位于中心位置的那颗恒星。另一个例子是在"作为一名进化生物学家，他不是查尔斯·达尔文"这句话中，专名查尔斯·达尔文没有意义，所以被"填充"了二级内容，即见多识广的进化生物学家，因此是作为一个通名使用的。

　　聊到现在，一切都还不错。语言学对专名的核心评判标准是它可以个体化。为了确定物种名称或者其他的生物学名称在语言学上是否可以作为专名，我们必须要考查这些名称是否以一种可以理解的方式指称物种或者更高阶的分类单元中的个体事物。此时此刻，我们要离开语言学家的地界了。能回答这些问题的专业领域是生物哲学，它是科学理论的一个分支，在哲学和生物学之间搭起桥梁。这一专业的着眼点是生物学理论的前提、条件和后果，以及生物学的实验和其他应用以及历史性的科学基础。这还包括对生物学中词汇的形成和使用的分析。

　　物以类聚……

　　了解物种的本质是生物学中最困难、最有争议并且最重要的问题之一：生物学中所说的物种到底是什么？我们谈论物种，谈论物种的遗失，谈论物种保护，谈论物种数量，还在科学范围内谈论物种形成、物种分化和物种的定义。关于物种这一话题的图书和科学论文不计其数，并且每年都在增加。在现代生物学诞生之前，自然科学家们意识到我们周遭的生命形式的多样性并不表现为一个混合多态性的连续统（continuum）。

相反，有相似外观的个体存在着不连续性。截然不同的群体以及群体之间的差距似乎是未定的，并且在世代间持续传递。生物学家普遍同意，在人类的认识之上，我们用"物种"这一术语表示自然界中真正的分类单元。

构成物种的要素——即个体和种群——无疑都是超越我们认知的物质存在。换句话说，它们存在于我们的头脑中，而且还与我们是否是在思考自然界完全无关。这种境况在我们讨论物种的时候就会引起混乱。我们的日常经验已经告诉我们生命体一般都是由有性生殖联系在一起，并形成一个与其他系统相隔绝的系统，这是由于一种生物不和其他种的生物交配。也就是说，"聚集在一起并交配的才是一个物种"，或者也可以说"物以类聚，人以群分"。在实际情况中，这种物种之间的生殖隔绝往往难以直接观察得到。同一个物种的个体之间的一致相似性和不同物种的个体之间的差异，通常被视作生殖障碍的表征。关于各种生殖群体之间的生殖隔绝的根本观点，即生物物种概念是由生于德国的进化生物学家恩斯特·迈尔提出的，告诉了我们物种的定义。

生物物种概念存在的问题之一是它只适用于两性生殖的生物，即那些由两个个体进行有性生殖的生物。对大多数高等动物来说，这是一种典型的生殖方式。但是有些物种，比如有息肉的刺细胞动物或者竹节虫这样的动物，一个性别就可以通过单性生殖或者说"处女"生殖繁衍后代。然而只有两性生殖的生物才能够建立生殖群体。这个问题和其他一些问题——有些是理论上的，有些是实践上的——在过去导致了很多物种定义问题，其中每一个问题的解决往往都会产生一个新的问题。生物学家对物种的定义还远没有得到广泛接受和一致的认可，解决方案也还没有出现。

Orthetrum nitidinerve（Selys Longchamps，1841）是一种蜻蜓，来自约翰·岑特里乌斯·冯·霍夫曼泽西伯爵的收藏。霍夫曼泽西伯爵的私人收藏和皇家艺术收藏室为建于1810年的柏林自然博物馆奠定了开馆基础。柏林自然博物馆藏，本书作者拍摄。

　　仅对现有物种概念的批判性讨论就会超出本书的范畴，而且与理解物种如何得到命名基本没有什么关联，即使有可信的证据支持自然界中是存在假设真实的实体的。即使人类不研究它们，它们也会继续存在，但这也不是命名物种的必要前提。即使我们认为所有被鉴定的物种都是我们头脑中意识的反映，是自然界中没有确信对应物的心理构建，也不会让物种命名有任何改变。正如已经讨论过的，心理结构也是可以被命名或标注的。

之前进行的语言学方面的观察表明，专名是留给单个独特的事物的。物种名称是不是专名的问题也反映在物种是否是个体这一问题上，也就是说物种是不是单个独特的事物。生物——至少是那些进行有性生殖的生物——可能会创造出一个生殖群体，但这种群体具有更为松散的性质，并且很难将其视作一个单一的个体。我们以赤狐这类常见的物种为例子吧。它们在欧洲和北美洲大部分地区都有分布，从北极圈到亚热带都可以见到它们。它们甚至被人类带到了澳大利亚，现在澳洲大陆上几乎到处有它们的身影。这成千上万个赤狐个体无疑都属于同一个生物学单位，其中的成员可以和另一个成员交配并产生后代。生活在特定地理区域里的赤狐就会这么做，但生活在加利福尼亚州萨克拉门托的赤狐可能永远都没有机会和一只生活在柏林的赤狐配对生子。但是至少它们有这样的潜力。在捕食性动物进化的某个阶段，狐狸从其捕食性的祖先那里脱颖而出。从它们的发源地（人们认为是欧亚大陆）出发，赤狐在北半球开始了它们的胜利大游行。它们的扩散进行了数百代，而它们全都由生殖联系紧密关联在一起，并传递和混合着遗传物质。

当某个地区的种群中出现遗传基因变化时，我们就能识别出这个分布广泛的物种的个体之间的遗传关系。当遗传变化对物种个体产生有益影响这种罕见情况发生时，就会扩散到整个种群。重大的地理屏障比如大西洋，会有效阻碍欧亚大陆与北美洲种群之间的遗传联系。虽然，对大多数个体来说可能永远都无法克服这种地理屏障的限制，但是遗传联系依然存在，至少在历史上是如此。

对于生物物种，我们清楚地讨论了物种成员通过历史的、潜在的或者活跃的生殖联系相互连接组成的系统。那么我们可以说物种就是很多个体吗？很不幸"个体（individual）"这个术语在生物学中有其具体含义，用今天的话说，它在名义上是指有生命的单个存在。查尔斯·达尔文毫无疑问是一个个体，停在树上的那只金翅雀是一个个体，恰好落在你那块苹果派上的胡蜂也是一个个体。当我们要区分个体——比如珊瑚的时候遇到的各种问题不要去理会，因为在这种时候很难讲清楚这种动物的来龙去脉。如果一个物种要被看作是一个个体，那么这个定义显然和一个个生物体之间有不同的理解。一个物种无法被触摸，你也看不到它。物种的存在只能通过对其中选择出来的种群成员进行观察和研究的方式加以推测。因此，"个体（individual）"一词在这个例子中似乎并不恰当，但生物学家仍然愿意使用。

"物性测试"

语言学家自然对生物学的这种吹毛求疵没什么兴趣。当他们说一个专名表示一个个体的时候，他们的意思是一个单一的事物，或者按哲学的话说，是一个实体（哲学所指的实体除具象和抽象的物质之外，还表示条件、事件等）。因此，要定义物种名称的语言学地位，我们完全不需要"个体"这一生物学术语。语言学领域的内容在这里没有什么帮助，因为它就是简单地指向专名指代的个体事物，并且表明专名是如何作为话语的一部分行使功能的。除此之外，语言学不能带来任何关于单个事物到底是什么的更多信息。

这个重要而且基础性的问题在哲学中得到解答，特别是那些与存在的基础定义相关的哲学分支，即分类本体论。一般而言，本体论力求回答什么东西真的或可能存在，以及存在意味着什么这样的问题。有关存在的观点就成为一般通用本体论的重大哲学问题。相反，分类本体论考虑的是存在的基础定义和潜在分类，所以分类本体论对事物、属性、事件和条件的概念都感兴趣。因为分类本体论讨论的是一个事物的定义问题，所以它有助于我们确定一个物种是否能够以一种有意义的方式被视为一个事物。

要理解"物种是个体（species are individuals）"这一表达的替代品，就有必要介绍物种标准本体论观点。典型的理论解释要回溯到分类学的早期，当时物种按类别（classes）定义。类别的定义是由该类别的构成成分所对应的特定的属性来确定的。因此，如果要归属于某个类别，物体就必须与该类别中已有物体一样，拥有相同的该类别专有属性。类别的定义特别适用于无生命的物体。一个例子就是门。门可大可小，有方角或者圆角，由金属或者木材制成。所有的门差不多都是平的，用铰链悬挂并开合。任何以这种方式制造的物体都可以纳入门的类别。类别的一个重要性质是它的一致性，是一种具体的、不可改变的性质，即所谓的本质，它具有独特性。这个世界上的门（或者可能还有其他世界的门）之间显然不存在特殊关系。

我们对构成某个物种的生物体做了大面积的观察，这些生物体通常会表现出高度的相似性，由此我们认为是这些共同性、普遍性决定了这个物种的内涵。因此，物种是从自然界中组成万物的大量元素分别按照一定的逻辑组成不同的种类。每一个符合种族属性的个体都属于这个种类，其他任何不具备这些元素、属性的个体不能被纳入其中。林奈和他同时代的人采用了这种所谓的类型学物种概念，这构成了 19 世纪最流行的物种定义的基础。物种作为具有恒定的、以种类特性为基础的类别概念，与动态的进化过程和不断变化的物种的概念形成了巨大的矛盾。因此，对类型学物种概念的坚持是现代进化论被普遍接受的最大障碍之一。

最晚在 19 世纪，随着人们对物种的理解不断加深，从哲学角度将物种视为等级概念引发更多内部争论。1966 年，美国生物学家迈克尔·T.

吉斯林首次明确提出物种是个体，为大家提供了又一种观点。但是，他的观点后来基本上被忽视了。吉斯林于 1974 年发表的《物种问题的全新解决方案》以及其他一些公开发表的文章第一次让哲学家和生物学家们意识到这个问题，并给出了一个新的思考方式。

就事物而言，将生物学上的物种视为个体意味着什么？根据分类本体论的观点，它们是具象的，也就是说，它们可以在空间和时间上定位，它们可以被人们感知，它们是特殊的，它们会变化。最后，它们的存在是偶然的。

让我们仔细看看上述要点。对大多数生物学家而言，物种的确是有空间性的，而且肯定可以对它们进行短暂定位，这说明它们确实是有形的，实际存在的。在我们的星球上，物种生活在特定的地理范围内，这就赋予它们一个相当好的空间框架。问题出在一般物种的不连续的分布区域上，它们各自的领地相互之间没有联系，比如前面提到的美国加利福尼亚州和德国柏林的赤狐就是这样。在这种情况下就需要更多的知识，比如历史的分布状况或者地理变化导致分离，这些种群的生存领域有可能在历史上更早的一个时刻都是相互联系的。一个个体不连续存于彼此相距较远的地区，无疑给"作为个体的物种"的概念提出了一个问题。

物种能以时间定义吗？物种通常都在一个主干物种分裂成两个子代物种的时候出现。一个物种的分化——它是由无数通常属于亚种群的个体组成的——是一个想必需要相当长时间的过程。然而按照地质时代的测算，是有两个新出现的子代物种在遗传上完全相互独立的确定时刻的。坦率地说，这个瞬间是两个物种最后的个体可以成功交配的时刻，在此之后，它们的配对就不会再有结果了。这个瞬间标志着一个新物种以及和它同时新形成的姐妹物种的诞生。这个物种的存在有一天会戛然而止，通常是灭绝或者分化成新的子代物种。每一个物种因此都在时间上有准确的限制和定义。事实是在大多数情况下要确定一对新物种出现的时间是一件困难的事，因为它经常是深埋于进化的历史之中，这仅仅是一个方法论的问题了。

物种是能够被感知的吗？看起来不太像那么回事。我们可以看见、听见和触摸一个物种的某个个体生物。对于只有少量的个体依然存活的极端濒危的物种，甚至该物种最后的个体都可能提供这样的接触。然而不可能的是，把物种当作一个更高阶的系统，供我们观看、倾听或者触摸，只可能通过科学研究间接地获得这样的感知。

物种是特殊的吗？特殊的意思是一个陈述只应用于一个既定的事物。举例来说，大黄蜂或者这个物种的个体生物是大型的，有4个翅膀和黄褐色体色的，并且能蜇人的昆虫，所以我们觉得世界上没有一种用"黄蜂蜂"（比如人们会将狗和猫亲昵地称为狗狗和猫猫，来表示它们的可爱——译者注）命名的昆虫。

物种会变化吗？是的。在物种的存在过程中，它们会适应不断改变的环境条件。这种变化不会引起一个物种的分化，在生物学中称之为进化或前进演化。

最后是偶然性的问题。这是一个哲学名词，偶然存在（contingent being）是一个事物的随机、不可控的存在。因此，如果有什么东西具有偶然存在性，那么这就一定是物种，它的不存在可以像它的存在一样容易。

那么我们可以看到，物种满足本体论关于物性（thingness）的大多数评判标准。我们在可感知性方面遇到了一些麻烦，但是有很多事物其属性或存在只能借助科学方法加以证明。比如金星，和地球相似，有一个镍和铁构成的直径大约 3000 千米的核，这一存在可以通过科学观察和数据发现，但是和物种一样，它是不可感知的。

所以我们可以得出结论，分类本体论中的"物性测试"并不会引发与物种是个体这一假定的严重矛盾。然而这一测试是纯哲学的，而恩斯特·迈尔是最早声称不可能对物种问题找到纯哲学的解答的人之一。对于一个物种的生物学本质的一个事实性（经验性）的确证是相对独立的，因为生物学主张对假设为真的自然进行描述。

在过去的几十年里，生物学家和哲学家们已经确定了各种对于个体而言更深入的属性，这些属性不必和类级有什么关联。一个例子是内部组织。对于一个个体来说，它天然就是由不同的部分组成的，也就是器官、细胞、分子以及更小的构成要素，在这些部分之间应该存在着比在有些类级的物体之间更细小和更具体的关系。至少对于进行有性生殖的生物而言，和同一物种中的其他生物进行的有效生殖是将这一物种团结在一起的黏合剂。但是作为生殖群体，每一个物种都在遗传上将自己和其他物种通过建立一定的机制而隔离开来，而且它们尤其要针对它们的姐妹物种进行这种隔离，这样它们才能够从共有的亲代物种中涌现出来，并且在本物种内部进行遗传交换。所以在一个物种的生物个体之间，的确存在着一种比在任何既定类级的物体之间更近的关系。鉴于这一背景，将生物个体看作是其所属物种的各个部分是明智的做法，而不是像一个类级里的物体被视作构成要素。

生物学家们对于把物种看作个体的另一个强有力的论证是它有能力进化。不仅是前进演化，进化也包括物种分化（通过物种的分裂创造出新的物种）和杂交（物种的混合）的能力，还包括灭绝的可能性。

此时此刻，我们可以停下来进行总结。从哲学和生物学的角度来看，物种清楚地表现出了一个个体的性质，而非一个类级的性质。应当承认，对于有些属性而言，人们必须稍微改变一下论点使经验观察和理论结果相一致。那些亚种群不再进行遗传交换且分布广泛的物种具有地理不连续性，难以和我们关于个体的观念相匹配。出于这个原因，恩斯特·迈尔还指出，在他看来个体这一术语应该用在种群（population）上，因为种群是进化过程的对象。

公平地讲，大多数生物学家并不经常讨论这类与物种相关的哲学问题。然而，对于我们原先的问题，即对于物种名称所属语言的那部分讨论而言，这种哲学讨论是有其意义的。眼下的生物哲学立场看起来令人信服地表明了物种是个体。但是要注意，还存在有其他的观点，它们与个体概念固有的矛盾有紧密的联系。一个例子是将物种的概念视为自然类（natural kinds）。与"物种是个体"这一概念相对，自然类既不是个体，也不是单个的事物，而是类。它们不像门类那样是人类随意建立的集合。相反，自然类是由真实的天然的事物构成的类，这些天然的事物共享既定的属性并且在自然法则的进程中浮出水面。从物种的角度讲，实际的物理性的生命是自然类的成员。一般而言，自然类因此成为被人为概念化的物体，虽然它们具有客观的共通性。因此这些类的其中之一是自然条件的心理等价物，这就解释了自然等价类（natural equivalence class）这一说法的来历。

由此可见，物种可以是事物或者类，而且它们也可以是自然类。无可否认，这一概念令人感到相当迷惑，甚至对于生物学家而言也是如此，所以直到今天，物种问题仍在回避明确的答案就不足为奇了。

分类学中的误称

现在让我们回到我们讨论开始的地方，并重新提出这个问题，即物种名称是专名还是通名。如果你的立场是物种是个体，那么很清楚，物种名称就是专名。如果你认为物种是类（实际上今天没有人这么说了）或者自然类（这个说法确实有大量的生物学家和生物哲学家采用），那么物种名称就应该是通名。好了，答案是：要视情况而定。当我们讨论物种的时候，采取的立场只是扮演一个小角色。在这一争论中，语言学家的核心评判标准是直接说明——就是一个名称一对一地对单一事物的确定性说明。物种的那些证明其物性的属性似乎是对其物种名称负责，而这些属性使物种名称被直觉地当作专名。

可是在这里我们的语言运用到底有多正确呢？例如，物种真的会灭绝吗？死亡要求生命必须存在过，而物种绝不能满足我们对活着、对生命的定义。一个物种的个体活着，但一个物种不是。如果物种从未活过，那么它们也不能死。在某一刻一个物种的所有生命都会死去而没有后代，这种比喻性的语言运用使这些生命曾经构成的物种，以可以触知或者概念化的方式消失。在更为抽象的层面上情况是相同的。我们使用各种短语，比如"物种进化"或者"物种发育"，在语言上暗示物种是事件或者过程的中介物。如果物种是中介物，那么对于将它视为个体就会有重大的分歧。所有这些表述都是对于生物学现象的比喻性表达，其中"物种是物"并没有发挥积极的作用。所以，在一个物种的实际属性和我们谈论它们的比喻性方式之间清楚地加以区分就显得至关重要了。

在生物学领域，你可以就此（心安理得地）将物种名称看作专名，但是这样做的时候你必须还要注意到，这是在暗示物种本质的既定基础假定。如果物种名称被视作通名，那么物种就被视为类或者自然种类，这代表了大多数语言学家的看法。

装着石蜡块的盒子，里面还有单孔目动物（鸭嘴兽和针鼹）和有袋目动物（袋鼠、负鼠和近缘动物）的生殖器官，用于组织切片的制备。柏林自然博物馆藏，本书作者拍摄。

从语法上讲，物种名称实际上是当作专名来处理的，某些不一致性在日常的生物学对话中被有意忽略了。因此，没有对"大乌鸦"是一个通名这一事实的相关争论。正好看着它的观察者的一句话可能是在说这只特定的"大乌鸦"，但是它最终是可以和任何其他的"大乌鸦"互换的。然而物种的科学名称在语言中是以不同的方式处理的。例如像"这是一只渡鸦（*Corvus corax*）"这样一个表达或许是可行的，但在科学术语中是不这样用的。"这是渡鸦（*Corvus corax*）"是更常见的表达方式，但有两种不同的理解方式。这句话可以是对属于鸦科的一个个体的鉴定。这个个体出现，人对它的物种归属做出了一个有益的陈述。这一陈述由此就成了"这是一个名为渡鸦（*Corvus corax*）的物种的一个个体"的一个缩写形式——从而进入实际使用。

其他可能的意思是关于这个物种的。作为进化过程的一个产物，对于一个物种的全体进行陈述是可行的，没有更多的麻烦，从这个意义上来说，你可以指称渡鸦（*Corvus corax*）生活的地理范围。这个例子清楚地表明了在语言的使用中，白话的动物名称往往是用作通名的，而科学名称更常用作专名。

《命名规约》

让我们再次回到名称和意义之间的联系这一问题上。正如前文讨论的，专名没有语义学上的意义。因此，人们并不期望一个物种名称传递关于这个物种的信息。它与作为基本语言标签的名称无关，也就和如何鉴定一个物种，在哪里发现了它，它如何生活，大部分研究者是否同意它真是一个物种这些信息无关。这些生物学信息在命名过程中没有作用。由此，也可以说物种的命名"在生物学上是中性的"。

这在看待物种的不同眼光中所包含的重要的术语分化现象中反映出来。生物的系统研究中关注物种和更高层级分类单元的命名的研究领域是命名法。这些命名指导——已经在本书中提到了几次，在动物学中管理名称的创造，并为这些名称的正式有效性建立条件——有其相应的名称《国际动物命名规约》，简称《动物命名规约》或《命名规约》。分类学的研究领域情况不同，它可能会将命名法包含在日常交流中，但是要弄清楚哪些物种存在，如何鉴别它们，以及它们如何与另一物种区分开这些问题。所以分类学给出的陈述内容有生物学上的相关性，而命名法不是这样。这种根本的区别经常在生物学中被忽视，并经常引起混淆。

要在这两种看法中进行区分的困难会进一步加强，原因是物种名称常常是以反映物种的可见特征的方式创造出来的（这是可以理解的）。通常，物种的特征是物种名称很好的来源。在很多例子中，这样做也可以帮助建立，并在有些情况下验证个体和已有名称之间的关联。通常，一只漆黑的昆虫被归入一个名为绿色的物种中，会提醒人们有关它的归属的疑问。

这部《命名规约》将命名法和分类学之间重要的区分原则纳入考量，以相当平静的序言开篇，包括下面的话。

《命名规约》的目标是促进动物的科学名称的稳定性和通用性，并确保每一个分类单元的名称都是独特且清楚的。它的所有条款和建议都遵从这些目标，而且不会限制分类学思想和行动的自由。

"分类学思想和行动的自由"再次说明，这一点非常明确：从生物学的角度讲，物种和更高层级分类单元的假设性存在可以建立起来，无论人们多么愿意和看起来多么言之有理都可以。名称创造和使用的方式终究不受这一过程影响。因此，那些需要纠正的名称是错误地形成的名称——也就是那些和命名法相矛盾的名称。分类学家必须忍受错误的语源学派生词。出于这个原因，实际上可以看到大量在语源学上不正确的名称的例子。一个例子是有膜翅昆虫（*Podium sexdentatum*），是由恩斯特·路德维希·塔森伯格根据其头面部边缘的 6 颗牙齿命名的，但实际上有 7 颗牙齿。他可能只是数错了，但是这是出乎意料的错误，因为在两侧对称的生物中跨越长轴的偶数结构，具有比奇数结构更易于辨认的图案。

　　还有一个例子是楼燕（*Apus apus*）。这两个词的意思都是没有脚，反映出这种鸟（确实存在但是）极端短小的足部结构。大极乐鸟的科学名称是 *Paradisaea apoda*（*apoda* 的意思也是没有脚），这是一种新几内亚原生的极其美丽的鸟，有着不同的背景故事。16 世纪最早从新几内亚带往欧洲的两件大极乐鸟标本的脚都在保存过程中被砍去了，这使得欧洲科学家得出结论说这种来自天堂的鸟没有脚，而且它们终其一生都在飞行。

　　美洲鼹鼠的科学名称是 *Scalopus aquaticus*，但是和它的欧洲对应物种一样，它生活在地下而不是水里。

　　大食蚁兽，它的科学名称是 *Myrmecophaga tridactyla*，它不只有它的种名所说的 3 个脚趾，而是有 5 个。但是它前足的中间 3 个脚趾要长很多，而且带有巨大的新月形的爪。或许这个物种名称得以确定的原因是这些加长了的脚趾。

　　这个带有"不正确"定义的名称列表可以一直列下去，但是就到此为止吧；尽管有大量的名称是指称物种的独有特征，但是此类"错误"偶尔会发生。当这样的情况确实发生的时候，分类学家们无须烦躁。只要还有人类在为物种命名，这些名称会作为专有名称持续存在下去。

　　现在，我们的 *Oviraptor philoceratops* 这个被误判为偷蛋贼的偷蛋龙又该如何呢？这也纯粹是一个命名法的问题，和这种恐龙的分类学和生物学特征没有任何关系。作为一个专有名称，偷蛋龙属（*Oviraptor*）一词没有语义学的意义，并且要作为这个物种的标签来行使功能是没有困难的，也不用考虑它的语源学起源。即使是当释义被证明有误的时候也是这样，这暗示着一个蜥蜴类动物所不具备的性征。不应该再有关于这个名称的命名法方面的异议了，而命名规则依然有效：一朝偷蛋龙，世代偷蛋龙。

第四章　模式标本和名称的物质性

1876 年，一个宜人的夏日傍晚，以古生物学家爱德华·德林克·科普为首的一群人，带着铁锹和镐头，在朱迪斯河岸安营扎寨，这条河是密苏里河在美国蒙大拿州的一条支流。几乎和他们直接隔河相对的地方，有一个北美原住民的村庄，那里有几百个装饰华丽的圆锥顶帐篷，大约 2000 个阿皮扎洛人，他们也被称为乌鸦印第安人（the Crow）。当时情势危急，就在 320 多千米外的蒙大拿黑丘岭发现了金子，这引起了白人淘金者和印第安苏族人的冲突，而在这一年的早些时候，美国军队曾对印第安苏族人开战，将他们赶往居留地，这就是后来人们所说的 1876 年苏族战争。那年 6 月，在坐牛（美国印第安部落首领）的领导下，拉科塔苏族和北方夏延族人在小巨角战役中击溃了卡斯特将军的第七骑兵团。

虽然乌鸦印第安人和美国政府联合对抗他们的宿敌印第安苏族人，但是他们和美国政府之间的紧张局势也在加剧。科普是一个身形瘦削的人，留着当时时兴的水牛比尔式样的胡子，人称狂热的"骨头猎人"，所以他能高调地暴露在危险区寻找化石并不足为奇。朱迪斯水系是位于美国蒙大拿州的一系列形成于白垩纪晚期的地质构造，在专业人士之中以其丰富的恐龙遗存著称。

科普熟悉如何让乌鸦印第安人相信这些翻土掘地的人没有恶意。乌鸦印第安酋长一次又一次地跨过朱迪斯河，骑马带队进入这位考古学家的营地进行探访。传说有一天早晨，他们在科普晨间洗漱的时候见到他，科普当时正在清洗他的假牙。在这个尴尬的时刻，科普没有别的选择，只能在酋长的注视下把牙套装回去，然后用他的假牙做出一个灿烂的笑容来欢迎访客。酋长访问团成员非常惊讶，并要求他重复这一令人难以置信的精彩表演。很快，酋长用来称呼科普的"魔法牙齿"一词和科普具有超凡能力的消息被四处传播。无论真假，这个故事表明乌鸦印第安人都认为这位考古学家即使对他们的家园感兴趣，那他也是一个无害的人。

实际上，在 1876 年，另一场斗争席卷美国西部，狂扫各大科学期刊的版面：化石战争。这是 19 世纪在两位最重要的美国脊椎动物考古学家之间展开的激战，他们是爱德华·德林克·科普和奥斯尼尔·查尔斯·马尔什。这两位杰出的脊椎动物化石专家曾经是亲密的伙伴，他们性格相似，都争强好胜。因为两人之间的个人恩怨不多，这是唯一能猜出科普和马尔什之间这场争斗的真实起因。科普最先尝到了有公开记载的"战败"，结合他的一次伤心经历，似乎是挑起冲突的导火索。1868 年，科普邀请当时还是好朋友的马尔什一起去新泽西州一处化石存量丰富的采石场。马尔什走在科普后面，偷偷与采石场主人达成交易，任何新发现的化石都要直接送到他位于耶鲁的办公室。同年，科普发表文章描述了薄片龙的新种类，但是对薄片龙不寻常的脊椎骨骼结构理解错误。他对脊椎骨错误的理解导致他将头尾混淆，将头盖骨安在了尾巴尖上。科普对薄片龙骨骼的重建，呈现出一个有极长尾巴而脖子又超短的"怪物"。那么多人，偏偏是马尔什发现这个令人蒙羞的错误，据说他的反应是"尖酸刻薄的，甚至可能幸灾乐祸"。科普深受触动。他在新发表的文章中更正了这个尴尬至极的错误，甚至想要买回所有首印出版物。尽管科学圈极少有人注意到他的过失，但科普内心已经对马尔什记仇。因为后来马尔什公开说："当我告知科普教授这个问题时，他的虚荣心受挫，这个打击令他再也没有恢复过来，从此成为我的死对头。"

这场化石战争说到底更像是一场"恐龙大战"，两方都不曾退让且咄咄逼人，频频出招。科普和马尔什两个人都想在重要的化石发现上超过对方。马尔什在堪萨斯的烟山河一带发现了翼龙化石，它的尺寸超过当时在欧洲发现的所有翼龙。至于科普，他在马尔什离开后在同一区域进一步挖掘，而且收获了成功。科普找到了比马尔什的化石更大的翼龙化石，还有一只沧龙和大量其他物种的化石。科普胜利了。在接下来的岁月里，这对竞争对手不断地挖掘和发表成果，仿佛没有明天一样，每个人都希望发现更令人惊叹的恐龙的更大的骨架。总的来说，马尔什和科普记述了超过 130 种脊椎动物的化石，他们的发现和发表的文章可以说直接来源于这场化石战争所带来的竞争压力。

战争从来都是带来毁灭和苦难。虽然在科普和马尔什之间的竞争破坏了他们的声誉，并且终结了他们的职业生涯，但是这场冲突奠定了古生物学的基础，为进化理论提供了证据，而且还为自然博物馆丰富了馆藏，每天都吸引好奇的人群前来观看。这场化石战争直到科普（1897 年）和马尔什（1899 年）的去世方才告终。谁是胜者？直到今天这个问题依然争论不休。科普被认为是更杰出的科学家，而马尔什则是更出色的组织者和政治家。科普缺乏资金对抗马尔什，后者有政府的关系并且比科普多发现了 20 种新的恐龙物种。但科普著作丰富：1400 多篇科学论文，往往都有开阔的视野，这是今天难以企及的成就。在这些发现之外，是数不尽的特殊、迷人的恐龙的科学名称，这是每一个喜爱恐龙的孩子都知道的。马尔什记述了三角龙属（*Triceratops*）、梁龙属（*Diplodocus*）、剑龙属（*Stegosaurus*）和异龙属（*Allosaurus*）的物种，而科普的发现包括板龙属（*Elasmosaurus*）和腔骨龙属（*Coelophysis*）。

当然还不止这些名称激励我们去追寻科普、马尔什和化石战争的足迹。我们大多可以接受在我们不可避免的死亡之后，我们的物理存在和个人影响就全然停止了。虽然在这一点上科学家们和我们没有根本的不同，但是毫无疑问，在毕生的研究之后，他们可能寄希望于他们的成果、图书和论文可以在他们去世后留下长久的影响。科普无疑是 20 世纪初最有影响力的美国古生物学家，他希望被认可、铭记的不仅是他的 1400 多篇论文，还有他发现的 1000 多件脊椎动物化石。他也希望人们记住他这个人。所以，他生前曾嘱咐将他的头骨和全身骨骼用于科学研究，而不只是供医学学生们练习解剖。相反（至少根据有些文章声称的），科普的目标是将自己的遗骨用于一个具体且独特的目的，从而将自己和全部其他人，包括后世之人区分开来。他最后的愿望无疑是最严肃的遗嘱，是成为一种独特的动物物种的模式标本。科普想成为智人（*Homo sapiens*）即现存人类的模式标本。然而，科普在他这种荒诞自大的幻想之外未能预料的是，在他死后将近 100 年，他的头骨会进行一次回归北美最著名的骨床（bone bed）的伟大旅行，那里曾是化石战争的主战场。

当科普的生命接近尾声的时候，他不得不承认他不能在这次化石战争中获胜。但是这并不意味着他接受失败。据说，为了在死后压过马尔什一头，科普声明他的骨骼应该用作我们人类自己的核心参考点。如果科普在如此声明的时候脑子里真的想到马尔什的话，那这就是最终战胜对方的天才一招。去他的恐龙！他可以成为所有人类中最重要的个体（至少在系统生物学家看来是如此），而且，他，科普将正式被指定为模式标本，而不是马尔什。马尔什的剑龙标本会相形见绌。科普作为智人的基准？那么化石战争的胜者是谁就显而易见了。

在这一过程中，科普运用的是分类学早期的一般程序，以今天的标准来衡量这些程序相对宽松。对于今天的物种记述而言，明确指定一件或多件模式标本是必不可少的。但是在 18 世纪，我们今天的标准化命名法还处在初期阶段，这种要求是不存在的，特别是对于那些其分类学状况完全明确的物种而言更是如此。人类这一物种是由林奈在 1758 年正式命名为 *Homo sapiens*（智人）的，无疑就属于这种情况。林奈并没有指定一件模式标本，他又何须如此呢？

最终，出于很多原因，科普的计划没有实现。他可能已经把他的骨骼遗赠给了科学，但是科学并不想要。虽然模式标本并非一定得是该物种的特别典型的代表，比如人类物种，但还是有既定要求的。科普的不完整的遗骸不符合要求，他的骨骼最终被纳入庞大的博物学收藏中，先是在费城的威斯达研究所，后来是宾夕法尼亚大学的解剖收藏馆，在威斯达研究所的时候它的入仓编号是 4989。

为什么没有符合要求？他的骨头脱钙严重，这是梅毒的影响，不仅是梅毒。要理解科普的骨架为什么不能成为智人的模式标本（就算他是死于壮年的世界级的运动员），人们也必须要考察所谓模式标本在生物命名中的运用。

根据特征判定物种

分类学家对苍蝇、胡蜂、蚊子、蝙蝠和地球上存在的其他物种的细枝末节进行描述，他们通常会面临一个关键问题。分类学家在研究了大量的个体之后，要记录不同的特征，也要开始根据个体之间的不同之处将这些个体划入各个群体：有无显著的腹部斑纹，头部是黑色还是红色，胸部的横切面在纵长方向上是有槽的还是平滑的，有没有躯干，鳍是有 3 个还是多个辐。这些以及其他类似的不同之处都可以用于分类，但不是根据一些武断的教条分类，而是从一个人的想法出发来看，这些群体里的每一个成员都代表着一个生物学物种，这些物种在自然界中是进化的历史产物。此类研究的结果便是一定数量的物种可以根据既定的特征或者特征的组合得到辨认，而且最重要的是，可以在之后用于区分新发现的个体。

在发现动物物种的过程中，科学家并不一定需要了解哪些物种已经被命名，哪些是新发现的。物种发现的过程很容易在没有名称的情况下进行，并为可能的新物种发明一种自由形式的标注方法。字母、数字或者二者的组合都可以派上用场。分类学家们确实依赖于这种方法，但是只要他们确定地知道了他们正在处理的动物类群中有哪些物种，那么就要采取明确的立场了。他们必须要决定他们已区分的物种中哪些是已经在过去有过记述的，哪些新的发现是他们可以命名的。

要对发现的物种和已经有过记述的物种进行比较，你必须先阅读原始描述，确定你想用的名称是否已经发表过，新的物种是否也已确立。如果顺利的话，这些描述（理想状况是有关键特征的图像供查阅）和待辨认区分的生物完美匹配。然后你可以假定你希望鉴定的这种动物属于已经记述过的物种。但是这种做法没有获得想要的结果也是常态，一个胡蜂世界里的例子可以说明其中的原因。

1758 年，在第 10 版《自然系统》出版的时候，林奈描述了一个胡蜂物种，将其命名为 *Crabro arenaria*。这个物种是一种掘土蜂，现在它的科学名称是 *Cerceris arenaria*。所以它所在的属变了，但这是另一个故事。

林奈用如下拉丁词语描述了这种物种："Abdominis fasciis quatuor flavis, primo segment。duobus punctis flavis." 即"腹部有 4 条黄色条带，

腹部的第一节有 2 个黄色斑纹。"也就是说，他不需要更多的信息来指代这个物种。基本上根据 1758 年所了解的生物多样性而言，林奈是对的。在 18 世纪中期，这一微不足道的描述足以帮助人们根据它典型的彩色图案来鉴定 *Cerceris arenaria*。当然今天我们了解得更多。*Cerceris* 这个属，是掘土蜂所在的属，最近一次统计得出该属在全世界有 863 个物种，从而成为整个动物世界中物种最多的属之一。美国是大约 90 种 *Cerceris* 属物种的家乡，西欧有大约 40 种，而且其中大多数都有与林奈当年用于描述 *Cerceris arenaria* 时提到的相似的彩色图案。观察不同种类的掘土蜂，很明显腹部第一节上的黄色斑纹，以及腹部从第二到第四节上的黄色条带是有不同的。在有些物种中，这种斑纹很大，甚至会相互连接形成一大块斑点。在其他物种中，这种腹部的条带会在中间断裂，看起来更像是斑点而非条带。林奈的描述不能帮助我们区分 *Cerceris arenaria* 和该属中的其他掘土蜂。

今天的专业人士利用很多不同的特征来区分这个属中的物种。一个特别的性状可以直接将所有掘土蜂物种分为两组：第二腹节的下板的基部有明显的隆起部分，或者没有这一隆起。林奈所说的这种 *Cerceris arenaria* 没有这一隆起，但是林奈没有注意到这一点。在没有这一隆起的物种中，林奈描绘的这个种可以清楚地根据其头面部的具体形状进一步加以区分。这就是说有一个简单的性状组合——没有隆起加上形状独特的头面部——可以让我们明确地鉴定掘土蜂。

但是我们如何知道当林奈按照前文提及的彩色图案描述 *Cerceris arenaria* 的时候，看到的就是这种"没有隆起且头面部形状独特"的物种呢？把今天的物种和林奈的描述进行对比也没有什么帮助，因为现在采用的是不同的（结构）特征，与林奈所处那个只要颜色图案就足够的时代不一样了。

这就是模式标本发挥作用的地方。和其他科学家一样，林奈在编纂《自然系统》的时候手边有一定数量的个体可以观察。对于 *Cerceris arenaria* 这个物种来说，它就是一种雌性胡蜂。在物种记述中，这种原始的材料称为模式标本材料。

由于林奈没有命名这个和现代描述相关的特征，所以如果今天的科学家想要搞清楚林奈所说的 *Cerceris arenaria* 到底是哪个物种，那就必须查看模式标本材料的腹部和头盾。此类研究的结果如何？让我们设想一下有 5 种不同的掘土蜂物种的代表摆放在我们眼前的书桌上，临时依次从 Cerceris A 到 Cerceris E 给它们命名，它们都有林奈描述的彩色图案。根据对模式标本的研究，并考虑结构性状来区分我们的这 5 个物种，我们知道了 *Cerceris arenaria* 的模式标本与 Cerceris B 匹配，那么我们可以说，根据今天的标准，林奈的描述的个体属于眼前被临时取名的 Cerceris B 物种。所以这中间有一种生物学上的推理关系。按照命名法的术语来说，通过将 *Cerceris arenaria* 模式标本指定到 Cerceris B，林奈的名称继续保留，而根据命名法 Cerceris B 物种的正确名称就变成了 *Cerceris arenaria*。

可以说，这里讨论的名称是和模式标本紧密联系的。出于这个原因，一个模式标本被称为一个名称持有者。一件模式标本的首要作用就是成为一个名称持有者。

要完全理解这些模式标本的重要性，最好考虑另一种不同的情况。自从林奈记述了 *Cerceris arenaria* 以来，分类学家们一直在为这个物种指定个体。用科学界的行话，你可以说他们已经将这些动物鉴定为 *Cerceris arenaria*。现在想象一下，其中一位分类学家在被鉴定为 *Cerceris arenaria* 的两只胡蜂中发现了不同之处，并总结说这实际上是两个被放置在同一个名称下面的不同的物种。下一步就是非常细致地描述这两个物种，找到它们不同和相同的地方，并最终为它们命名。那么这两个物种中的哪一个应该继续保持原来的 *Cerceris arenaria* 这一名称，而给另一个物种取一个新名字呢？这个问题是由作为名称持有者的模式标本来回答的，同为这个模式标本持有这个物种的名称。其他的物种，即不同于模式标本的物种，就会有一个新名字。

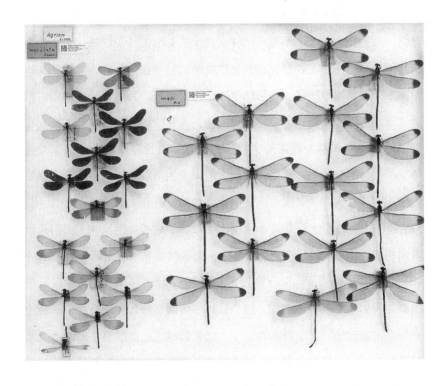

装有色螅属（*Calopteryx*）的昆虫标本屉，但是图中仍然使用的是旧名 *Agrion*。柏林自然博物馆藏，本书作者拍摄。

非典型的模式标本

模式标本——这种标本在生物学中有时会被忽视——不是生物物种的代表，而是生物物种名称的代表。它们的功能是纯属命名法范畴的。它们只为它们所属的物种确立名称。模式标本一词固然会有误导。模式标本暗示的是所涉及的个体必须是与之相关的物种的典型。事实并非如此。每一个生物物种都会在其特征上表现出一定的变化性，尽管这些变化差异非常微小。对于这一生物学现象最容易理解的例子就是人类。只要瞥一眼我们的亲属就知道了。我们和他们之间的遗传相关性高得难以置信，然而我们看起来不完全一样，就像豆荚里的豆子。每一个个体都和其他人不一样。这种情况在其他生物学物种中也是一样的，即使那些不同之处通常都不明显。你可能需要一台显微镜，其观察尺度可以达到微米级，这样才能看出同个种群里的两只丝光绿蝇之间的细微差别。它们之间确实有差别。通常某个特征的变化是在种群内部分布的，某些特征和微小的分化频繁出现，而较大的或者相当重大的差异变化是偶然现象。例如在人类中，大约一半美国女性的身高在 1.56 ~ 1.66 米之间，只有不到 5% 的人低于 1.48 米或高于 1.72 米，这很好地反映了我们每天看到的情况：中间区段变化频繁发生，而极端状况罕有出现。

数学将这种特征的分布称为正态分布（或高斯分布），它的视觉表现就是我们熟悉的钟形曲线。这个钟形的中间部分代表的是那些在种群中最经常出现的特征。特征离这个中间数值越远，曲线越下降，也就是说这些特征出现的概率更小。对于模式标本而言，这意味着什么？如果希望一个模式标本能够表现出这个物种的典型特征，那么既定的个体就应该落入钟形曲线中间的一段区间，理想状况是落在中间一个窄小的区间。从词语的字面意思来说，模式标本的特征应该是这个物种的典型特征。但出于各种原因这种情况不可能出现，实际上这也不合情理。一个种群特征的分布曲线只有在其种群中个体数量足够大的时候才能建立起来，换言之，就是当这个种群中的变异可以预测的时候才可以。一般来说，在可用个体的数量有限的时候这是不可能实现的。在很多情况下，新发现的动物只有一件标本，它与其他已记述物种的差异性足以让它成为新的待记述的物种。没有人能说这样一个单个的动物是否像它所属的物种的典型代表，所以，许多系统生物学家建议，在只有一个个体的基础上确定一个新物种的记述，只能是已有充分依据的例外情况。很难以大量的动物为基础依据记述一个物种，而且典型的相关评价标准也没有多少用处。因为所有事情都依赖于统计样本的规模，后来新发现的个体可以急剧改变特征曲线的分布，使曾经看起来典型的动物突然显得不再那么典型了。

在一个更为宽泛普遍的层面上，我们无法期望一件模式标本具有典型性。模式标本被确定为一种命名法工具，用来确保将一个名称准确无误地赋予一个物种。生物学的命名法和生物分类学之间的核心差别也是如此，也总是引起混淆：命名法只考虑名称，对于分类学的阐释毫无影响。因此，模式标本就是用来决定一个物种必须有什么名称，而不是用于决定这个物种是如何被区分出来的。

无论是偶然，还是有意，一件模式标本因此可以落在一个种群的高斯分布的任何一点上。即使这个模式标本落在了曲线左边或者右边尾部的尖端，表示距离平均值最极端的误差，它仍然可以履行名称持有者的功能。

不管这一点看起来是多么地违反直觉，在模式标本和为什么它们不需要成为典型的问题背后至少是有原因的。在今天真实的物种记述中，科学家们将更多的努力用于选择该物种的具有高度代表性的个体上。一个选择自然只能在可选的个体当中展开，也就是说，要有多个可用的标本。然后，分类学家一般按照下列过程展开工作：利用所有可用的模式标本，他们会试着找出那些可以无可非议地确定物种的基本特征。所以，在一个物种记述中，描述的并不是一件或者多件模式标本，它描述的是模式标本所从属的（假设的）物种的特征。那么偏离在物种描述中建立的理想值的单个模式标本说明会在一个简短的附录中给出，通常以"变异性"或类似的词为题。为了确保一件模式标本可以完成其名称持有者的功能，可以在备选中选出一件标本，它具有该物种的大量（理想情况是全部）假定具备的特征。这种典型的单个标本就会用作某种模型，来表示整个物种。

指定一件正模标本使一个新物种的记述有效的相关要求在 2000 年被纳入命名法规则中。过去，发表的文章中常常会含有一个基本的物种说明，例如表示一个物种的记述是在来自苏丹的 3 件雄性标本的基础上确立的。这些个体标本统一被标注为模式标本，称为全模标本，并作为一组标本共同成为一个名称持有者。实际上这没有什么意义，因为在一系列这样的标本中，可能出现这些全模标本属于不同的物种的问题。新的研究结果，以前被忽视的特征和对一个物种变异性范围的最新看法，都能够证明一个模式标本系列中的标本实际上属于不同的物种。这种问题经常出现。这种模式标本系列显然不能履行一个名称持有者的功能。例如，如果一个模式标本系列由两个相同等级的个体组成，而它们实际上属于不同的物种，那么二者之间哪一个应该继续持有先前的物种名称呢？在这种情况下，修订作者——也就是研究这些物种的分类学的科学家——会重新指定这个全模标本系列里的一个标本为名称的独自持有者。这种经由回溯性指定的标本被称为选模标本（lectotype），以便和直接在一开始就选定的正模标本相区别。在选模标本选定之后，剩下的全模标本就被相应地命名为副选模标本（paralectotypes）。它们和副模标本一样都不会成为名称持有者。

但是今天，有另一种类型的命名法模式标本被获准用于动物分类学了。有一种会频繁出现的情况：一个物种原来的模式标本会因时间的混沌、战争毁坏，因不正确的拿放，或者在破坏性浸染中丢失、损毁。这不是一个问题，因为一个物种的分类学结果可以在不考察模式标本的情况下加以确定。但是当无法这样操作的时候该怎么做——也就是说，当这个物种的鉴定根据原始的描述依然不够清晰的时候该做什么？在此类情况下，有时候建议指定一个新模式标本（neotype）。这样，就要选择一个新的个体（如果可能的话可以是新捕获的个体），可以根据既定范围内的相似性假定它与原来的模式标本属于同一个物种。例如，新模式标本应该来自相同的栖居地，并且如果可能的话，或在尽可能靠近发现原始模式标本的地点，而且它们应该是相同的性别并处于相同的发育阶段。然而你不能完全确定这新捕到的动物就真的属于之前命名的那个物种。于是，命名规则再次发挥作用，并严正强调，一件新模式标本的指定只能在既定条件下进行。一个重要条件是原始的模式标本可以被证明为真的不可挽回地损失了。此外，甚至还要求作者解释说明挽回原始模式标本的步骤以及为什么没有成功。

基本条件看似琐碎，实则不然。只有当一个新模式标本可以提升命名的稳定性的时候，才允许指定这个新模式标本。也就是说，一件新模式标本只能根据必要性加以选择——即当需要它来解决一个分类学问题的时候。在这一规则背后有实际的考量：新模式标本，就像正模标本、选模标本和全模标本一样，都是一级标本，意思是当和副模标本以及副选模标本（二者也称为二级标本）进行比较的时候，它们是真正的名称持有者。原始标本极大地提升了藏品的价值，而且每一个博物馆都为自己拥有的原始一级标本的数量而自豪，尤其是那些广受欢迎的物种的一级标本。那么哪些博物馆的馆长会不乐意看到藏品种类数量的增加呢？位于美国华盛顿特区的史密森国家自然博物馆的昆虫学收藏库总计有3300万件昆虫标本，在他们的在线数据库中记录有12.5万件模式标本。正模标本、全模标本和选模标本在原始描述中得以命名，就是说它们是可以由原始作者拥有的。对于博物馆来说，这就意味着他们可能拥有也可能不再拥有这些标本。不夸张地说，这些标本都具有历史性，并且不能再重新"制造"。新模式标本的情况不太一样。基本上任何古老的动物都有一件新模式标本，而且任何一位资深的科学家都可以对其进行确立。数百万已经发表了名称的物种伴有百万计的模式标本，其中有大量所谓的标本损失。那么为什么不指定一对新模式标本来大幅增加某种藏品的一级标本数量呢？在这一点上，命名规则有明确无误的说明，禁止"像博物馆馆长的例行公事一样"轻易指定一件新模式标本。

模式标本是和名称关联的，而不是和既定的生物学中的物种概念相关，这一事实在物种被多次描述的时候有直接证据可以证明。优先原则规定了最古老的名称具有优先权。但是当模式标本和次异名指代的是一个已经得到记述的物种的时候该如何解决？实际上没有任何问题。这些模式标本是由原始作者选择来表现这个名称的，而且这也是作者们会继续从事的工作。有一个相当出名的例子可以说明这类情况。

在柏林自然博物馆里展出的是进化研究中最重要和最著名的明星标本之一，印板石始祖鸟（*Archaeopteryx lithographica*）的柏林标本。近些年来，在博物馆的库房里落了一些灰尘之后，这个相当壮观的骨架被放在防弹玻璃后面，作为一个新设展览的一部分展出，供公众欣赏。1861年，法兰克福著名的投资家、业余古生物学家赫尔曼·冯·迈耶记述了印板石始祖鸟，当时还没有发现今天在柏林展出的完整化石。但是迈耶在两个其他物种的基础上复刻了当时始祖鸟的形象：一个是收藏于柏林的羽毛化石，另一个就是人们所说的伦敦标本，在德国东南部的索侯芬石灰岩的同一地区发现的一具带有羽毛的骨架。关于迈耶找到的那根独立的羽毛能否被视为始祖鸟的正模标本，或者伦敦标本是否被视作正模标本，长期以来都争论不断。但是有证据表明迈耶将这个名称赋予了那根羽毛，并且是在命名之后才亲自研究了那具骨架。直到今天，那根羽毛都不能证明是属于后来在1874—1876年间发现的始祖鸟标本所属的物种，在迈耶的原始描述和命名之后大约15年，在巴伐利亚小城艾希施塔特附近发现了奇迹般完好保存的标本，并被它的发现者用于交换一头奶牛。几经周折后，终于由柏林自然博物馆通过维尔纳·冯·西门子的资金支持将这件标本买了下来。在将这件标本和伦敦标本进行比对后，柏林的管理人员威廉·达姆斯总结说这是两个不同的物种。1897年，达姆斯在柏林标本的基础上记述了一个新的物种，其科学名称为*Archaeopteryx siemensii*（西门子始祖鸟），用来纪念它的赞助人维尔纳·冯·西门子。对于西门子始祖鸟的原始记述无疑只是建立在一件标本的基础上，也就是说柏林标本是西门子始祖鸟这一物种的正模标本。

说到这里，一切看起来顺利。但时至今日，人们讨论的问题变成了到底有多少个物种可以根据自19世纪以来发现的10件始祖鸟标本加以确定。即使是柏林标本的物种指定，都在鸟类及其恐龙亲属的进化和系统发育研究方面的专家中间存在争议。有很多声音认为柏林标本是

Archaeopteryx lithographica（印石板始祖鸟）的小型再现，换言之，西门子始祖鸟的记述要比赫尔曼·冯·迈耶的原始描述晚 38 年，它就只是印石板始祖鸟的一个次异名。柏林自然博物馆也以这种方式描述它们的标本：在展柜旁边的小牌子上，给出的物种名称是 *Archaeopteryx lithographica*。但是需要注意的重点是，柏林标本依然在行使着它作为 *Archaeopteryx siemensii* 这一名称的持有者的原初功能。它永远都会是 *Archaeopteryx siemensii* 的正模标本，与它现在和未来的分类学划分无关。这样就清楚了，我们可以像许多鸟类古生物学家一样假定，那根单独的柏林羽毛和著名的柏林标本属于不同的物种，它们各自的名称都会被保留下来。这样一来，那根羽毛所属的物种就是 *Archaeopteryx lithographica*；而柏林标本则属于 Archaeopteryx siemensii。

可持续的分类学

对于大多数动物学名称来说，它们的模式标本都在博物馆的收藏室里，可供科学家们检验。有很多可能的原因会导致关于哪些个体是实际上的真正的模式标本的偶然讨论甚至是争论。这些问题的根源常常都是原初的论文中都没有提及哪些标本是原始记述，哪些博物馆收藏了它们，以及如何在几个世纪之后辨认它们。各个标本可能都用一个标签清晰地标注了，而且它们经常在出版物中被描述。但是有一个重要的原则常常被人们忽视，甚至生物学家也是如此。在生物学的命名法中，只有已出版的信息被认为是有效的。标签或者收藏目录可以提供重要的额外信息，帮助判定一个个体的分类学层级。如果已出版的内容和没有出版的标签或者目录的内容相互冲突的话，那么已出版的内容就处于优先级。我们通常可以假定标注为正模标本的动物就是正模标本，只要外界没有其他与之对立的重要信息出现就可以。例如，原始描述可能会说这件正模标本是雌性，但是最后发现所讨论的这个动物是雄性。那么这种状况下就会有进一步的考察，希望发现导致这种矛盾的原因，而且一般来说，被标注为正模标本的这个动物会继续以正模标本为人所接受，哪怕有差异存在。

分类学家们依靠经验开展工作，而且他们想对具体的自然现象做出具体的科学陈述。模式标本是独特的事物，所以，显然它们应该是最基本的，直观可接触使用的。然而情况也不总是这样，至少根据许多分类学家的反映来说不是这样。近些年，又有几个新发现的脊椎动物被记述。它们的模式标本可能已经被捕获、测量、研究和拍照了，但是之后又被发现记述它们的作者有意地放回了野外。例如，1995 年，印度天文学家拉马纳·阿斯瑞亚在位于阿鲁纳恰尔邦的鹰巢野生动植物保护区，看到了两只色彩艳丽，和画眉鸟体形相仿的鸟，这是他在任何野外指导手册上都找不到的。根据阿斯瑞亚的野外素描图，他的一位同事觉得这种鸟是灰胸薮鹛（*Liocichla omeiensis*），属于一个大型的鸟科，即画眉科（Timaliidae）。这个科有时候被称为旧世界画眉（Old World babblers），通俗地讲 *Liocichla omeiensis* 的名称是 Emei Shan liocichla（直译为峨眉山画眉鸟——译者注）。正如这个名字所暗示的，这个物种是从中国西南部的峨眉山一带来到这里的。但鹰巢野生动植物保护区距离现在目前已知的可以看到这种鸟的地方有 1000 千米远。阿斯瑞亚对此表示怀疑并继续探究。2006 年，他设法捕到了一只这样的鸟，应该就是他 10 多年前第一次看到的那种鸟。阿斯瑞亚观察这只还活着的鸟，尽可能准确地进行测量并拍照，然后将它放归野外。这显然是画眉科的一个物种，它非常像峨眉山画眉鸟。羽毛的差别，尤其是叫声的差别表明这种物种尚未被记述。2006 年，阿斯瑞亚在印度的鸟类杂志上发表了正式的物种记述，将这个物种命名为 *Liocichla bugunorum*（布坤薮鹛），或者是 *Bugun liocichla*。这个名字来源于当地的布坤族群。

那么，阿斯瑞亚为什么不杀死这只鸟并将其永久保存以备未来之用，正如大多数分类学家可能会做的那样？根据已有的少数几次观察，阿斯瑞亚猜测这个布坤薮鹛的种群数量极小，可能只有3对繁殖对。将一只正在生长的动物从很小的一个种群中移除，可能会对整个种群产生巨大的削弱力，这是阿斯瑞亚坚决拒绝的做法，一切以为了保护这个物种为先。此外，这一地区还有计划建造高速公路，这会给这一物种的生存带来直接的威胁。

那么，当命名规则极其严格地要求命名者指定一个名称持有者标本的时候，该如何看待布坤薮鹛正模标本的问题呢？除此之外，对现存物种的描述必须要包括一份专门声明，说明一件一级标本会被收藏存放在某个博物馆中。鉴于那些照片，阿斯瑞亚无疑已经将这只布坤薮鹛指定为了正模标本，意味着命名规则中这一条件得到了满足。这里重要的是——这一点有时也会引起混淆——正模标本不是照片，而是照片中的那只鸟。根据种内的变异性，在以后捕到布坤薮鹛的时候应该有可能认出被拍摄的模式标本，虽然这只有理论上的可能性。但是没有关系，命名规则并没有在根本上禁止在没有实体动物的情况下通过一幅照片来指定一件正模标本。然而，条件的满足——一份关于这件正模标本在某个博物馆中安全保存的声明或者至少是说明——是有问题的。阿斯瑞亚明白无误地标明照片中的这只鸟是模式标本，由于它被放飞了，所以不能被保存在某个博物馆里。但在捕鸟网子中留下了几根羽毛，它们被妥善登记并保存在孟买博物学协会里。在阿斯瑞亚的文章的另一个部分，他说这些羽毛被收集起来，作为模式标本，这是完全可能的，就像

Archaeopteryx lithographica 的正模标本，即一根羽毛那样具备展示证明的功能。但是，在我们正谈论的这个例子中，阿斯瑞亚已经明确地将整只鸟指定为了正模标本。

分类学家大体上同意命名规则在这里有些不清楚，并且或许需要在以后进行修改。在布坤薮鹛的例子里，在争论之外，阿斯瑞亚的确发现了一种未知的而且相当不寻常的鸟类物种。虽然在所需的关于模式标本的博物馆存放的解释上有点儿小问题，但是鸟类学家们认可阿斯瑞亚的物种记述和物种名称。

其他物种描述也会面临这样的情况，人们已经致力于解决这一问题。2009 年，加拉帕戈斯粉红陆鬣蜥（*Conolophus marthae*）得到了正式记述。这也是对活着的正模标本进行了仔细观察研究，所有的相关数据都已存档。然后它就被放生了，但放生方式有点特殊。在将其放生之前，研究人员已经在它的一条后腿的皮肤下面植入了一个跟踪装置。这个正模标本死了之后，研究组就可以找到它的尸体并将其保存好，然后放置在一个博物馆里。根据相关的说明，这个跟踪器可以确保这个正模标本能在它生命的终点找到进入一间博物馆的路（至少是在加拉帕戈斯群岛上的查尔斯·达尔文研究站），命名规则的所有条件看起来都得到了满足。

这很好地证明了，真的有可能在不制备物理形态的正模标本的情况下发表一份有效的物种记述。从可持续分类学的观点来看，这是一种目前难以预测的，且在实施过程中可能会发现新的物种特征的实施方法，人们当然想要为每一个已经发表的物种名称制造一件永久保存在公共博物馆里的正模标本，并可供一般性的使用。然而，冒着使一种罕见动物物种灭绝的风险来完成这个想法，其代价太高了。

Stromateus niger 的正模标本，这是一种由马尔库斯・E. 布洛赫于 1795 年记述的鱼。今天，这个物种属于乌鲳属（*Parastromateus*）。柏林自然博物馆藏，本书作者拍摄。

认识自己

作为万千个动物物种中的一个，我们人类自己，即 *Homo sapiens*，也曾经被正式记述和命名过，这就是说动物学命名规则也适用于人类。这里的问题在于人类的模式标本是什么。你可能也会问这件模式标本是

"谁"，这就强调了在询问关于人类的模式标本的时候，这不仅是一个关于动物的问题。终于，有一个人被定为全体人类的参考点。这是一种相当大的责任！当林奈在1758年发表 *Homo sapiens* 这个名称的时候，他并没有指定任何一个个体为模式标本。因为指定一个名称持有者的要求是近些年才提出来的，所以在林奈的《自然系统》中没有智人的正模标本也不足为奇。此外，林奈可能也没有选定人类的范例的意图，想一想他在对其他物种的描述中也几乎没有这样的习惯就知道了。今天我们只能去核实属于林奈发表的名称的模式标本，因为他参考的大部分收藏品仍然是完好无损的，而且我们可以看到他都有哪些动物可供查验。他在他的记述中没有提到其中任何一个。

林奈以一种对他来说超乎寻常详细的方式记述了人类这一物种：5页文字，还附有多页的脚注。那时，就像现在一样，对于智人的动物学认定可以认为是稳妥的，使得这一名称缺少一件正模标本作为名称持有者是无关痛痒的。可是科学家们总是要回到这个问题，即如何填补这一命名法的裂痕。

在对智人正式记述之前，有一句著名的格言"Homo nosce te ipsum"，即"认识自己"，这4个拉丁单词一般会以两种方式进行阐释。第一种阐释，也是最显而易见的一种，林奈是在人类能通过自我反省认识到自己的存在，也就是说，通过对自身的考察了解自己。在林奈的分类中，这就意味着人类可以认识到自己在动物系统中的位置。所以林奈是在对人类中广为流传的自我认识的呼声作出回应：这一格言的希腊文是"Gnothi seauton"，源于古希腊哲学。

第二种阐释，有些系统生物学家并不认为"Homo nosce te ipsum"是一个普遍的哲学陈述，而是将其视为林奈有意以自己作为参照证明。

根据我们现在对林奈的了解，不能排除他将自己用作人类物种的参照点的可能。林奈很清楚他在生物系统分类研究中的重要性。换言之，在他的有生之年及其身后，林奈以其毕生养成的自我意识和自负而为人所知。他写了 5 本自传，其中关于他自己的描写就很能说明问题："没有人比他写得更多、更好、更有条理，也没有人比他更有阅历""世界上没有比这更出名的了""没有任何人是更伟大的植物学家或动物学家"。既然如此，为什么不将自己直接作为参照物，即智人物种的模式标本呢？然而，没有令人信服的论据能证明自恋的林奈有这样的想法。考虑到他并没有明白地为他所记述的数千种无脊椎动物指定任何一个模式标本，那么他将人类这种他最熟悉的物种的记述，建立在一个具体的个体基础上的可能性就微乎其微。因此，大多数在这个问题上花费过时间的科学家都同意，林奈对于人类物种的记述并没有以一个他为这项工作选定的特定个体作为基础。在这样的情形下，分类学家们会问，当林奈着笔记述的时候，他手头的个体是哪一个？每一个物种记述都是在一个有限、可数的具体个体构成的群体的基础上进行的，这些个体是在原始记述进行的同时以实物的形式出现在作者眼前的，所以也就可以供作者考察。就智人而言，这就意味着只有那些被视为标本的个体，他们的某些特征以某种方式被写入物种记述。在动物学里，一般会假定不是每一个记述者已知的动物都会成为模式标本。在大多数情况下，分类学家会力求将新发现的物种中已知的动物全都当作模式标本，所以会创造出涵盖最大可能性的模式标本系列，但是这并不是必需的。物种记述者可以根据意愿包含或者排除特定生物体，这是被许可的。

　　虽然过分挑剔、天真的分类学家们搜寻这种模式标本的行为看起来像是吹毛求疵——这一行为本身对于理解人类的身份完全是多余的，但是它是与今天的命名规则相一致的。在林奈的历史性的记述中，一定很有可能，至少在假设的情况下，会选定一些人作为智人物种的模式标本。诚然，这更像是一种有趣的智力游戏，而非通向知识的科学过程，但是现代分类学的框架当然允许有这个问题，而且这也是它会被提出的原因。

为了缩小可能被视为模式标本的人类个体的范围，根据命名规则的要求，这种搜寻工作必须要限定在生活在1758年的人类，他们有意无意地进入了林奈的记述。"存在于1758年"并不必然意味着他们是活着的人，因为当时还有墓地可以挖掘。无论如何，人类的模式标本系列都不会完全是人类的——以当时那个时间为基点之前或者之后，正如有时候在文献中所讨论的，因为一个动物在原始记述的时候尚未存在，那么它就不能实现其名称持有者的功能，并作为这一物种记述的参考对象。

当然，你也可以认为林奈对于人类物种的记述体现的是他拥有的解剖学、社会、艺术和文化方面的经验，是他对人类物种相关知识的总结，也就是18世纪各种可供一位受过良好教育的科学家研究了解的知识来源的总结。正如这一问题看起来那样不可捉摸，人类作为一个整体——生活于1758年，他们的特性浮现在林奈的脑海里，形成一种作为生物学单位的人类的群像，可能因此而表现为智人物种的模式标本系列。此类观念引起了各种问题。在任何情况下都不难确定谁被纳入了这一全模标本系列。林奈自己是一个，他的父母和家人、同事，还有邻居——也就是说，所有在林奈一生中影响过他关于人类的看法的人，无论是自觉还是不自觉都可以算进去。他关于人类的观念也肯定会受到历史人物的影响，那是他在书里读到，或者在画中看到，但是从来未曾有过亲身接触的人。他自己家族的直系祖先看起来也很有可能，但是故去很久的瑞典国王呢？进一步向前回溯，亚里士多德——林奈肯定读过他的书——

会是这一全模标本系列的成员之一吗？显然，将全模标本视为所有影响过林奈关于人类的观念的人是没有什么帮助的。至少，无法给这一大群人设置一个限制。

我们不必为了深入讨论这个观点而这样做。我们可以暂时将我们自己划入林奈本人了解的人里面。如果这有助于首先建立一个模式标本系列，那么我们当然应该将林奈的同代人也考虑进去。这样我们可以确定出整个人群，他们所有人都可以成为一个动物系列的名称持有者，但是这会和一个名称持有者的实际目的相矛盾。在这种情况下，分类学家会从全模标本中选择一个个体作为选模标本，或者反向追溯指定的名称持有者。这是有可能的，而且人们已经这样做了，我们在后文中再详述。

林奈的人类模式标本是什么的问题可以从一个不同的角度加以思考。可能假定真的没有任何模式标本会更好一些，因为没有一件模式标本或者模式标本系列可以从林奈的记述中推断出来。分类学家可以选择一个新模式标本——也就是指定一个个体体作为模式标本，该个体不可能是原始模式标本系列的一部分，但是这个个体体现出假定具有名称持有者的功能。正如前文中详细讨论过的，一件新模式标本的指定只能在严格的条件限制下才能获得认可，其中最重要且明显的条件是：此类指定的确定只有在绝对需要这样一件标本来解决一个棘手的命名法问题的时候才被视为合乎规则的。这是所有指定一件人类新模式标本的想法归于失败的地方。可以说，对于智人物种的分类学鉴定是无可争议的。我们对自己这个物种的特征有十分清晰的认识。人属（*Homo*）中另一种依然存活的物种目前是不存在的，而且我们也可以假定永远也不会发现这样一个物种。其他属于人属的物种都已经灭绝，而且也不难将它们和智人区分开。因此，没有哪个关于人类的命名法的棘手问题只能依靠一个新模式标本才能解决，并且由此可知，为智人这个物种指定新模式标本是不必要且无效的。

此刻，我们的老朋友爱德华·德林克·科普又回到我们的讨论中来。科普是美国人体测量协会的成员，该组织成立于1889年，旨在将研究者们聚集在一起，科学地保存和研究他们的大脑。19世纪末，对于颅骨的研究蓬勃发展，并且是一门非常流行的科学。直到那个时期，人类的特征和精神特质还没有被认为是可以客观地明确了解的。初期的进化理论认为所有的生命都是通过"生命之树"上的祖先和后裔之间的谱系连接起来的。这种从一代向下一代传递性状的方式成为自然科学的焦点。人类的性状，无论是身体的还是精神的，都不再是上帝赋予的或者随机的属性，而是在科学上可以定义的过程的结果。这就是人体测量学的诞生，而它的信徒相信有可能通过对人体——特别是头骨和大脑的准确测量从而客观地探明人类的性状。这种想要掌握不可捉摸的评判标准的愿望——举例来说，就是为了认识并由此预测犯罪行为和天才的愿望——使19世纪标准化测量程序大量涌现。科普也深受"数字的诱惑"之害，这是斯蒂芬·J.古尔德对那个时期痴迷测量的现象的称呼，从那之后它就被视为江湖骗术。

这些头骨和大脑研究者不仅假设种族和性别可以从头骨的研究中得出，他们还相信心理能力也反映在解剖特征里。因此，他们认为大思想家的大脑容量和重量要远比心理能力较差的人大。在美国，解剖学家爱德华·A.斯皮茨卡力劝知识精英们将他们的大脑在死后捐赠用于科学研究，进行头颅测量、研究。斯皮茨卡是美国人体测量协会的5位创建人之一，他将这个组织和硬科学（即自然科学——译者注）与他对于天才

（也包括他自己在内）的"客观确定"的信念连接在一起。

1907 年，斯皮茨卡发表了一部关于他解剖的 8 个精英之脑的综合性解剖学著作，他在其中比较了伟大的思想家诸如乔治·居维叶和卡尔·弗雷德里希·高斯的大脑测量结果。这 8 个精英之脑中的两个是这个协会的创建人，其他的则是后来加入的。诗人沃尔特·惠特曼的大脑也在其中。一个粗心的助手将装有惠特曼大脑的酒精瓶掉在了地上，对这个大脑造成无可挽回的损坏。最后，斯皮茨卡研究了科普的大脑。1907 年，这个大脑处于完美的状态，经过了称重、测量和详细的描述。新鲜的科普的大脑在秤上显示的重量是 1545 克，比斯皮茨卡估计的白人男性大脑平均重量多 150 克。

这是科普肯定会欣然接受的一个测量结果。但是科普是否真的想要在身后成为人类物种的模式标本，已经无从确定了。虽然这个说法一直流传，但是科普的传记作者之一简·皮尔斯·戴维森未能找到确定的证据来证明这一说法。然而事实上他明令将他的骨架以科学样本收藏，以供后世之用。科普死后的另一件事是他的骨架得以妥善地登记造册，然后基本上被遗忘了。无论这个故事是否真实，这种在科学中的自负又怪异的传说都太有趣，也让人着迷，以至于永远都不会从系统学的编年史中将其抹去。这个故事与科普为自己塑造的化石战争的斗士的形象非常吻合。科普的这个想要在他死后再胜过马尔什一筹的荒谬想法，使我们难以相信却又愿意相信这个故事。

终极之人

如果作家、摄影师和电影制片人路易·皮斯霍斯并没有想过重走科普的旅程，这个故事可能已经被人们忘记了。皮斯霍斯曾多次获得世界新闻摄影比赛的一等奖，被视为世界上最有影响力和最有成就的摄影家之一。皮斯霍斯凭借纪录片《海豚湾》而为人所知，该片记录的是每年都发生在日本的大规模海豚屠杀，并且赢得了2010年奥斯卡最佳纪录片奖。和科普的"邂逅"来自《国家地理》上的一篇关于恐龙的报道，这篇报道说的是皮斯霍斯在古生物学家约翰·诺博尔的陪同下来到世界上最重要的化石发掘地。皮斯霍斯在这里拍摄了恐龙的骨骼、恐龙蛋和恐龙的足迹。这些成果成为了杂志的封面故事，而这些感人、具有美感的影像引起了大量的关注。彼时，皮斯霍斯已被恐龙深深吸引，而那些他一开始所不屑的恐龙的故事变得比这份合约工作更有价值。皮斯霍斯和诺博尔一起，进行了遍及全世界的恐龙考察工作，而且在之后的几个月的时间里他们还抵达了更远的地方——从巴塔哥尼亚到戈壁沙漠——进行恐龙的拍摄并采访古生物学家。1994年，皮斯霍斯的《寻捕恐龙》一书出版，这是一本附有插图的科普书籍，讲述了恐龙的发现和它们的发现者。

书中有一整章的内容是关于早期的恐龙发现者的。为了讲述科普和马尔什的化石战争，皮斯霍斯创作了一幅照片拼贴画，有他们二人的美国地图、账目、工具和从各个博物馆中借用的原始的手稿图。在搜寻这些历史物件的时候，皮斯霍斯和诺博尔对偶然发现的科普的故事感到惊讶不已。在编号为4989的库存条目下，科普的头骨被存放在宾夕法尼亚大学考古学和人类学博物馆的一个硬纸盒里。凭借皮斯霍斯对特殊故事的敏锐慧眼，他意识到科普的遗物会是他为化石战争创作的图片记录的完美对象。他心血来潮地问博物馆管理员能不能借用科普的头骨。皮斯霍斯的请求获准，随后，在接下来的3年里，科普的头骨伴随着诺博尔和皮斯霍斯开始了前往最重要的恐龙发现地的环球旅行。皮斯霍斯利用科普头骨拍了很多照片，有几张照片里还出现了为这个头骨感到惊讶的当代古生物学家。有一次在犹他州偶遇的古生物学家吉姆·柯克兰告诉皮斯霍斯，科普是他心目中的一位英雄。"真的吗，那你想不想见见他？他就在面包车里。"皮斯霍斯问道。所以，《寻捕恐龙》一书里就有了一些这样的照片：科普的头骨在这个或那个恐龙研究者的手里；在沙漠里或者一个人家的院子里；在科罗拉多州博尔德的一家咖啡馆里，或者在乔治亚·奥基弗著名的幽灵牧场里，这里距离腔骨龙骨架的发现地不远。这一系列摄影作品中最有意思的是"死后重聚"，这是他在耶鲁大学皮博迪博物馆中创作的：在马尔什的画像前面，有两只手拿着科普的泛着白光的头骨。也许自从他们的战斗开始之后，他们就再也没有如此靠近过对方。

皮斯霍斯与北美恐龙研究的参与者和科普——他总是"像骷髅一样面带微笑"——一起前往重大恐龙化石发现地的旅程获得了来自公众和业界同行们的各种评价。不少人认为科普的遗骨在这种恐龙研究历史拼贴创作中出现是一种不敬——至少在品位上是有问题的。

然而，皮斯霍斯还有关于这个头骨的更大的计划。他请来了更有专业性的古生物学家和分类学家鲍勃·贝克尔，鲍勃曾为记者解释模式标本在生物学中的意义，但他自己很难说是系统生物学方面的专家。皮斯霍斯还从贝克尔那里了解到，科普最后的遗愿是想要成为人类物种的模式标本。这一信息启发了皮斯霍斯，他想要创造一个更大的作品，也就是"让科普的头骨成为人类的模式标本"。在这些之外，皮斯霍斯的文字内容显示了在这一领域中专业知识的重大缺失。在没有指定模式标本的情况下进行的人类物种记述是无效的，而且贝克尔和皮斯霍斯也不能将林奈发表的名称 *Homo sapiens* 改成"我们想要的任何东西"。正确的做法是这种对于一件模式标本的追溯性指定必须要在科学期刊上发表，才能被认为是有效的。皮斯霍斯声称贝克尔提交了一篇论文，并且已经得到了他含糊其辞地提到的一个"庄重但有趣的评审委员会"的认可和接受。因此，皮斯霍斯在 1994 年说，在科普死后将近 100 年，他的遗愿终于得到认可，而且科普据说已经作为 *Homo sapiens* 的模式标本被纳入科学文献。为了强调让科普成为"终极之人"这一行为的正式性，贝克尔制作了一个桃花心木的漂亮盒子，内衬红色的丝绒，这就是科普未来的居所。在这个盒子外面的铜牌上注明了爱德华·德林克·科普是"*Homo sapiens* 的模式标本 / 由罗伯特·T. 贝克尔记述于 1993 年"。按照皮斯霍斯的惯用做法，所有事情都精心安排并拍照存档了。

这在某种程度上是一次炒作，但是科普作为人类模式标本的故事仍然刊登在了《华尔街日报》上。但是，那篇关于科普被正式指定为智人的选模标本的科学论文却从未动笔写作，更不要说出版了。就此而言，科普的遗愿距离实现并没有更近一步，对于命名法有效性的要求始终都未能满足。

那么关于我们自身物种的命名法参照物到今天为止进展如何呢？和我们尽力从林奈的原始拉丁文描述中寻找线索一样，这个问题仍会继续带来挫败感。分类学家们难以接受这种失败，因为模式标本确保了稳定性——这是混沌中的清晰，是连续统的参照物。最终，即使是分类学家也同意我们无须为人类的动物学命名找一件模式标本。但是分类学家们会定期敲响钟声，提醒我们如果能从自己及同时代的人中，或者我们的祖辈中选择一个人并将其定为名称持有者，这该有多么美妙和令人纾解。该由谁来承接这一荣耀？是亚当？是国王或者王子？还是科学领域的伟人？如果你为这一投机性思考的快乐所折服并且愿意想得再深入一点，那么你不可避免地会回到这个特定的人：林奈。在这种情况下，模式标本的位置就会是瑞典的乌普萨拉，当《自然系统》出版的时候林奈就在那里生活，直到他去世。甚至他的遗体依然存在，因为他的身后之物保存在乌普萨拉大教堂，配有简洁的标签，"Ossa Caroli a Linné"，即"卡尔·冯·林奈之遗骨"。鉴于林奈的自负，我们很容易想象他会对"智者"这一表述感到十分满意，即 *Homo sapiens* 翻译为英语后的意思（wise person）。林奈可以被认为是智人物种赖以确立的个体之一，这不仅是因为他是这一名称的作者。威廉·T. 斯特恩是一位植物学家，也是《植物拉丁名称》的作者，该书是这一领域里的畅销作品，他对此有很多思考。在 1959 年，即林奈的《自然系统》的第 10 版发表 200 年之后的第一年——这很难是一个巧合，斯特恩在著名的杂志《系统动物学》上发表了一篇科学论文。他在文章中讨论了林奈对于生物命名法的贡献和在系统生物学中的成就。斯特恩指出，在分类学中，选择一个特别好且经过仔细考察的个体作为模式标本是常见做法，因此应该考虑将林奈作为标本指定对象。的确，如果我们不考虑这一无可争议的事实，即没有必要为人类物种选择一个名称持有者的客观原因，那么林奈显然就是一个候选者。斯特恩采纳了他自己的建议，毫不客气地将林奈指定为人类的选模标本。按照斯特恩所说，"林奈应该会对这一结论感到满意和理直气壮。正如他自己所言，'认识自己'"。

人类是地球上所有生物中我们最了解，最有切身体会，最亲密的物种。以这种干涩的方式对待和处理它的命名法是有点怪异的。历史上是否有一个合适的智人物种名称持有者存在（并广为接受）说到底没有什么关系。人类只是地球上数百万物种中的一个，而且我们拥有这个名字已经有 260 多年了。不管怎样，关于人类是生物学实体的问题和关于命名过程中的一个客观参照物的问题是不一样的。斯特恩这位专业的植物学家和系统生物学家，无疑意识到了这一点。他正式有效地指定林奈为选模标本的做法，也是对林奈表达某种敬意，林奈在 260 年前就为标准化的生物命名确立了框架：今天我们可能已经拓展了这一框架，但从未抛弃它。为什么不把林奈指定为我们自身物种的名称持有者呢？我们是在抗拒将这位 18 世纪的极端自我主义者接受为"终极之人"这一想法吗？生物命名法中模式标本的功能问题再次出现。将林奈选定为一件可能的选模标本并不暗示说他被誉为一个卓越的人类个体。相反，这只是意味着林奈作为我们人类物种的名称持有者，是我们这个物种所有其他个体的代表。林奈可能因此会履行他作为名称持有者的功能，而无论他是否是一位组织分类的狂热者、天才或者极端自我主义者，都不应该对其他任何不共担这位名称持有者的重担的人有什么影响。

一只红腹灰雀（*Pyrrhula pyrrhula*）的标本，由本笃·迪波夫斯基制备，附带的标签是他 1873 年在西伯利亚手写的。柏林自然博物馆藏，本书作者拍摄。

第五章　动物名称的珍品收藏

当冬季的气温降到零下 40 摄氏度的时候，风暴侵袭大地，西伯利亚南部的贝加尔湖的生灵却并不惊慌。即使利用今天的高科技设备和功能性服装，在这种条件下进行科学活动也是一种冒险。按理说，这种自然条件在 19 世纪中期的时候肯定是会危及生命的，尤其是对两个流放到西伯利亚的人，他们的监禁生活几乎无法用物质享受方面的词来描述。其中一个人是本笃·迪波夫斯基，来自今天的白俄罗斯，曾在多帕特大学（今天的塔尔图）学习医学。由于非法斗殴，他转学去了位于更自由的普鲁士邦的弗罗茨瓦夫大学；在柏林的弗雷德里希 – 威廉斯大学（即现在的洪堡大学）完成博士学业后，他在 1862 年成为华沙大学的动物学教授。

当时华沙的政治局势极为紧张。在拿破仑战争后，这个国家被俄国、奥地利和普鲁士瓜分，但是仍然有追求波兰自治的独立运动存在。1863 年在俄国控制的波兰地区，发生了一场大规模的起义，有 8 万多波兰人拿起武器反抗俄国亚历山大二世的专制统治。这场起义被镇压了，伤亡人数达到了 1 万人。有将近 2 万波兰人被扣押并判处强制劳动，并流放到西伯利亚。这场 1863 年的起义基本上是由波兰的社会精英为先锋的，俄国统治者对他们进行了极为残酷的报复。他们成为因为政治原因而被捕的起义者中最大的一个群体。

迪波夫斯基就是其中之一，他加入了在华沙的密谋团体，并且成为反抗的领袖人物。1864 年，他在华沙被逮捕，并被判处死刑。很可能是由于他的学科导师为他求情，他的刑罚最终改判为在东西伯利亚的尼布楚不为人知的矿区强制劳动 12 年。他在当年就被流放。由于他的社会阶层和经济来源，也由于他在工作中建立的熟人、朋友和同事们的社会关系，迪波夫斯基在被捕后的生活状况稍微好一点，可以在其自由时间进行科学研究。虽然处在被关押状态，但是他仍然尽力维持和拓展他与科研领域的联系；通过俄国地质学会的帮助，他能够将他的动物学研究材料送至各个博物馆做进一步的处理。迪波夫斯基并未住在劳改营中；相反，他和不少波兰同胞被关在在劳改营外面的土屋里。对政府来说将流放人员安置在临近的村落里往往是一种更简单的管理办法，就让他们在那里自谋生路。最终，迪波夫斯基和他的一个波兰同胞维克托·哥德莱夫斯基争取到了许可，搬去位于贝加尔湖南岸的一个名叫库尔图克的小渔村。在那里，他们开始对贝加尔湖淡水鱼种的系统研究。

1868 年冬日的一个早晨，迪波夫斯基和哥德莱夫斯基目睹了壮阔的自然景象：在一个安静无风的夜晚过后，这两位流放犯人从湖岸边走到贝加尔湖封冻的冰面上。在迪波夫斯基看来，冰面就像是一个水晶圆盘；湖床"显得如此清晰，冰面下明亮通透。有那么一瞬间，我们仿佛奇迹一般走在未曾封冻的水面上"。在透明冰面下的湖水里，他们看到一群慌张的蟹类和鱼。他们在湖岸上发现了鱼的骨架，这些鱼骨已经被钩虾（按照北美洲的说法，这种甲壳纲动物被称为"飞毛腿"）清理干净了，这是他们想要捕捞的动物。他们在冰面上凿了很多个孔，在不同的深度放下饵雷。这被证明是一种非常有效的收集大量钩虾标本的办法；贝加尔湖本地钩虾的多样性令人震惊，其中有些钩虾的体型相对较大且有靓丽的色彩。

迪波夫斯基在流放期间——1872 年时他是一位俄国将军的私人医生，1872—1875 年和哥德莱夫斯基一起合作——对俄国远东地区阿木尔－乌苏里一带的生物进行了研究。他在那里一直待到 1877 年，并一直将他收集的材料从新建立的海参崴港口寄回欧洲。出于对他的科研成就的认可，他被获准在流放结束后回到波兰。他甚至获得了一个尊称，"贝加尔湖的迪波夫斯基"，但是由于他是被迫流放到西伯利亚，他拒绝了这个称呼。1879 年，他自愿回到西伯利亚，并在勘察加半岛以一名地方医生的身份工作，帮助照料俄国远东地区各个地方原住民的健康状况。在俄国地质学会持续的资金支持下，迪波夫斯基全力投入到堪察加半岛动物和植物的深入研究中。

1883 年，回到欧洲后，他获得了伦贝格大学的一个教授职位，伦贝格即今天的利沃夫，是当时奥地利治下的波兰文化中心。1906 年，迪波夫斯基由于对达尔文的进化理论的支持而被强制退休（时年 70 岁）。他移民回到沙俄帝国，在靠近西部边境的地方和他的姐姐一起生活。第一次世界大战爆发后，他被再次派往西伯利亚，但由于他的科学地位和先前的工作成就，彼得堡科学院介入调解，他获许返回自己的家乡，当时他的家乡已经沦为德国占领区。然而，一位据部分资料记载身为亚历山大·冯·洪堡之孙的德国官员准许迪波夫斯基返回伦贝格。停战协议签署之后，波兰重获独立，伦贝格变为利沃夫，而迪波夫斯基也逐渐重新建立了他和科学界的联系。在他生命的最后 10 年中，迪波夫斯基终于可以集中精力研究他的西伯利亚收藏品了。他已经成为贝加尔湖和勘察加地区动物研究的世界级权威专家，而且其他研究者们开始将他们自己在这一地区收获的标本寄给迪波夫斯基。1928 年，迪波夫斯基被选为苏联科学院的通信院士，这是一项巨大的荣誉。在 97 岁那年（1930 年），他在利沃夫去世（利沃夫今属乌克兰）。

1926 年，迪波夫斯基出版了一部关于贝加尔湖动物的综合性著作，甚至在贝加尔湖研究领域之外也引起了轰动。这部著作名为《贝加尔湖钩虾综述及其属和种的简述》（下文简称《简述》），读起来就和它的书名一样生硬。在这本书中，迪波夫斯基描述了在贝加尔湖中发现的大量甲壳纲物种，其中嵌入了一个他所熟悉的钩虾物种的复杂分类系统。这是一部写给甲壳纲专家的专业报告，发表的时候没有引言或者讨论。但是几乎在眨眼之间，这部《简述》就开始在钩虾之外的研究领域声名狼藉，不是因为钩虾本身，而是由于迪波夫斯基给出的新的科学名称。其中有许多科学名称长得没边，拗口的字母组合可以惊人地分解成单词字构，并且成为怪异命名的流行范例。这里附上几个例子。

Cancelloidokytodermogammarus（Loveninsuskytodermogammarus）loveni

Crassocornoechinogammarus crassicornis

Parapallaseakytodermogammarus abyssalis

Zienkowiczikytodermogammarus zienkowiczi

Toxophthalmoechinogammarus toxophthalmus

Siemienkiewicziechinogammarus siemenkiewitschii

Rhodophthalmokytodermogammarus cinnamomeus

Gammaracanthuskytodermogammarus loricatobaicalensis

这些名称不仅长得非比寻常，而且有些包含俄语或者波兰语的起源，这就大幅度增加了没有实践经验的读者的阅读困难。迪波夫斯基想要将几个不同的词素和不同的意义在一个单词里联系起来。例如，为了在一个种名和属名中同时向他的同事显克维奇致敬，并在相似的属

（*Dermogammarus*）中做同样的事，他造了一个很难记述使用的属名，即
Zienkowictzikytodermogammarus zienkowiczi。

迪波夫斯基的这些名称没有在钩虾研究领域得到多少青睐。同年，
华盛顿史密森学会的甲壳纲专家玛丽·J. 拉斯本对迪波夫斯基的整部《简
述》提出了质疑，并向国际动物命名委员会提交申请，要求评估这些名
称的有效性。如果评估认为这些名称与命名法规则有冲突，委员会应该
考虑是否应该废止迪波夫斯基从 1927 年以来的命名，也就是宣布这些名
称无效。委员会的秘书联系了迪波夫斯基并要求给出相关意见。迪波
夫斯基在回应中，解释说他"当时只打算将这些命名用作这些动物的临
时名称，而给这些动物定名的时机还不成熟"。委员会反驳说，发表这
些临时名称的想法只是为了在以后对其进行修改，这与命名法规则直接
相悖。委员会认为迪波夫斯基的名称满足了评判标准中关于可用性的要
求，意味着不能通过简单地否认这些事实来解决这个问题。剩下的全部
工作都是回溯性扬弃，而且确实，委员会全体一致决定废除《简述》一
书及其包含的所有新名称的有效性，也就是完全抵制整部书。委员会引
述的原因是，该书提出的这些名称与语言的和谐及其合理使用性的要求
相违背：如果要接受它们，那么它们就会造成"比全体一致性（指当
时苏联表现的那种极端的政治和思想一致性——译者注）更大的困扰"。
因此，这个题为《105 号意见》的决议中描述了这一问题并给出了具体化
的决定，标志着迪波夫斯基给出的新名称被终止使用。这是绝对的终止。

分裂《命名规约》：命名者们在行动

毫无疑问，为一个新发现的物种挑选一个名称的特权是生物命名中
最令人愉快的部分，并且它不只是为一个科学性的物种记述做最后的"装
饰"。只有这个命名和后续的发表完成之后，这一科学认识过程的结果

才会成为官方的并进入科学界的话语范围。因此，这种"洗礼"就会通过这个名称传递许多层信息。如果可能的话，这个物种或者更高的分类级别的首要信息是：外观、行为、栖居环境和地理起源，这些一直是普遍涉及且经常用于名称的组成部分。看看 18 和 19 世纪发表的动物科学名称，会发现这些名称中的大部分都是以这种方式创造的。这种命名形式——就是将动物的基本特征放入这个名称，从而赋予这个名称一个在语言学上有意义的定义——被认为是严肃且可信的，但是在今天看来却是没有想象力且乏味的命名方式。生物的种名如 *viridis*（绿）、*africanus*（非洲）、*albispinosus*（白色脊骨）以及 *silvestris*（林栖的）是今天可以接受的一些可能名称，但是它们进入看起来无尽的生命目录，却往往不能产生多少响动。

到了 18 世纪，像林奈这样的科学家已经明白，精心设计的名称会引起更多的关注。创造性的名称也会比中规中矩的名称有更多传递信息的机会。这些名称可以是某人自己受过（高水平）教育的表征，例如，含有一些具有相似知识储备的人才能理解的典故。就像我们已经看到的，这也给了科学家们诋毁令人不快的人物或者赞美他们喜爱的同事的机会。幽默也是许多系统生物学家试图（而且一直在努力）通过恰当的名称传递的一种特质。到了林奈的时代，科学家们已经在考虑用一个不同寻常的名称来吸引注意力了，这个名称会偏离标准的、传统的语言环境。当然，同事一般都是第一个（而且常常是唯一的一个）阅读原始出版物的人。一个特别有吸引力且易记的名称会快速传播到科学领域之外，而且你还可以期待它产生广泛的影响力。

这种情况，即使在今天的分类学中也没有变化。个人的情感和倾向对每一位科学家的命名方式都有显而易见的影响。今天的局面以两种方式愈演愈烈：我们已经记述和命名了将近 200 万个动物物种，而且我们有理由相信还有数百万种动物物种尚待发现。新西兰生物学家马克·科斯特洛猜想还有 500 万个物种有待发现。这并不是说我们需要 500 万个新的物种名称，因为相同的名称可以在不同属的物种身上重复使用。但是，由于地球上的生物多样性，我们还是需要创造数十万个名称。这并非是我们面临的一个全新的状况，因为对于大量名称的需要一直存在。出版物的数量目前在爆炸性地增长，引发了所谓的"快车道"或者"涡轮增压"式的分类学。这就是说要将复杂的物种鉴定过程的一部分——通常是遗传学上的鉴定——加以自动化，并将其余的步骤最小化，这样可以极大加快整个分类过程。如此一来就可以快速解决同一个属的 100 种象鼻虫的描述，并在一篇文章中将其发表。一下子需要 100 个新的名称，由于它们都是一个属的物种，所以每一个名称都必须清楚且独特。在这里，一点小机灵就能发挥大用处。

今天，比以往任何时候都更重要的意义在等待着那些因为物种名称选择而脱颖而出，并引起众人关注的分类学家。分类学研究的结果很少能惊人到登上科学期刊的封面，或者是报纸的头版。吸引关注和出现在公众面前是现代的营销策略，具有双重意义。而这种营销策略有助于分类学及其研究发现进入人们的视野，而且也使得科学家和他们的工作为人所知。现如今，在对研究经费和终身职位激烈竞争的大环境下，使用不同寻常的名称成为可以为人理解的动机。

因此，可能有很多原因会让分类学家根据公众感兴趣的人物的名字来命名一个物种，而且还不是一般的小明星，比如约翰尼·卡什（以他的名字命名了一种狼蛛，*Aphonopelma johnnycashi*）。虽然这种大人物的名称可能只会在动物学注录中出现一次，但是未成年人的名字肯定会有数百个——就算没有几千个的话。出于这个原因，关于最具创造性名称的战斗看起来就要打响了。这些结果常常都不缺少一定的喜剧成分。笑话并不总是包含在名字自身当中；相反，笑话是在原始出版物中找到的，这些出版物一般都会提供语源学的意义或者起源的信息。而对于一些分类学家来说，创造一个其意义不能马上显见的名字会成为他们真正的动机。鳞翅目昆虫学家亚瑟·梅特兰在他关于英国蝴蝶名称的意义和起源的书中写道："科学名称和纵横字谜有许多共同之处。命名者是字谜的设立者……如果他能够让他的昆虫学家同行感到迷惑的话，他就会从中获得施虐的狂喜。"

命名中的幽默感始终都是一种品味良好的平衡做法，因为一个人觉得可乐的事情可能对另一个人来说完全是一种惊吓。这一点在有性暗示的名称中也是这样，此时就需要慎重地选择正确的名称，以便为人理解并尊重他本人之外的文化。

有些名称本身既不高深莫测，也不荒谬可笑，但是会在和其他名称的组合中变成这样。1907 年，鳞翅目昆虫研究者威廉·邓纳姆·克福特记述了在卷叶蛾属（*Eucosma*）中的全部蛾子新种。这个属归于卷蛾科（Tortricidae），它包含苹果小卷蛾和其他果树害虫。克福特命名的一个物种叫 *Eucosma bobana*，但是只有当它和其他名称（几乎贯穿了字母表中所有的辅音字母）在一起时，他的这一创造才有吸引力：bobana, cocana, dodana, fofana, hohana, kokana, lolana, momana, popana, rorana, sosana, totana, vovana, fandana, gandana, handana, kandana, mandana, nandana, randana, sandana, tandana, vandana, wandana, xandana, yandana, zandana, nomana, sonomana, vomonana, womonana, boxeana, canariana, foridana, idahoana 和 miscana。

动物命名法规则在使一个名称显得有特点方面没有多大作用，但有一个例外：要求属名和种名都必须是一个词，每个词至少有 2 个字母。这些字母只能从 26 个拉丁字母中选出。特殊符号——比如连字符、省略号和其他符号——禁止使用，但是如果在原始记述中使用，则不会让名称失效。通常，只需删除这些特殊符号，就可以得到名称的代码兼容版本。

因此，科学名称必须是一个"词"或者是一个可以解释为一个词的字母组合。虽然最好是从其他的单词（比如像那些有古典起源的单词）派生而来，但是字母的随机组合不一定被禁用，那些在西方语言中源自异域语言的让人有不同寻常的"感觉"的词也不一定禁用。我们在第二章中讨论过，应该可以将这些词看成是"词语"。但是命名法规则没有定义一个单词到底应该是什么样的。如果我们将"单词"的基本定义看成一个独立的具有其意义的语言单位的话，这一定义的难度很快就会显现出来。例如，一个单词可以讲出来（因此也是易于记忆的）通常被用作决定一个字母组合是否可以被视为一个单词的评判标准，而"cbafdg"这个字母组合无法使人正确地卷起舌头。然而，如果"cbafdg"是一个正在使用的外国词汇的话，那么情况就不同了。那么"cbafdg"就会具有一个单词的高贵性质，并且需要以此被接受，而无论它的发音具有何种挑战性。南美胡蜂的一个属名为 *Zyzzyx*，这个常被提及的例子就表明了发音对物种命名起到的作用有多么微小。

一个拟步甲的属名是 *Csiro*，它至少可以发音（需要稍微费点力气），它不是一个真正的单词而是一个首字母缩略词，也就是一个由几个单词的首字母缩合而成的词。它的形成基础是 CSIRO，是澳大利亚的研究机构，即英联邦科学与工业研究组织（Commonwealth Scientific and

Industrial Research Organization）。类似的例子还有细菌中的两个属，第一个是 *Deefgea*，是以德国研究基金（Deutsche Forschungsgemeinschaft）命名的，第二个是 Basfia，以德国化工企业 BASF（Badische Anilin & Soda-Fabrik）命名。还有来自英美世界的例子，一种甲虫 *Foadia*，来自首字母缩略词 FOAD（Fuck off and die），意思是"滚开，去死"。虽然这些名称最初都不是语义上的单词，但是考虑到这些特殊的构成或者说特殊的用法，动物分类法规则显得很慷慨，并且接受了这些名称。

正如我们谈到的，至少要两个字母才能构成一个有效的属名和种名。这一基本规则被 "*Plesiothrips o*" 这个蓟马物种打破了，这是由胡蜂研究者中最多产的命名者之一，亚历山大·阿尔塞内·吉罗发表的一个物种名称。然而，这个拉丁名是 1913 年记述的一个物种的次异名（准确地说就是 *Stenchaetothrips biformis*，即稻蓟马），蓟马研究者无须花时间来决定该如何处理这个缩短了的名称。

但是对于南美的掘土蜂 *Podium T* 来说情况就不一样了。它的命名者是法国男爵安布鲁瓦兹·帕里索·德·博瓦，他于 1811 年记述了这个物种。帕里索使用字母 T 作为在原始记述中的种名，这一点为后来的胡蜂分类学家所接受。但是到了 1897 年，奥地利昆虫学家卡尔·威廉·冯·达拉·托雷在为其不朽的《膜翅目昆虫目录》研究掘土蜂的时候，发现了物种名过短的问题。他将字母 T 解释为希腊大写字母 τ（即 tau），并建议用这个字母代替帕里索使用的字母 T。命名法规则里说，发表不可用名称的替代名称的人会被认定为是这个新名称的正式命名者。所以，虽然达拉·托雷从未亲眼看到过这个物种，而且只是从帕里索的原始描述中才对它有所了解，但是他却永远成为了 *Podium tau* 的命名者。

有大量属名和种名由两个或者三个字母组成，且符合命名法规的例子（例如东南亚的一种掘土蜂 Aha ha，是由美国胡蜂研究者阿诺德·S. 门克在 1988 年记述的）。但是门克命名的理由相当普通：Aha 就是一个根据长度随机选择的字母组合。他没有关于种名 ha 的任何说明，但是人们可以假设其理由不外乎是为了追求这个名称整体的简洁。长期以来，阿诺德·门克的车牌都是特别选择的 *Aha ha*。

因为分类学名称的综合列表不是随机的，而是以列表或者目录的形式给出的，所以字母顺序就在名称选择中起到了不可忽视的作用。有一种软体动物名为 *Aa* Baker, 1940，看起来它在按字母顺序排列的属名列表中的首位地位不会被取代。相似的情况是——虽然是在字母表的末尾——一种名为 *Zyzzyzus* Stechow，1921 的软体动物。之前提到的那个名为 *Zyzzyx* 的胡蜂属也是紧随其后。然后是 *Zyzzyva* Casey，1922，一个热带象鼻虫属，在有些英文字典里它会和守车（货运火车的最后一节）联系起来。

所用字母的数量上不封顶，相当于给了分类学家们全权授权书，他们在这方面自由决定。根据你是在寻找曾经发表过的最长的属名，最长的有效属名，最长的双名法名称，还是其他任何最长的名称，这里给出了几个候选名称。最长的名称（虽然由四部分组成）属于一种天牛，*Brachyta interrogationis interrogationis var. nigrohumeralisscutellohumeroconjuncta* Plavilstshikov，1936。但是这个名称不可用，因为 *nigrohumeralisscutellohumeroconjuncta* 这个名称是属于亚种的，这是命名法规则禁止的。*Kimmeridgebrachypteraeschnidium* Fleck & Nel，2003 看起来是最长的有效属名。

有些分类学家从寻找其他最高级名称中得到乐趣。例如 Cicadellidae

（叶蝉科）是名称中的每个字母都出现两次的最长名称；一种贝类名为 *Aegilops* Hall，1850，它是名称中每一个字母都按照字母顺序排列的最长的名称。

声音练习

以一个名称的发音为基础的文字游戏会带来麻烦，因为可能无法根据读者的语言来源理解这个名称。一个著名的例子是竹节虫物种 *Denhama aussa*，这是由奥地利动物学家弗朗茨·维尔纳在 1912 年记述的。这个名称会使人想到维也纳方言中的"den haben wir raus"，意思是"我们鉴定了它"，让人感觉是研究员们在这一物种的艰苦的鉴定过程结束后的一种释放。这个名称的语源学意义实际上有两个。这个物种的模式标本来自澳大利亚西部的一个小城，名叫丹汉姆，这一点反映在它的属名里。没有记录表明这个特殊的种名 *aussa* 是指澳大利亚。但是根据一则讣告来看，弗朗茨·维尔纳这位维也纳大学的教授有一种恶趣味的幽默感，这一点反映在了几个不同寻常的物种名称中。

其他在奥地利的分类学家用他们自己的地域语言天分，为他们指定的科学名称增光添彩。乌尔丽克和霍斯特·阿斯伯克夫妇是骆驼虫和其他草蜻蛉方面的世界级专家，以维也纳语言的音调变化发表了一系列的物种名称。对于这些名称的语源学研究极大地得益于这对夫妇于 2013 年出版的 150 页的语源学词典《名称来自何处？》，这本词典中包含了所有的骆驼虫名称及其语言学出处。但遗憾的是像这样的专著寥寥无几，在这些书中专业人士在他们各自的专业领域中探索名称的魔力。这里有几个阿斯伯克夫妇创造的名称：

Phaeostigma noane：标准德语中的"noch eine"（又一个，另一个）用奥地利方言写为"no ane"，并用这个名称来表示另一个尚未记述的

骆驼虫。阿斯伯克夫妇在文中说，他们后来仔细考虑，决定这个物种以 Noane，即记诵女神（goddess of repetition）命名。

Agulla modesta adryte、*Agulla modesta aphyrte* 和 *Agulla modesta aphynphte*：无论这些词的希腊文起源如何，它们都只是简单地标明"第三""第四"和"第五"个 *Agulla modesta* 这种骆驼虫的亚种。

Parvoraphidia aphaphlyxte：根据它的原始记述，这个物种是以 Aphaphlyxte 命名的，它是阿斯伯克夫妇虚构出来的，据说以赫墨斯的传说中的女儿命名，而赫墨斯这位商业之神则是以狡诈而闻名。在《名称来自何处？》一书中，阿斯伯克夫妇提到说这种派生词是可以接受的；但是同样可以接受的是，用 Aphaphlyxte 这个词代表奥地利单词"eine Verflixte"（一种可憎而棘手的事物），因为这个物种被纳入骆驼虫的系统是一项不小的挑战。

最后一个例子是阿斯伯克夫妇的螳蛉科（Mantispidae），这个科属于蜻蛉类（lacewings）昆虫。1994 年，阿斯伯克夫妇描述了一种中欧的新种，名为 *Mantispa aphavexelte*，这个物种长期以来被错误地归入最常见的名为 *Mantispa styriaca*（欧洲螳蛉）的中欧螳蛉物种。对于 *Mantispa aphavexelte* 的记述解决了这一分类问题。根据记述，这个名字源于希腊冲突女神（goddess of confusion），但是奥地利方言的作用再次凸显，这个名称的实际意思是"eine Verwechselte（一个错误或者混淆的事物）"。

在英美世界里，古典的动物名称的发音方式不太寻常，至少对于那些未受过英语发音训练磨砺的耳朵来说，这些名称的读法就好像它们是英语单词。讲英文的分类学家经常在文字游戏里运用这一点。

音节"eu"就被念成"you"——而不是"oi"，这使阿诺德·门克在 1988 年为一种掘土蜂命名的 *Pison eu* 英语发音仿佛是"piss on you"（即"尿你一脸"，表示对对方的亵渎或不敬）。还有一个相似但未必是出于故意的内涵被赋予了 *Eremobates inyoanus* Muma & Brookhart, 1988，这是一种生活在亚利桑那州因约县（Inyo County）的避日蛛；那些感觉到这一点的读者可能会选择大声读出这个名字来弄懂这个双关义。

英国昆虫学家乔治·威利斯·柯卡尔迪利用复合子音"ch"在英语里也可以发音为"k"这一点，在他于 1904 年为大量胡蜂物种命名的时候加上了后缀 –chisme（发音为"kiss me"）。在这个后缀之前，他加上了不同的可能和他有过交往的女人的名字。除了一个一般化的 Ochisme（即"Oh, kiss me"），还有 Dolichisme（"Dolly, kiss me"）和 Peggichisme（"Peggy, kiss me"），另外还有 Florichisme、Marichisme、Nanichisme 和 Polychisme。据说，庄重的伦敦动物学会斥责了他这种轻佻的名称选择。

小茧蜂科的 *Verae peculya* Marsh, 1993 有一个"very peculiar（拉丁名的英语化发音的谐音，意为"非常独特"——译者注）"的名字，还有保罗·马尔什在 1993 年命名的另一种小茧蜂 *Heerz lukenatcha*，他想要在发音上模仿电影中最著名的一句台词。在电影《卡萨布兰卡》的结尾处，由汉弗莱·鲍嘉扮演的主角里克·布莱恩和他那位早已疏远的爱人伊尔莎·伦德（英格丽·鲍曼饰）分别之时，他对她说："孩子，看你的了（Here is looking at you，kid）。"

虽然"*Ytu*"这个属名是指代"瀑布"的巴西词汇，但是它的英文发音是"you too（你也是）"。这一点给了昆虫学家保罗·J. 斯潘格勒灵感，他为在巴西发现的一种水龟虫选定的种名为 *brutus*，是模仿尤里乌斯·凯撒的名言："Et tu，Brute？"（"你也背叛我，布鲁图斯？"这是莎士比亚的戏剧《凯撒大帝》中，凯撒被自己的助手、养子布鲁图斯刺杀时最后的遗言，后来这句话在西方文学作品中被用于表示最亲近之人的背叛——译者注。）

菌甲的一个属叫 *Gelae*，应该大书特书，以便完全展现它背后的幽默。这个属产生的名称具有各种各样的甜蜜感，一种海洋动物和一种糖果：Gelae baen（同音 "jelly bean"，即软心豆粒糖），还有 *Gelae donut*、*Gelae rol*、*Gelae fish* 和 *Gelae belae*。类似的烹饪文字游戏也可以在蝇的一个科 Mythicomyiidae 中找到，其中的属 *Pieza* 包括的物种就有 *Pieza kake*、*Pieza pi* 和 *Pieza rhea*。

声音对另一些名称很重要——拟声名称。鸟类名称尤其常见，而且也应用于少数的脊椎动物。拟声法命名的属或者种的例子有绿翅鸭（*Anas crecca*）、长脚秧鸡（*Crex crex*）、大杜鹃（*Cuculus canorus*）、森林云雀（*Lullula arborea*）、斑鸠（*Streptopelia turtur*）和猛鸮（*Surnia ulula*）。

Upupa epops，即戴胜鸟，是动物学中最具旋律性的名称，它的来源稍微有点复杂。Upupa 无疑是一个拟声词，模拟鸟类很有特点的鸣叫声 "呼噗噗"。而它的种名 *epops* 是希腊文中戴胜鸟的意思，是由古希腊剧作家亚里斯多芬尼斯在喜剧《鸟》中首次使用。*Equus quagga quagga*，即斑驴，在 19 世纪后期由于人类的活动而遭灭绝，它被当成是草原斑马 *Equus quagga* 的一个亚种，它也有一个具有拟声特点的种名。这个词是借用了非洲南部的一个原住民部落科伊人的语言，原来的发音是 "夸哈（quahah）"。当快速重复的时候，这个名称就像是这种斑马的叫声，"夸哈，夸哈，夸哈"。

根据既非直接也非间接的生物学实体事物为物种取名字，而且这些事物的本质或者目的也和被命名的分类单元没有什么关系，这种情况更多地是命名法规则的一种例外。例如，假面骑士黄蜂（*Hylaeus tetris* Dathe，2000）是以一款具有传奇色彩的电脑游戏命名的（即"俄罗斯方块"），在游戏中你要运用从屏幕上方掉落的由 4 个方块构成的各种形状，（尽可能理想地）组成在屏幕底部的没有空隙的行列。这种名称就是特指这种蜂的胸部背面的 4 个有特点的标记。和它的近亲物种相比，圣甲虫（*Orizabus botox* Ratcliffe & Cave，2006）的背部就出奇地光滑。有一种窗虻，即 *Pseudatrichia atombomba* Kelsey，1969 的模式标本是在美国新墨西哥州的阿拉莫戈多收集的，和"三一点"（Trnity Site，美国的一个核爆试验场——译者注）的距离不远，在那里曾引爆了世界上第一颗核弹。亚当·斯特里格尔还是一位大学生的时候，在联邦快递公司名下的一块地里发现了一种肉食性的两栖动物化石。2010 年，这种两栖动物被命名为 *Fedexia striegeli*。几十年来，柏林附近的米特区 Bärenschenke 一直都是柏林自然博物馆的昆虫学家们在工作之余经常光顾的酒吧。2011 年，在这家酒吧关门停业之后，博物馆的鳞翅目研究专家沃尔夫拉姆·梅伊将一种来自纳米比亚的小型蛾子命名为 *Baerenschenkia umtrunkula*，以此纪念经常在酒吧相聚的人们，其种名是英文 I'm drunk（我喝醉了）的谐音。环腹蜂科的一种来自非洲的新的寄生蜂物种 *Stentorceps vuvuzela* Nielsen & Buffington，2011，它的种名来源于呜呜祖拉，这种塑料喇叭在 2010 年举行的南非足球世界杯上为全世界所知。选取这个名字的原因是这种寄生蜂的头部形状像呜呜祖拉。它的属名"*Stentorceps*"中前半部分 Stentor 即斯腾托儿是希腊神话中特洛伊战争的传令官，传说他的声音之洪亮可抵 50 个人，词缀 –ceps 来自 caput（头）。*Stentorceps vuvuzela* 因此就表示这是一种"有呜呜祖拉一样的头部"的生物。在生物学中，Stentor 还是喇叭虫的一个属名，这是一类通常生活在底层的单细胞生物，它们可以达到罕见的 2 毫米。*Oxybelus cocacolae* Verhoeff，1968 是一种生活在非洲西北部和加纳利群岛的掘土蜂，在其原始记述中，它的作者说自己正要喝可口可乐的时候，发现这种胡蜂并捕获了它。

首字母缩略词是由其他单词的第一个字母或者音节缩写而成的。它们要么按照单个字母发音（UN 就是联合国 United Nations 的缩写），或者是按照新组成的单词发音（NATO 以及 AIDS）。首字母缩略词在分类学中的影响不大，因为它们可能会和动物命名法规则相冲突，它们只是被用作有效名称的任意的字母组合——"假设它是作为一个单词使用的"。但绝对不是所有以首字母缩略词的形式制造的名称都是如此，例如恙螨 *Afropolonia tgifi* Goff，1983，它的种名 *tgifi* 来自 "Thank God! It's Friday.（谢天谢地！今天是星期五）"。蚓虫 *Atalodera ucri* 是以加州大学河滨分校的首字母命名的（UCR），肯定可以成为一个单词。但是以 CSIRO 确立的名称却有问题，例子有拟步甲的一个属 *Csiro* Medvedev & Lawrence，1984，以及水母的一个属 *Csiromedusa* Gershwin & Zeidler，2010。一种蜘蛛 *Habronestes boq* Baehr，2008 是以昆士兰银行命名的（Bank of Queensland）。一种汗蜂 *Lasioglossum gattaca* Danforth & Wcislo，1999 是以遗传序列中的 4 个碱基名称命名的，即 A、T、C、G。当然，几年前上映的同名科幻电影也可能起了一些作用。一种蛙名叫 *Physalaemus enesefae* Heatwole，Solano & Heatwole，1965，是以美国国家自然科学基金（NSF）命名的，这是美国支持科学研究的最重要的机构之一。

当一个新的单词通过重新排列其他单词的字母顺序而被创造处理的时候，这种新词就称为变位词（也称异位构词）。这在动物学中非常流行，特别是当从已经记述过的种或者属中分离出新的种和属的时候就更是如此。这种两个名字之间在语言上的近似性有助于对显见的相似性或者很近的相关性进行符号化。在 19 世纪 60 年代，法国昆虫学家维克多·安托万·希尼奥雷（1816—1889 年）在通过重新排列字母顺序给不同的昆虫命名的时候，达到了完美效果，从而创造了诸如 *Acledra*、*Clerada*、*Eldarca*、*Erlacda*、*Racelda* 和 *Dalcera* 这样的属名。还有其他螳蛉属的名称如 *Mantispa* 和 *Nampista*，以及甲虫的属 *Ptinus*、*Niptus* 和 *Tipnus*。

那些从前到后和从后到前字母排列顺序相同的词称回文。较短的单词尤其容易出现这种情况，而名称越长，这种情况就越难出现。最简单的例子是那些由两个相同的字母组成的名称，比如前文中出现的软体动物的一个属，*Aa* Baker，1940。3 个字母的情况更常见：*Aia* Eyton，1838，这是一种鸟；*Aka* White，1879，这是一种昆虫；*Aoa* de Niceville，1898，这是一种蝴蝶；还有之前提到的一种特别典雅的掘土蜂 *Aha ha*——不仅是它的属名是回文，而且它的整个名称也都是回文。少数其他类似的例子还有：一种独角仙的名字是 *Orizabus subaziro* Ratcliffe，1994，以及一种食蚜蝇 *Xela alex* Thompson，1999。*Xela* 这个属名就来自于其种名 *alex* 的字母变位，这是查尔斯·P. 亚历山大的昵称，他是有史以来最多产的物种记述者。因为亚历山大指出他的高产并非其所愿，但是他的妻子梅布尔·玛格丽塔却引以为傲，所以昆虫学家克里斯·汤普森就为他确定的新属命名为 *Xela*，以纪念亚历山大。而这个属的两个物种的名称分别为 *Xela alex* 和 *Xela margarita*。夏威夷的一个鸟类的属名为 *Aidemedia*，其命名原因很特别，但也可以理解。这个名称是为了纪念夏威夷的博物学家琼·艾德姆，而这个名称的作者说之所以这个属名的结尾不常见，仅仅是因为他们不能抗拒创造一个回文词的诱惑。

Papuogryllacris adoxa Karny，1928 的一件模式标本，带有典型的柏林自然博物馆的有属名和种名的标签。新的带有二维码的标签是蝗虫收藏数字化的一个方面。柏林自然博物馆藏，本书作者拍摄。

命名法的淘气之处

即使在分类学中，性别也是一个流行的话题，而且从分类学诞生之初就始终如此。林奈的植物系统就是建立在性器官的相似和不同之处的基础上的，他创造了一系列的直接指示或暗示性意义的具有刺激性的名称。从那之后，性暗示就成了科学名称的常见组成部分，不管是反映性别结构的特征——这对于分类学的鉴定而言常常是有重大意义的——还是简单地编织一种有关性的影射。这样的例子屡见不鲜。

我们可以从由阿斯伯克夫妇记述的骆驼虫开始。在前文中讲到这对夫妻是用带有奥地利方言的名称为物种命名的。1974 年，他们记述了

Phaeostigma mammaphila（字面意思是"乳房之爱"）。选择这个名称的原因是，一只骆驼虫——当时还是希腊的一种尚未被发现记述的物种——落在了乌尔丽克·阿斯伯克的胸口，而且这也是它被捉住的地方。阿斯伯克夫妇还记述了 *Ohmella libidinosa*，其中这个物种的种名是来自拉丁文中的形容词 libidinosus——很明显，在英文中的意思是好色的。这是表示"明显的雄性的内阴茎的一部分经常露出来"。在此之前 3 年，在同一个属中，他们已经记述了 *Ohmella casta*，其中的种名是来自 castus（意思是贞洁的），是指这一物种中雄性群体特别小的生殖器。相反，在对骆驼虫物种 *Subilla priapella* 的巨大的雄性生殖器进行描述的时候，阿斯伯克夫妇想到了卡拉毕加这位男性生殖之神，他经常被描绘为具有过大的生殖器。

腐尸甲科（Leiodidae）的情况看起来更猥琐。甲虫分类学家昆汀·惠勒和凯莉·米勒在 2005 年记述了一种名为 *Agathidium gallititillo* 的新物种，其种名的字面意思为法国挠痒，显然这是一种各位感兴趣的读者想要独自探究的性行为。这个名称是表示"雄性生殖器腹侧的长且有棱纹的部分"。昆汀·惠勒在甲虫领域之外，还是一位系统生物学家和生物多样性研究者，他承认说这是他所记述的名称中最喜欢的一个。

两种东南亚的鲤鱼科的鱼类名称分别是 *Probarbus labeamajor* 和 *Probarbus labeaminor*，都是由鱼类学家泰森·罗伯茨在 1992 年记述的。其中包含的两个医学名词大阴唇（labia majora）和小阴唇（labia minora）即使在医学之外也是常用词。在这两种鱼类物种之间确实有体型大小的差异，然而不清楚命名者是否在这两个物种记述中有意加入这种明显的性暗示。无论看起来多么明显，这种暗示始终是不确定的推测。关于这些名称还有一个注解：在比较种名（*labeamajor* 和 *labeaminor*）和它们的解剖学标签（labia majora 和 minora）的时候，语言上的差异表明这些动物学名称的构建不正确。至少元音字母 e 在物种的种名中是绝对错误的，因为这个名称的基础是 labium——拉丁文的"唇"——这个词根用于第一名称组分的是 labi-。而在 labea 一词结尾的这个 –a 表示复数，这与 major 和 minor 二词的单数形式相矛盾。除非泰森·罗伯茨当时想的完全是别的什么东西，否则这个名称的构建就是错误的。

有许多名称与 phallus（阴茎）组合在一起。Brachyphallus（暗示短阴茎）是在鱼体内的一种寄生性扁虫。在蝇和甲虫的不同的科里，种名 *Pachyphallus*（暗示大阴茎）都有使用。2003 年，法国昆虫学家玛丽 – 特雷泽·查萨格纳德和列奥尼达斯·萨卡斯将一种果蝇命名为 *Cacoxenus pachyphallus*，并且在同一篇文章中，他们还记述了 *Cacoxenus campsiphallus*（意为小盒子阴茎）和 *Cacoxenus oxyphallus*（尖阴茎）。

Colymbosathon ecplecticos 是一种介形虫化石，由大卫·J. 西维特尔和他的同事于 2003 年发表在《科学》杂志上。白垩纪甲壳纲动物是从志留纪开始在英国出现的，迄今已有 4.25 亿年的历史。这种化石的价值在于其软组织的保存是否良好，以及它们和今天的甲壳纲物种之间有多相似。这个名称是来自希腊单词 kolymbos，意思是游泳者，sathon 是指有大阴茎的人，而 ekplektikos 的意思是神奇。因此，这种介形虫就是一种有大阴茎的神奇游泳者。随着这篇文章的发表，大众媒体吹捧这一发现为"世界上最早的阴茎"。

对于分类学家们享受的各种类型的创作自由而言，有些人的看法已经和国际动物命名委员会的看法相去甚远。虽然委员会在对待其他一些名称时表明了某些弹性态度，但是当面临迪波夫斯基和他那些 1000 米长的西伯利亚甲壳纲物种名称的时候，他们很难接受，并作出了最严厉的裁定。而这种裁定发生在一位有奉献精神且广受尊重的物种记述者身上。

迪波夫斯基最重要的著作，即他想要在生命终止前完成他对钩虾分类的观点归纳和总结，但被委员会全盘废止了。不是单个的名称，而是整部书籍被废止了。这对于这位 93 岁高龄的科学家无疑是沉重的打击。作为一名在西伯利亚的流放人员，他曾经历尽艰辛才在严酷的流放状况下对贝加尔湖的甲壳纲物种进行了研究。委员会对他这部著作的全盘否定破坏了他以数十年科学工作成就累积的声望，使他这个人被固化为一个鲁莽变态的分类学家。虽然迪波夫斯基有丰富的经验足以使他知道分类法规则不会允许临时性名称这样的权宜之计，但是这与这些名称是否真的只是临时性的名称无关。公平地讲，迪波夫斯基的这些名称有明显的俄国和波兰的痕迹，对于他在英美世界的同行们而言是一种挑战，而且要废止这部作品的建议是来自美国。不客气地说，他的运气真是糟透了。虽然迪波夫斯基的确没有能够满足《命名规约》中关于易于交流记忆的严苛规定，但是后来的那些在语言上对规则的挑战并不小多少的名称，却都通过了审核而没有遭遇什么抱怨。如果玛丽·拉斯本对国际钩虾研究领域的自愿代表哪怕只表示出最细微的一点宽容，迪波夫斯基都有可能已经保住了他毕生工作的光荣时刻，而不是在他的晚年忍受深重枷锁般的耻辱；而今天的自然博物馆的甲壳纲收藏可能就会需要大量超长的标签了。

Serranus goliath Peters，1855 的骨骼正模标本的一部分。这个名称是 *Epinephelus lanceolatus*（Bloch，1790）的一个同种异名，即原生于印度洋 – 太平洋地区的鞍带石斑鱼。柏林自然博物馆藏，本书作者拍摄。

第六章 "我要以我爱妻的名字命名这种甲虫"

在 19 世纪上半叶，电报技术使得经过编码的字母和其他符号可以进行电子传输，这一技术已经发展到了信息可以安全地送往越来越远的地方。1836 年，卡尔·奥古斯特·冯·斯坦霍尔依然在试验 5 千米的传输距离，到了 1850 年，英国工程师和科学家们已经开始在大不列颠和美国之间架设一条电缆，寻求系统性的发展。在大西洋底铺设一条 4500 千米长的电缆在当时是最巨大的技术挑战之一：不仅因为这一过程的投入和费用极为高昂，而且没有人知道电子信号是否能够被传送到这么远的地方。在两次失败的尝试之后，1858 年，终于在爱尔兰和纽芬兰之间成功铺设了一条电缆。全球轰动！在 1858 年 8 月，虽然有几次小波折，但是英国维多利亚女王和美国总统詹姆斯·布坎南可以向对方发送电报祝贺了。

这条大西洋海底电缆一开始，并没有实现其愿景。来自维多利亚女王的信息虽然只有 103 个字，但是却花费了 16 个小时才从爱尔兰电报局抵达纽芬兰的目的地。就在投入使用一个月后，这条电缆就因为套管受损而将电缆的核心部分暴露在海水的巨大力量之下而无法正常使用。直到 1866 年，在投入了巨大的成本和努力之后，人们终于可以在爱尔兰和纽芬兰之间建立起永久性的电报连接了。

这样一项雄心勃勃的工程的成功是有无数因素夹杂其中的，其中大量的因素在当时尚未完全明了。例如，在海底这么深的地方其化学和物理条件如何，包括海床的特征都知之甚少。1857 年，为了解决这些问题，英国海军部派出皇家海军独眼巨人号，在约瑟夫·戴曼的指挥下，对预计铺设海底电缆的海域的海床进行研究和测量，这一海域被称为"电报高原"。独眼巨人号收集了海底沉积物的样品，陆续发送到动物学家托马斯·亨利·赫胥黎的手中进行鉴定，并记述可能存在的动物物种。戴曼负责监管这些样品的研究。在 1868 年他总结这次探险的报告中，他提到了令人震惊的观察结果：几乎所有沉积物样品中都含有显微镜下可见的、极具特点的圆形小片，它们会在酸中溶解，而且在外观上看无疑是无机物。戴曼将这些微小的东西称为颗石（coccolith）。这就为赫胥黎对北大西洋的淤泥进行研究提供了背景。

托马斯·亨利·赫胥黎是 19 世纪科学界的领军人物。1846 年，21 岁的赫胥黎加入皇家海军响尾蛇号，作为随船医生对新几内亚和澳大利亚进行了为期 4 年的考察，在此期间他进行了广泛的海洋地理研究。他是一位既有天赋的演说家和作家，也是达尔文的进化论的支持者。他强有力的主张，包括他在 1863 年出版的《人类在自然界的位置》一书——更不要说他和牛津主教塞缪尔·威尔伯福斯的公开争执——使他获得了"达尔文的斗犬"的绰号。赫胥黎是生物学家和联合国教科文组织首任秘书长朱利安·赫胥黎和《美丽新世界》的作者奥尔德斯·赫胥黎的祖父。

那个时代最具挑战性的科学问题之一就是生命是如何从无机物中涌现出来的。恩斯特·海克尔是达尔文在德国的最重要的支持者，也是赫胥黎的亲密伙伴，他假定绝大多数原始的生命体都是原生质构成的完全同质的、没有结构的有机体，而这种原生质则是未分化的细胞质。海克尔将这种原始的生命体称为"无核原虫类（monera）"，用以填补进化论中一个令人不快的缺口，即无机物质和最简单的已知生命形态之间的缺口。因此，证明无核原虫类的存在就成了达尔文主义者自19世纪中叶以来最大的梦想。

根据独眼巨人号采到的沉积物样品来看，赫胥黎从中找到了丰富的信息。几乎在每一份样品中，他都发现了凝胶状物质，其中戴曼所说的颗石悬浮在其中，仿佛是美国吉露果冻中的水果切片。赫胥黎认为他已经成功地终结了全世界对无核原虫类的搜寻。他将他的这一发现事无巨细地发表在1868年的论著中。为了向海克尔的预测表示敬意，赫胥黎将他发现的这种无核原虫命名为海克尔深水虫，即 *Bathybius haeckelii*。他首先想到的是给海克尔寄去同名出版物，并附上一封信，希望海克尔不要为他的新的教子而有所惭愧。在回复中，海克尔明确表示他对此感到"非常光荣"，并且还在结尾处赞美道："无核原虫万岁！"

在接下来的数年中，*Bathybius haeckelii* 的存在不断地在各个地方得到不同科学家的证实。海克尔进一步发展了他的无核原虫理论，并且认为从海平面下1500米的深度开始，整个海床都被奇形怪状的 *Bathybius* 所覆盖。赫胥黎也提出，"海床上有生物浮渣或者薄膜，蔓延到成千上万平方英里的地方"，这是对地球上最简单，因此也是最古老的生命形式的描绘。

可疑的血统

海克尔享受着在公开演讲和大众科学论争中成为中心人物的感觉，而且无疑他对这种公开致敬的奉承也很欢迎。谁又不是呢？这不是那些寻常的生物学发现，只有科学家知道，而大众几乎不会关心。这就是原生汤（primordial soup）本身，是所有生命的起源，是著名的海克尔所预测的原生质，是整个世界翘首期盼的发现。还有谁比海克尔更配得上获得这一光荣的发现和对他理论的确证呢？忽然之间，每个人都在谈论

Bathybius haeckelii 以及和它同名的那个人。

很多人都为今天尚未发现的百万计的植物和动物物种感到惊讶，而且每年都会在全世界发现数千个新物种。大多数人都在考虑用人名来为这些物种命名：这种误解广为流传，好像科学家们撰写这些物种描述就只是为了能够以他们自己的名字为这些物种命名。虽然命名法规则中没有严格的限制，但是这种做法是一种不合时宜的哗众取宠，而且也很不常见。相反，来自人名的物种名称往往都是为了纪念他人而非物种记述者本人，当然，在这种纪念的背后的动机和想法会有所不同。表示这种名称的另一个术语是父名（patronym），这个词并不完全准确，因为父名的字面意思是以父亲的名字命名物种（通常都是使用父亲的名），可能会趋于一致。这在一些语言中是通过既定的前缀或者后缀实现的，比如 Klaus Johansson 的意思是 Klaus，son of Johann（约翰之子克劳斯）。随着以父名命名的物种名称的增多，这种模式可以在德语的姓氏中看到，比如 Pauli、Wilhelmi 和 Caspari，其中很多都是起源于中世纪。比如，通过追溯拉丁化的词缀 –us，我们可以知道 Paul 这个名称是来源于拉丁形式 Paulus。在属格中，Paulus 变成了 Pauli，并表示拥有权或者成员身份，起到属格的作用。所以 Andreas Pauli 的字面意思就是 the Andreas of Paul 或者 Paul's Andreas。许多由人名形成的物种名称都是以这种方式制造出来的。

根据人名创造动物名称要遵循一些简单的规则。如前所述，大多数此类名称在属格中都是实词，表明一种所有权，比如 Pauli 和 Caspari。它们是根据标准的拉丁语法形成的，加上后缀 –us 为男性，后缀 –a 为女性。根据拉丁文的词尾变化规则，这些词尾就会变成属格，男性中 –i 表示单数，–orum 表示复数，女性中 –ae 表示单数，–arum 表示复数。

黄爪隼 *Falco naumanni* 是以鸟类学家约翰·弗雷德里希·瑙曼命名的，而埃莉氏隼是以撒丁岛统治者和英雄 Eleonora d'Arborea 的名字命名的，其科学名称为 *Falco eleonorae*。

作为属中的实词，这些名称具有和语言学中的父名相同的意思。*Falco naumanni* 的字面意思是瑙曼之隼。这种为纪念个人而创造名称的基本原则可以用于个人生活中的人名。名字中的 johni 指代 John，matthewi 指代 Matthew，dorisae 指代 Doris，miriamae 指代 Miriam，elizabethae 指代 Elizabeth。姓的规则也是一样：一个男性的姓是 Smith 变成 smithi，女性的则是 smithae，Schmidt 变成 schmidti 和 schmidtae，Bohart 变成 boharti 和 bohartae。这在以辅音字母结尾的名称里都毫无问题。如果名称是以元音字母结尾，那么还要注意一些特例。如果名称是起源于古代语言，并且是以拉丁音节结尾，比如 –us 或者 –a 结尾，它们都按照拉丁结尾处理。这就是说这些结尾的后面不会再加上新的词尾。比如一些名字，Lisa 就变成 lisae，Nikolaus 是 nikolai，Fabricius 是 fabricii，Linnaeus 是 linnaei。《命名规约》中还允许看起来是拉丁名的名称按照现代名称处理：一个有拉丁文一样的词尾的名称首先会添加上一个拉丁词尾，然后改变其属格。因此 Fabricius 就会变成 fabriciusi——这是可能的，但不常见。

在处理一个语法性别与这个名称指代的人的性别不一致的名称时，有两种办法可以用于此类名称的创造。例如，有几种昆虫物种名为 *podae*，是以昆虫学家尼古拉斯·波达·冯·诺伊豪斯命名的，虽然尼古拉斯是一个男性名称，但这些物种名称却以阴性属格结尾，因为波达（Poda）是被当作古代名称处理的。另一种办法是，将 Poda 视作一个现代名称，这个时候它就可以变成 podai。

在所有的生物名称中，那些勇于纪念单个人的名称不会含有特殊符号，比如那些在普通的人名中常见的重音符号和省略号。由于特殊符号是对标准字母的修饰，所以就对几乎所有此类情况按照简单的规则处理——将特殊符号去掉，只留下未经改变的标准字母。这样一来，O'Neill 就变成了 oneilli，Sjöberg 是 sjobergi，D'Urville 是 durvillei，Méneville 是 menvillei。对于德语中的元音变音还有一个特殊的规则，这一规则在 1985 年变成用小写字母代替，那年颁布了《命名规约》的第 3 版。在这一年之前发表的名称用基本字母代替元音变音，并加上字母 -e。在 1985 年之前的 Müller 写为 muelleri，而从那年开始，就要写成 mulleri。这些强制的改变在命名法中没有什么效果。

但是还存在着大量的特殊情况。比如，Dr. 和其他的荣誉头衔通常是舍弃的，而带有 saints 的名称都以拉丁文的方式书写。St. John 因此就变成了 sanctijohanni，St. Catherine 会变成 sanctaecatharinae。Mc、Mac 或者 M' 都标准化为"Mac"，放在名称中就写成 macdonaldi。前缀如 von、van、von der、van der、de、la 等，通常都会在实际名称中有这些前缀且是一个单词的时候才保留下来：例如 Vanderbilt，就会变成 vanderbilti。名称的作者依然有权力进行选择——胡峰研究者 van der Vecht 和 de Beaumont 命名物种就可以写成 *vandervechti* 或者 *vechti*，以及 *debeaumonti* 或者 *beaumonti*。

最后，个人的名称也可以用作前缀。在这类情况下，它们是按照实词进行处理的，既不会被去掉，也不会进行调整以适应属名的语法性别。它们就是不经变化而简单地"添加到"属名后面，和同位语的基本功能相同。一个例子是明仁扁眼 *Platygobiopsis* Akihito，这是以日本天皇和卓越的鱼类学家，即明仁天皇（Akihito）的名字命名的一种鱼。此类名称实际上是相当常见的，而且虽然命名法规则明确允许此类名称出现，但是并不鼓励这种用法。这是因为当属名并非根据一个种名而来的时候，通常都会使用作者的名字。在 *Platygobiopsis* 这个例子中，作者维克托·G. 斯普林格和约翰·E. 兰德尔是在 1992 年共同记述这个属的，而且在一份属名列表中，他们的这项成果会写成 *Platygobiopsis* Spinger & Randall, 1992。在与同位语种名组成的 *Platygobiopsis* Akihito 这个科学名称中，你可能会产生是明仁天皇记述了这个属的印象，特别是当这个组合没有将种名写成斜体的 akihito 并且还以大写字母开头的时候就更会有这种感觉。在博物馆的日常工作中，很容易出现没有写成斜体的情况，不管是手写的记录还是电子数据库中都有这样的情况发生。为了避免任何可能的混淆，《命名规约》就建议避免使用来源于人名的同位语名称。根据这一建议，明仁扁眼的种名写为 *akihitoi* 更好，但是这并不是当初发表的时候所用的名称。因此，*Platygobiopsis* Akihito 就保留为正确的原始写法了。

有很多原因使得人们用人名为物种命名。最典型的出发点是要称赞或者感谢某个人，而且可以说，大多数此类名称都是源于作者想要感谢支持这个研究项目、提供了研究材料或类似帮助的人。

除了表达感激之情，这些名称常常用来传递其他更多的信息。例如，一个名称的选择可以是用来表示和一位杰出的同僚或者捐赠者的密切关系——或者是任意的熟悉程度，这可能会获得同伴的敬畏，甚或嫉妒。通过精心选择有影响力的人物，一位科学家就能够和公众之间建立起重要的联系，从而在某个特定社交网络中获得一席之地。财政支持者、捐赠人和资助者通常都乐于看到他们自己的名字被用于物种的命名，这可能会让他们愿意表现出进一步的慷慨。

个人原因也会成为新名称背后的动机。家庭成员、私人支持者、喜欢的神话形象、童话、书籍或者电影、受爱戴的艺术家、历史人物——有无穷无尽的可能成为生物名称的来源。

选择一个既定名称的原因，会在物种描述中称为语源学或名称来源这一部分中进行说明。这样一来，出版物中的这一部分内容就会涉及一个名称的真实的语源学或者语言学中的来历。虽然命名法规则只是建议而不是要求有这样的解释，但是这在今天是常见做法，而且许多科学杂志有要求提供这些内容的相关规定。除了要提供这些名称各个组成部分的语言学解释，这些名称的语言学起源，以及它们的词性和语法形式这些内容，是要作者说明他们以自己的方式选择这些名称的科学原因或者个人的原因。这是通过分类学名称与永久的形象建立纽带的原因之一。通过描述性的或者地理性的名称表现出来的动机一般都很明显，而且至少是对包含在这个物种名称中的一些信息的假设。这种情况一般不会是个人名称的直接证据，但是它们的真实起源在读完原始的描述之前常常是不太明朗的。对我在分类学中的同僚的一项非正式的调查表明，当他们在阅读一篇新的论文时，一看到致谢部分，就会带着极大的兴趣阅读语源学的那部分内容。因此，一份物种记述的语源学部分并非只是一个语言学上的解释，它还是社交媒体和八卦专栏的混合体。

向政治人物或者大众明星致敬的 VIP 名称的效用，有赖于这些人的知名度，而不仅仅会被他们的业内人士注意并看到。在今天的分类学中，这种情况更明显。选择一个名称的时候，许多科学家都在算计和筹划公众对一个 T. Major 分类学研究机构的影响，例如自然博物馆；借助目标受众的网络活动和其他有大量公众关注的大众媒体渠道来增加物种名称的知名度。虽然此类逸闻性质的名称选择的实际广告效应难以计量，但是分类学家们都同意，这是一种将大众的注意力吸引到大量尚未记述的物种和分类学研究领域上的一种办法。

对于这种在创造父名的背后错综交织的原因有一个很好的例子，就是来自东南亚的各种新发现的高脚蜘蛛的相关记述，这是由彼得·雅格经历许多年发表的成果。雅格是一位国际知名的蜘蛛研究专家，他在位于法兰克福的森肯贝格自然博物馆工作。他已经命名了大约 260 种蜘蛛，其中大部分都是他在亚洲发现的。截至 2013 年，有 14 个物种被冠以 VIP 名称——这是雅格在他广为人知的"蛛网膜博客"中提到的。另有 12 种蜘蛛的名称是暗指人口过剩，以及 81 种是以或多或少为大众所知的人物命名的。*Heteropoda davidbowie* 和 *Pesudopoda amelia* 是两个 VIP 名称，其他一些则献给了德国的演员和笑星。*Heteropoda davidbowie* 是一种在东南亚发现的蜘蛛，以英国歌手、词曲作者和演员大卫·鲍伊的名字命名，而在中国发现的一种高脚蜘蛛 *Pesudopoda amelia* 则让人们想起 2001 年上映的法国电影《天使艾米丽》中的主人公。雅格将那 12 个暗示人口过剩的名称视为一种政治表达，强调由人口过剩带来的生态问题。对于懂德语的人们来说，*Heteropoda zuviele*（zu viele 的意思是太多）这个名称很容易理解。*Heteropoda duan* 在老挝语中的意思是紧急，雅格想要通过这个名称呼吁对自然栖居地未加抑制的破坏活动要尽快采取措施。*Heteropoda laai* 也是来自老挝语，意为很多。*Heteropoda homstu* 是 *Homo stultus* 的缩写，即愚蠢的人类，雅格也将这个种名解读为疯子或者笨蛋，再次表明由人类导致的环境破坏正在反噬人类自己赖以生存的基础。*Heteropoda opo* 来自"OverPOpulation（人口过剩）"。*Heteropoda duo* 并不是来自拉丁文中表示 2 的形容词，而是来自中文里表示太多的汉语拼音。最后一个是 *Heteropoda hippie*，是对嬉皮运动的肯定和对雄性蜘蛛腿上的长毛的注解。

　　除了极不寻常的名称，雅格的语言构建也是值得一提的。大多数艺术家的名称都是作为同位语使用的，也就是说他们的名称是直接加在属名后面而没有改动的。雅格丢弃了《命名规约》中不要将人名用作同位语的建议。这里给出的例子完全没有问题，因为几乎没有人会把大卫·鲍伊当成是巨蜘蛛属（*Heteropoda*）的命名者，至少现在，知道这是一位艺术家的人依然很多，不会产生误解。在 *Heteropoda zuviele*、*H.duan*、*H.laai*、*H.homstu* 这些名称中，雅格忽视了《命名规约》的另一个建议，也就是对于科学名称来说，应该避免在原始记述中使用方言术语，而要将这些词汇拉丁化。当然，这也只是一个建议，雅格的这些名称在官方表述中没有问题。

　　然而是什么原因使雅格选用了这些引人注意、不同寻常的名称呢？当然是因为这些创造性的命名仪式是很有意思的，但是原因还不止这一点。在 *Heteropoda zuviele*、*H.duan*、*H.laai*、*H.homstu* 这些名称中的政治表述不言自明。作为一名专门在东南亚进行研究的生物学家，雅格亲眼目睹了高脚蜘蛛的热带栖居地迅速消失。通过一个物种名称的方式传递政治信息当然不是一种传统的做法，其风险是这层意思不会被专业人士之外的任何人理解甚至注意到，而专家们对上述的环境问题已经有所关注。一个物种名称所包含的意思在语言上的解释就是这样，德语、汉语和老挝语的使用体现了更进一层的名称解码，这一过程意味着名称使用者要为语言追溯付出不少的努力。*Heteropoda homstu* 就是一个极端的例子：它的政治内涵超出了一般人的认知，隐藏在好几个层次之下（环境破坏—愚蠢—翻译成拉丁文—缩写—单独音节的合并）。因为大多数读者只能借助原始记述的补充说明去解释理解雅格隐藏在这些名称中的政治主张，所以它们能够发挥出的直接政治影响是有限的。

可是为什么雅格要用你可能觉得并不了解的音乐人和艺术家的名字来命名他的蜘蛛呢？在语源学上的相关解释绝对值得一读。例如，在对 *Heteropoda davidbowie* 的语源学说明中，雅格写道："这个物种名称是为了纪念摇滚歌手大卫·鲍伊，他是著名专辑《齐格·星尘和火星蜘蛛的起落》（*The Rise and Fall of Ziggy Stardust and the Spiders from Mars*）的作者，并且是《玻璃蜘蛛》这些歌曲的演唱者；鲍伊在他音乐生涯的早期曾在前额上涂过这个新物种头部的油彩图案，而且这些歌曲中的力量、创造力和开明思想启迪了本人的灵感。"至于 *Heteropoda ninahagen*，是以德国朋克教母尼娜·哈根命名的，雅格在文章中说："这个物种以德国摇滚和朋克歌手尼娜·哈根命名，她在很多年中以其独树一帜的歌曲和歌词给予本人灵感，这些作品就和新发现的物种中的 RTA 一样不同凡响；RTA 是同位语中的一个实词。"读者不仅可以知道雅格很长时间以来都是尼娜·哈根的乐迷，而且还会发现她的词曲创作已经和新物种的 RTA 的形式比肩了。RTA 是指后侧胫骨隆起（Retrolateral Tibial Apophysis），这一特征是雄性蜘蛛生殖器官的一个特有结构。RTA 和其他的雄性生殖结构一样都很复杂，而且往往会成为物种鉴定的参照物。因此，雅格说尼娜·哈根的词曲和 *Heteropoda* 这个属中的新物种的雄性生殖器官一样不同凡响。这真是令人震惊的比较！

雅格通过这些物种名称的选择，融入了当前时代的新趋势。说到名称选择的自由，现在流行的是使用吸引眼球的绰号。分类学中的物种记述基本上是为专业人士服务的。这个领域中关系密切的同事要么对这一类动物感兴趣，要么对这些物种所在的地理区域感兴趣，只有这些人是带着兴趣（如果不是享受的话）阅读这些文章的。即使不是完全没有希望或者在有些例子中可能是没有意义，但是也更困难的是，将大众的注意力吸引到每年发现和记述的 1.8 万种新物种身上。然而选择公共关系友好型的名称能够让这些发现成为公众的焦点。对彼得·雅格命名的名称的在线搜索证明了这一点：有数百个新的新闻提醒、博客和宣传媒体报道了这些新的蜘蛛名称，这种关注度是蜘蛛依靠那些干涩的描述性名称从未获得过的。*Heteropoda davidbowie* 似乎对国际媒体来说特别有吸引力，因为在其发表之后，在谷歌上有超过 23 万次点击量。音乐杂志，包括《滚石》的德语版都报道了这个物种，而且雅格也于 2012 年在纽约举行的世界科学节上为观众们登台讲解了 *Heteropoda davidbowie*。以德国歌手命名的物种还没有这么大的影响力，即使林悟道的确在他的主页上提到了"他的"蜘蛛。

显然，这种媒体覆盖度为这些蜘蛛和雅格本人引来了人们的关注，而这些蜘蛛本来是他自己和法兰克福森肯贝格自然博物馆的兴趣所在。这样的关注并不是完全为了自己。值得赞扬的是，雅格利用他的采访时间，引起公众对世界上那些尚未发现的大量物种、生物多样性的困境以及栖居地消失的威胁（特别是热带地区）的关注。

至于政治效果，这种命名的技巧所包含的不仅是名称的质量——即当人们听到这个名字的时候，信息需要一个信息载体而不仅仅是一个古怪的媒体。一个多姿多彩的名称比如 *Heteropoda davidbowie* 当然能够吸引人们的目光，但是更深刻的政治冲击需要雅格持续的努力，以及有能力激发出版机构进一步报道科学研究。

就事实而言，棘手的环境问题并不会通过每年记述 1.8 万个新的大卫·鲍伊蜘蛛或者弗雷迪·墨丘利（英国皇后乐队的主唱——译者注）豆娘而得到解决。然而，产生大量的源于明星的名称也不会有任何损害；大多数分类学家更愿意避开镁光灯，而且很多分类学家都对此类媒体友好型的名称报以轻蔑的态度，认为它们既华而不实，又轻率无礼。因此，我们仍可以期望大多数新近记述的物种继续以传统方式，根据特征、地理起源和捐赠人来进行命名。

雅格不是唯一使用音乐人和其他公众人物对新物种和其他分类单元命名的人。有同样做法的科学家名录会长达数页。虽然大多数以音乐人命名的物种名称只是表达了科学家们对于他们喜欢的艺术家的热情，但是有些这类名称却是根据物种和名人之间共有的既定特征而选定的。例如，一种南极的捕食性恐龙名为 Elvisaurus，这个名字的词头让人想起"猫王"埃尔维斯·普莱斯利的庞帕多发型。Elvisaurus 的命名者霍姆斯仅对这个名称做了非正式的介绍，而且根据命名法规则，这个名称被认为是裸名或无记述名（nomen nudum），即这个名称没有满足《命名规约》的要求。这个恐龙属的正确名称是冰脊龙属（*Cryolophosaurus*）。

一只信天翁（*Diomedea exulans* Linnaeus, 1758）的蛋，用铅笔做的标记。柏林自然博物馆藏。本书作者拍摄。

2013 年，以来自内布拉斯加大学林肯分校的古生物学家詹森·黑德为首的研究团队，将一种在缅甸始新世地层中发现的巨型食草蜥蜴命名为 *Barbaturex morrisoni*，以纪念吉米·莫里森（美国大门乐队的主唱——译者注）。其背后的原因并不只是对大门乐队音乐的热爱，还因为有一只蜥蜴曾经出现在他们的歌里："我是蜥蜴之王，我无所不能。"

更具批判性的关注来自一个在澳大利亚发现的马蝇科的新种，名为碧昂丝马蝇 *Scaptia*（*Plinthina*）*beyonceae* Lessard & Yeates, 2011。在语源学说明中，来自澳大利亚的命名者们简单地表示，他们只是为了表达对歌手碧昂丝·诺尔斯的尊敬，但是他们在几次采访中提供了更多的细节。这种马蝇的腹部有非常独特的金色尖端，这让两位命名者莱萨德和耶茨想起了碧昂丝身着一袭金色晚礼服时婀娜的背部曲线。莱萨德想让碧昂丝马蝇成为"蝇中永远的（歌剧）女主角"。碧昂丝马蝇受到了褒贬不一的评价，其中有些人看到了（格调低下的）性别歧视在作祟，这是又一个物种名称中有即使是最少量的性暗示也需要加以平衡的例子。

另一种虽然不普遍但也可供备选的可能性是将现代音乐人的名字翻译成与它对应的古典名称。其结果是会有一个科学而且严肃的名称，但是它的语源学信息往往会层层加密而超出正常认知的水平。一种名为 *Xanthosomnium froesei* Sime & Wahl, 2002 的姬蜂的属名是前卫摇滚乐队橘梦的古典化翻译。它的种名来自埃德加·弗洛伊斯，他在 1967 年组建了橘梦乐队。与之相似，一种名为 *Funkotriplogynium iagobadius* Seeman & Walter, 1997 的螨虫的种名，则来自放克乐传奇人物詹姆斯·布朗的姓名组合，即 iago（James）和 badius（Brown）。

一个乐队的某个成员也可以在种名中享受不朽，并在同一个属中与其他成员团聚在一起。例如乔纳森·阿德里安和格里高利·埃奇库姆用雷蒙斯乐队（*Mackenziurus johnnyi*、*M.joeyi*、*M.deedeei 和 M.ceejayi*）、性手枪乐队（*Arcticalymene viciousi*、*A.rotteni*、*A.jonesi*、*A.cooki* 和 *A.matlocki*）以及西蒙和加芬克尔（*Avalanchurus simoni 和 A.garfunkeli*）的名字命名了一些新的三叶虫物种。

除了得到很好展现的音乐人的世界，还有无数的物种名称是根据著名人物确定的。例如在 1996 年，一种海螺以网球冠军鲍里斯·贝克尔的名字被命名为 *Bufonaria borisbeckeri*，这种生物蜗牛一样缓慢的移动速度竟然和贝克尔的敏捷身手并列一处。这个名称的作者帕斯显然是想以这个名称向贝克尔致敬，他在语源学说明中说，这个名称是用于纪念"我眼中历史上最伟大的德国运动员"。喜剧演员的名称用起来也没有问题。雅格和其他人一样，也用一些喜剧演员的名字为蜘蛛命名，而且在这一类动物中有大量类似例子。1996 年，长足牤 *Campsicnemius charliechaplini* 以查理·卓别林的名字命名，其作者是尼尔·艾文修斯，命名原因是这种长足牤很容易因为中腿弯曲而死亡。有两种蝉，*Baeturia laureli* 和 "*Baeturia hardyi* de Boer，1996 是以双簧戏演员命名的。

作家和出版构成的世界已经得其应得。古怪的胡蜂研究者亚历山大·阿尔塞内·吉罗（我们会在第九章中详细介绍他），看起来在为澳大利亚胡蜂寻找各种属名的时候进入了文学领域：*Aligheria*（但丁）、*Carlyleia*（托马斯·卡莱尔）、*Emersonella*（沃尔多·艾默生）、*Goetheana*（约翰·沃尔夫冈·冯·歌德）、*Keatsia*（约翰·济慈）、*Plutarchia*（普鲁塔克）、*Richteria*（吉恩·里克特）和 *Shakespearia*（威廉·莎士比亚）。*Arthurdactylus conandoylensis* Frey&Martill，1994 是一种巴西翼龙的名字，是为了纪念亚瑟·柯南·道尔，让人想起他在 1912 年出版的小说《迷失的世界》，在这本书中探险队发现了能抵达南美丛林中一片与世隔绝的高原的路，他们是为了找到依然在那里生活着的翼龙和其他已经灭绝的生物。白垩纪时代的食草恐龙巧合角龙（*Serendipaceratops arthurcclarkei* Rich & Vickers-Rich，2003）是以科普作家亚瑟·C. 克拉克命名的，他描绘了人类在未来全都变成素食者的世界。一种现在濒危的北美棉尾兔亚种（*Sylvilagus palustris hefneri* Lazell），在 1984 年以《花花公子》杂志的创建人休·赫夫纳命名。这位命名者据说曾收到了《花花公子》的资金支持。

电影是又一个动物科学名称的常见来源。2002 年，昆虫学家特里·欧文以演员的名字命名了几种新发现的哥斯达黎加步甲。*Agra katewinsletae*（纪念凯特·温斯莱特在《泰坦尼克号》中的角色），还有 *Agra liv*（纪念丽芙·泰勒在《大决战》中的角色），这两个名称都与大灾难联系在一起，并引起人们对这些物种的栖居地受到的人类活动或自然灾害的威胁的警惕。与此同时，*Agra schwarzeneggeri* 也出现在同一篇文章里，这种步甲具有"显眼的肱二头肌一样的中腿腿节"，这是向阿诺德·施瓦辛格出众的身体特征致意。此外，还有什么比 *Coloborhynchus spielbergi* Veldmeijer，2003 这种以《侏罗纪公园》的导演史蒂芬·斯皮尔伯格的名字命名的翼龙更恰当的呢？

美国蛛形纲分类学家古斯塔沃·赫米加是奥森·威尔斯的铁杆支持者，这不是什么秘密，而且他对奥森的电影作品如数家珍。除了将一个属于 Linyphiidae 科的夏威夷蜘蛛的新的属命名为 *Orsonwelles* 之外，他还在物种名称中纪念了许多威尔斯最为人熟知的电影角色：*Orsonwelles othello*、*O. macbeth*、*O. falstaffius* 和 *O. calx*。其中，莎士比亚作品中的角色都容易辨认；而 calx 是拉丁文 limestone（石灰岩）的意思，是为了纪念威尔斯在影片《黑狱亡魂》中的角色哈里·利姆。对于这个属中的其他物种，赫米加使用了威尔斯电影的名称，并将这些名称进行了拉丁化：*Orsonwelles bellum*（拉丁文中的战争一词，为纪念《世界之战》）、*O. malus*（拉丁文中的魔鬼一词，纪念《历劫佳人》），以及 *O.polites*（希腊语公民一词，纪念《公民凯恩》）。

在美国东南部交织的水网中，史蒂夫·莱曼和里克·梅登研究了密点镖鲈（*Etheostoma stigmaeum*），这是一种分布广泛而且色彩丰富的镖鲈。它们的遗传信息表明有些亚种群中的个体有显著的不同，足以将它们确定为单独的物种。他们在 2012 年记述了 5 种新发现的镖鲈，并以 4 位美国总统和一位副总统的名字为它们命名：*Etheostoma obama*、*E. gore*、*E. jimmycarter*、*E. teddyroosevelt* 和 *E. clinton*。这种命名策略证明了在吸引美国媒体的注意力方面是有效的，而且在很多采访中莱曼和梅登都提到，在他们的论文发表的时候，他们就已经详细说明了他们选择这些名称的原因，即为了表明这 5 位领导人在美国环境政策方面所取得的成就。

今天和林奈的时代一样，流行的物种名称来源就是古代神话传说。选择某个罗马或者希腊形象作为同名物的原因有很多，而且从 18 世纪到 19 世纪的出版物中经常不提供任何背景信息。这里有一小部分来源于希腊和罗马神话中最受人喜爱的名称。

鬼面天蛾属 *Acherontia* Laspeyres，1809 包含的物种有 *A.atropos*（Linnaeus，1758）、*A. lachesis*（Fabricius，1798）和 *A. styx*（Westwood，1847）。Acheron 和 Styx 是希腊神话中地下世界 5 条河流（冥河）中的两条，而 Atropos 和 Lachesis 是希腊的命运女神。*Aphrodita* Linnaeus，1758 是一种磷沙蚕，在德国海岸也可以找到它，这是一种分节的蠕虫，具有密集且闪光的刚毛。据说这种 7 ~ 10 厘米长，2 ~ 3 厘米宽的虫子的无毛且裸露的腹部让斯堪的纳维亚的海员们想到女人的生殖器。林奈喜欢使用有性暗示的名称，利用海员们的联想赋予磷沙蚕以希腊掌管爱、美和情欲的女神之名。白垩纪鲨鱼的属 *Damocles* Lund，1986 中的雄性成员具有一个从头到背部的醒目的结构。这个属的同名物为达摩克利斯，他是希腊神话中的一个人物，头顶上用一根马鬃悬着一柄剑。引人注目的中南美洲的哈佩雕 *Harpia harpyja*（Linnaeus，1758）可能是从一些神话生物相关的小说和传奇故事里取得了灵感。*Pegasus* Linnaeus，1758 是两个海蛾鱼的属之一。这些具有增大的像翅膀一样的胸鳍的底栖鱼是对希腊神话中长着翅膀的天马的回想。1758 年，林奈以太阳神赫利俄斯的儿子命名了鹲属 *Phaethon*，他公然驾乘他父亲的太阳战车进入天国。泰坦大天牛 *Titanus giganteus*（Linnaeus，1758）和长戟大兜虫 *Dynastes hercules*（Linnaeus，1758）是世界上最大的甲虫。这两个名称都是以希腊神话中的人物确定的，这两个人物，即泰坦和大力神以他们的身形和力量著称。

　　非起源于古典时代的天神和其他神话造物也是动物科学名称的常见来源。例如，*Lucifer* Döderlein，1882，这是一种深海鱼，所用的名称是《圣经》中用于形容恶魔的名字，其字面意思是带来光明的人，所以后来重命名为 *Photonectes*。*Beelzebufo* Evans，Jones & Krause，2008 是一个白垩纪时代的两栖动物的属名，作者意指来自地狱的蛙。这个名字是另一个恶魔的名字即堕落天使的意思，是一个多义词，在拉丁文中是指蟾蜍。*Murina beelzebub* 是一种于 2011 年在东南亚发现的管鼻蝠属蝙蝠的科学名称。*Mephisto* Tyler，1966 是一种和河豚有亲缘关系的长棘拟三棘鲀的属。*Moloch horridus* Gray，1841 是澳洲魔蜥，是一种棱蜥，以摩罗神为名，即约翰·弥尔顿在 1667 年出版的史诗《失乐园》中的一种魔鬼。*Anubis* Thomson，1864 是以埃及的死亡之神命名的一种天牛。Osiris（奥西里斯，埃及古代神话中的地狱判官）是一个特别流行的同名物，他掌管着来世、重生和尼罗河。一种新世界蜜蜂的属就叫 *Osiris*，有大约 24 个物种，但是竹节虫、蛾子和其他一些动物和植物类群也有用 *Osiris* 作为其种名的情况。

新世界的各种神祇也出现在科学名称中。风神翼龙（*Quetzalcoatlus northropi* Lawson,1975）就是以中美洲阿兹台克和玛雅的风神命名（属名）的，它的种名是为了纪念飞机工程师约翰·克鲁森·诺斯罗普而命名的，他的机翼设计依然是 B-2 隐形轰炸机的基础。

《指环王》在分类学家中也有相当多的拥趸，而且显然是托尔金的幻想世界和为他这个世界发明的语言成为了许多科学名称的素材。彼得·杰克逊在 2001—2003 年上映的《指环王》三部曲取得了巨大的成功，也给这套书籍带来了大量的拥趸和广泛的知名度。例如在 2013 年，一个国际胡蜂研究小组在费尔南德斯·特里亚纳和瓦尔德的带领下，在新西兰发现了一个小茧蜂科（Braconidae）的新属和 6 个新种，新西兰正是拍摄《指环王》电影的地方。这个新的属名为 *Shireplitis*，代表夏尔，是小说中霍比特人的故乡，新西兰为电影提供了外景地，也暗示了这些胡蜂在真实世界中的地理起源（词尾 –plitis 来自与该属形态上相似的另一个属 *Paroplitis*）。有 5 个新种以霍比特人的名字命名：*Shireplitis bilboi*，指比尔博·巴金斯，是寻找魔戒的人；*Shireplitis frodoi*，是佛罗多·巴金斯，他持有魔戒并要将其毁灭；*Shireplitis samwisei*，是指佛罗多最好的朋友和最忠实的伙伴山姆怀斯（山姆）·甘姆奇；还有 *Shireplitis peregrini* 和 *Shireplitis meriadoci* 代表同伴皮瑞格林·图克和玛利亚多克·布兰德巴克。第六个黄蜂新种是 *Shireplitis tolkieni*，是这些科学家们向这部史诗的作者"恭敬地致意"。

其他一些名称则是对托尔金错综复杂的知识体系的深度挖掘。在 1978 年发表在《进化论》杂志上的一篇文章中，美国古动物学家利·范·瓦伦描述了大量的史前哺乳动物化石，其中的科学名称表明他对托尔金发明的幻想中的精灵语的细致了解，包括对《精灵宝钻》这部在作者逝后出版的《指环王》的前传的参考。从中选择的物种名称包括 *Oxyprimus galadrielae*，以加布里埃尔命名，是辛达林这种精灵语里中土世界的精灵女首领。范·瓦伦没有提供关于这一名称选择背后的动因的相关信息。*Deltatherium durini* 是以都灵一世命名的，他是矮人族的国王，他发起建造了凯萨督姆壮阔的地下要塞，以此表明这个物种矮小的身形。*Chriacus calenancus* 是辛达林语中的绿色（calen）和下颌（anca）的组合，这件化石可能曾是一种食草动物。*Thangorodrim thalion*，其中 Thangorodrim 是指在《精灵宝钻》中出现的一座山顶城堡，表示这种动物是在山上发现的，其种名是辛达林语中强壮的意思。*Platymastus palantir* 以普兰提尔命名，这是费诺创造的七块"水晶石"之一，可以用它在时空中穿行预测，名称来自精灵语中的昆雅语。这个名称表示这个物种漫长的存在。*Platymastus mellon*，来自昆雅语中的朋友一词。Mellon 一词也是进入凯萨督姆西门的口令。在这个物种中，*mellon* 一词也指代 melon 以及希腊语中的 mellesis（犹豫、延迟）一词。混合而成的名称来自美洲印第安语，比如 *Ellipsodon yotankae*，来自拉科塔语中的坐牛（即部落首领）的名字 Tatanka Yotanka；以及来自印度教的经典名称 *Haplaletes andakupensis*，即在《薄伽梵往世书》第 5 卷中描述的 Andhakupa，是那些杀死了蚊子或者其他吸血昆虫的人要堕入的地狱。这个物种名称也是在指代这块化石的发现地，即蒙大拿州的炼狱山和它的近亲的发现地亚利桑那州大虫溪。

范·瓦伦最知名的成就是他在 1973 年提出的新进化法则（new evolutionary law），由此这一新的理论便成为了现代进化理论中不可或缺的一部分。这一假说认为对于每一个生物类群而言，其灭绝的风险是相同的，与这一生物类群已经存在的时间长短无关。对其灭绝风险有影响的因素就是对永恒变化着的环境条件持续不断的适应，并在这一环境中维持其已有的位置而不至绝灭。为了证明这一假说，范·瓦伦再次在幻想文学类的作品中找到了灵感，将这一假说用刘易斯·卡罗尔的《镜中奇遇》里的红皇后来命名，这位红皇后将她的王国中的自然法则解释为："在这里你必须明白，你要努力奔跑，才能停留在原处。"这个红皇后假说也已经应用于进化生物学的其他许多研究领域中，特别是在捕食者和猎物之间的进化军备竞赛、宿主和寄生虫等现象中，以及在解释性别选择的优势中有重要应用。

本章中的这些例子反映了一种在寻找科学名称时的富于想象力的方法，这是物种命名和记述过程中的点睛之笔。在大多数时候，用于向人物致敬的名称——无论是为赞美一位慷慨的资助人还是一个小说中的人物，通常都是为了表达对被命名的物种及其同名人的积极正向的感受。当然，也有一些例外。有时，想要将名称的赋予作为表达对某人的负面感受的平台，这种诱惑也令人难以抗拒。因为这是一种相当罕见且通常被科学家们反对的做法，你可以想象如果真有这种命名出现，那么名称作者和他们瞄准的同事、朋友或者亲属之间肯定是有严重的矛盾。可是坦白地讲，这种恶意名称的娱乐价值通常都非常高，而且科学界会带着巨大的兴趣来看待这些名称。一个名称的负面能量可以由诋毁这个名称本身的意义发散出去，或者也可以通过指代一个具有令人不快的特征的物种来消除这种消极的影响。

显而易见，化石战争应该在此类无礼的名称创造上达到了大师水平。1869年，奥斯尼尔·查尔斯·马尔什记述了一种海洋爬行动物的化石，将其命名为科普沧龙（*Mosasaurus copeanus*）。这个种名 *copeanus* 的第一部分无疑是指向他的死对头爱德华·德林克·科普。然而它的第二部分的意思就有些模糊不清了。拉丁词尾 –anus 可以用于将种名变成形容词，用来修饰前面的属名，比如用来描述一种友好关系或者一种联系。常见的例子包括 *montanus*，表示在山上的，例如在印度和斯里兰卡发现的臭鼩属的鼩鼱 *Suncus montanus*；还有 africanus，表示非洲，比如百子莲 *Agapanthus africanus*。这个词尾相当于英文中的 –an，比如将名词 Africa 变成形容词性的 African。在少数的一些情况下，词尾 –anus 也用于表达和某个个人之间的亲近关系。例如一种小茧蜂名为 *Xiphozele linneanus*，由荷兰昆虫学家凯斯·范·阿赫特贝格在2008年命名，以纪念林奈奠定的双名法建立250周年。在科普沧龙（*Mosasaurus copeanus*）一名中，马尔什显然将这个名称献给了他的同事科普。但是在这个例子中，你可能会希望有一个简单的属格建立在科普的名称之上，变成 copei，就像马尔什在其他许多化石名称中所做的那样。但他在这个种名中选择非常罕见的词尾 –anus（英文意为肛门）肯定不是一个意外，这个种名中包含的污秽（肛门与大便）的联系不可能被忽视。科普应该会敏锐地感到这个尤其生动的污名的效力，而对于这一领域中的其他人而言，这却是一件乐事。

这种嘲讽不会在科普那里无声地消失。从来没有人会让诽谤自己的人笑到最后，于是在1884年，科普将一种中新世的食草哺乳动物命名为 *Anisonchus cophater*。乍一看，种名 *cophater* 具有希腊语的来源，但是在给古生物学家亨利·F.奥斯本的一封信中，科普说他以诸位宿敌之名给这个物种命名：*cophater*，即 Cope Haters，怀恨于科普的人。科普的名字结尾处字母"e"的消失可能是为了让这个单词看起来有希腊语的样子，因为"ph"这个字母组合多少会对那些不明真相的人掩藏这一信息。所以，科普不是以侮对侮，而是选择了自嘲的方式来回应他的敌人。

还有更暧昧不清的希特勒甲虫（Hitler beetle）。1933 年，德国鞘翅目昆虫学家和土木工程师奥斯卡舍贝尔当时住在斯洛文尼亚的卢布尔雅那（后来成为南斯拉夫王国的一部分），他从斯洛文尼亚生物学家手里购买了几种未知的甲虫标本，它们是在采列市附近的山洞中被发现的。1937 年，舍贝尔在当时的《昆虫学报》上发表了一篇关于一种浅棕色步甲的记述文章，这种甲虫只有 5 毫米长，被命名为 *Anophthalmus hitleri*。在二战结束后，舍贝尔被指以希特勒的名字命名这种昆虫是企图颠覆的危险行为：毕竟，这是一种棕色的、瞎眼的、生活在人们视野之外的、不讨人喜欢的甲虫。这种辩解肯定会以原始描述进行放大，在原始描述中的最后一句话是："献给德意志帝国总理阿道夫·希特勒，以此表达我的敬意。"没有记录表明德意志帝国总理府对此有任何官方回应。

迄今为止，已经在斯洛文尼亚的好几个洞穴中发现了 *Anophthalmus hitleri*。特别是在 2000 年媒体发现和报道了这种希特勒甲虫之后，对于这个物种的兴趣又再次被点燃了。一件保存良好的 *Anophthalmus hitleri* 标本可以在收藏市场上卖出 2000 欧元的高价；当然，在竞价者中间，有一些人想要为他们的纳粹纪念品收藏添加一件藏品。对这种甲虫标本日益增多的需求已经引起了斯洛文尼亚政府的注意，当地已经将这种甲虫列为保护物种。尽管收集这些甲虫要有政府的许可，但是偷盗者仍在这些洞穴寻找，因为这是获利颇丰的额外收入来源。它的名称已经变成了一种诅咒：这种希特勒甲虫现在成了濒危物种。

至少还有一个物种是以希特勒的名字命名的：*Roechlingia hitleri*，这是一种古网翅目昆虫，是一个原始的化石昆虫类群。这个物种的化石是在 1934 年由德国地质学家和古生物学家保罗·古特罗记述的。到了 1949 年，昆虫学家赫尔曼·豪普特想要将这个属和另一个更古老的属合并在一起，并给这个物种重新命名为 *Scepasma europea*，因为他认为 *Roechlingia hitleri* 这个名称是一个无记述名，或称"裸名"，在没有更多信息的情况下不能被认为是一个有效名称。但是根据其他专业人士的意见，豪普特的这种阐述是不正确的，而结果是 *Roechlingia hitleri* 这个名称作为可用名称（而且也可能是有效名称）一直保留至今。

大量的研究显示没有更多的以希特勒命名的物种。这看起来有些出人意料，因为这种献礼表忠心的方式可以确证至少在 1933—1945 年之间，对于德国科学家而言是一个很好的权宜之计。没有证据说明德国分类学家们应该通过保持中立来避免此类有政治暗示的名称选择。最可信的解释是当计划以希特勒作为物种名称的时候，应该有元首（通过德意志帝国总理府传达）的许可，不管是出于尊敬还是出于对潜在后果的担忧。例如，1933 年，一位玫瑰培育人员向帝国总理府提交了一份书面请求，想要获得元首的许可，将他最好的玫瑰品种以希特勒之名推向国际市场。相似的情况还有一个来自石勒苏益格—霍尔施坦因地区的苗圃主人希望将一种珍贵的草莓品种命名为希特勒草莓；这位苗圃主人补充说，他们的产品目录上已经有了兴登堡草莓。在对这两个请求的回复中，总理府的长官汉斯·海因里希·拉莫斯发出了几乎一样的回信，信中告知申请方："谨慎起见，（帝国总理府）要求最好不要使用总理的名称。"虽然在分类学中没有此类信件记录，但是可以想象得到所有以希特勒命名的请求都以相似的方式被拒绝了。也许这种对荣誉名称的原则性的排斥正是很

少有 *hitleri* 这一种名存在的原因。

值得注意的是从 1933 年开始，德国登记处收到大量的新生儿起名申请，这些父母希望以希特勒作为他们孩子的名字（指 first name，不包含姓氏——译者注），无论是其原来的形式（即 Hitler），还是女性化的 Hitlerine 或者 Hitlerike 都有申请。德意志帝国内政部向注册员和代理人员直接发出明令，要求他们向所有申请者建议另选名字。如今，人们经常公开讨论，以独裁者、谋杀犯及其他同类名称命名的动物物种是否应该改名。《国际动物命名法规》中的表述是，不能出现"可能会造成任何原因的冒犯"的名称。从技术角度讲，虽然这些规定如此建议，但它们并不是在"强制要求"按此行事。这里的细微差别意义重大：因为这些名称已经成功公开发表了，所以不可能任由后来的命名者简单地改变这些名称。唯一可行的方法是向命名法委员会提交一份正式的上诉，但目前还没有人这样做。不太可能有人会这样做：当事态严重的时候，分类学家、环保组织和斯洛文尼亚的鞘翅目昆虫学家从这种污名中所得到的利大于弊，即使对这个受伤害的甲虫物种而言，也是利大于弊。一方面，*Anophthalmus hitleri* 是一份将政治和分类学交织在一起的历史档案。另一方面，通过这种令人难堪的暗示，这种甲虫引起了公众对于生物多样性的发现和科学命名的背景的兴趣。因此，*hitleri* 这个名称可能会在生命的目录中保留下去，它的意义在于这是由政治暗示所假定的历史轶事，而这种政治暗示和奥斯卡·舍贝尔当初的想法相比已经有了巨大的不同。

让我们回到 *Bathybius haeckelii*（海克尔深水虫），关于海克尔曾经提出的无核原虫理论，他和赫胥黎相信这些原始生命以原生汤的方式覆盖着整个海床。它的受关注度转瞬即逝，而且到了 19 世纪 70 年代，即使海克尔本人的名望也不再因为 Bathybius（无核原虫）而有任何提升。在赫胥黎的原始记述出版之后，英国动物学家查尔斯·威维尔·汤姆森很快就检测了来自大西洋深处的几个样品，并且欢欣鼓舞地报道说这些沉积物真的是活的。从 1872 年开始，汤姆森领导了"挑战者号"远洋探险，这是一次在皇家海军的护卫舰上进行的历时三年半的深海探险。这次远征被誉为海洋科学研究建立过程中的分水岭（也是现代海洋学的开端——译者注）。汤姆森和船上的其他科学家并没有在北大西洋海床的样品中发现鲜活的原生汤。这种深海的烂泥中确实含有生命，但是没有 Bathybius 的迹象。清晰的认识逐渐显现出来：在新鲜的样品中加入酒精后，沉积物样品中才会出现 Bathybius。高浓度的酒精长期以来都用于处理天然标本，而且现在也依然是保存植物和动物的方法之一。当在深海沉积物中加入酒精的时候，Bathybius 是明显可见的，但是在检测新鲜样品的时候，它们就不见了。船上的化学家最终确定了，在深海样品中加入酒精会导致硫酸钙的沉淀，这就解释了淤泥中的物质到底是什么。Bathybius 的存在之前就受到柏林的动物学家克里斯蒂安·格特弗雷德·艾伦贝格的质疑，现在被证明是一个错误，是深海中的无机物制造的一种错觉。转瞬之间，海克尔、赫胥黎以及整个世界曾经想象的被原生汤所覆盖的海底——有生命脉动的黏稠的网跨越整个地球，从无生命的物质中涌现出生命的理论的光辉景象，到头来不过只是试管中一个简单的化学反应的结果。多么遗憾！

汤姆森多年来一直向赫胥黎提供来自"挑战者号"的渔网里最具异域特色的深海鱼类和其他动物样品，他感觉到这个发现可能会快速传遍世界并且让赫胥黎的声望受损。当他还在昆士兰的时候，他就给赫胥黎写了一封私信，在信中汤姆森说赫胥黎—海克尔的原生汤的真正本质已经被发现了，而且他——即赫胥黎最好在这个问题上选择合适的立场。赫胥黎迅速做出反应。他曾在创建《自然》这份至今仍享有盛誉的科学期刊的过程中起到了决定性的作用，而且他和当时的出版商诺曼·洛克伊尔关系密切。在给洛克伊尔的一封信中，赫胥黎伤心地说："我那可怜的 Bathybius（无核原虫）看起来可能要变成 Blunderibus（有恶名之物）了。"赫胥黎赞成将汤姆森给他的信在 1875 年的《自然》杂志上刊登出来，并且明确表示承担"将一种奇异的物质引入生命名录"的责任。来自他的批评者的声音随即传来，他们咒骂赫胥黎有恶毒的意图——这对于一位科学家而言尤其恶劣，或者认为他是在自欺欺人。虽然赫胥黎在 1875 年公开承认了自己的错误，但是他继续在他的讲座和出版物中提及 Bathybius，至少一直到 1879 年才停止。关于是否还有某些物质存在能证明海洋原生物的观点的疑问依然还在。1886 年，德国动物学家休伯特·路德维希在第 3 版的《约翰尼斯·勒尼斯博士的动物学大纲》中收录了海克尔深水虫 Bathybius haeckelii。虽然路德维希引用了"挑战者号"的发现，说 Bathybius 是一种硫酸盐沉积物，但是他继续写道，在北极地区 170 米左右的水下发现了"像无核原虫一样的原生质"，这种物质具有一种伪足构成的网——是单细胞生物易变的突触，而且像阿米巴虫一样移动。但是这一发现在寻找原生汤的研究中也走到了末路。

它的命运有了定论，海克尔承认 Bathybius 已经成了一个失败的说法。然而，他坚持认为他的无核原虫理论依然是真实的，而且无核原虫—原生汤迟早会被发现。他的无核原虫门（phylum）后来被提升为界（kingdom）的分类单元，但是到了 1977 年，无核原虫门这个术语被认为是一个废词，而且目前也没有无核原虫所对应的分类单元。虽然与

Bathybius haeckelii 同名的海克尔不可能失去他在科学史上的地位——这不仅仅是因为他创作的版画的美学价值，但是这个物种名称却也终归销声匿迹了。

第七章　　"一天一个新物种"

　　1854 年 11 月 1 日，当 31 岁的阿尔弗雷德·拉塞尔·华莱士在东南亚的婆罗洲岛登陆时，并没有意识到他会在这个岛西北部偏远的沙捞越停留一年多。当时的华莱士远不能预知这里就是日后让他最终发表自己那篇著名论文的地方，那篇文章论述的观点是关于新的物种如何从现存物种中生发出来。但是他此行本来另有目的。华莱士曾自愿来过东南亚，目的是收集尽可能多的异域动物，并且尽快将这些动物发给塞缪尔·史蒂文斯，一位身在伦敦的博物学代理人。当时有很多科学界尚未知晓的动物，但是其他那些人们熟悉的物种也只是被陈列在当地的收藏室里，每种只有一件标本且状况非常糟糕，又缺乏背景信息。在欧洲，科学界对异域物种的渴求到了贪得无厌的程度，而史蒂文斯则是通过出售华莱士寄回的大量的材料经营着一桩利润丰厚的买卖。断断续续寄往伦敦的差不多 20 批货物中的每一批都足以让史蒂文斯为华莱士围绕马来群岛的每一段行程提供资金支持。

　　在接受前往婆罗洲的邀请之前华莱士是在新加坡，他在那里第一次与东南亚庞大的物种多样性相遇，他在新加坡停留的时间被"白色拉惹"詹姆斯·布鲁克爵士延长了（布鲁克是由英国皇室任命的沙捞越统治者）。华莱士在新加坡已经发现了数百个新物种，他的收藏以指数速度增长。但是在沙捞越，雨季导致洪涝的大雨迫使他进入长达数月的休息期。布鲁克爵士发现和他的这位客人谈话具有巨大的乐趣，于是，他为华莱士提供了位于山都望山丘岭地带，即沙捞越河岸上的一所小别墅。华莱士和一位马来亚厨师一起在小别墅度过了从1854年下半年到1855年初雨季的大部分时间，他把精力集中到他在亚马孙所做的观察研究上，并撰写了一篇开创性的学术论文，为"沙捞越法则"提供了基本支持。1848—1852年，他和亨利·瓦尔特·贝茨一起游历了亚马孙地区，并且沿河发现了大量的物种，它们总是占据着往往只属于它们自己的特定地区，而且这种情况不止在亚马孙地区出现。其他的探险者，比如查尔斯·达尔文或者亚历山大·冯·洪堡也已经对不同动植物的特定的分布模式进行了报道。华莱士不解的是，为什么有些物种只是在这个世界上的某个特定地区而不是其他地区出现呢？而且进一步观察到的事实是相似的物种明显是在相当接近的时间陆续登上历史舞台，这一点由地质学家查尔斯·莱伊尔通过对地球的地质学和化石的研究，在他的三卷本的《地质学原理》一书中阐述过了。华莱士将相关物种出现的纪年表和它们的地理分布组合起来，然后将其总结成一种"法则"，他的沙捞越论文的核心论点是："每一个物种都和先已存在的近缘物种在空间和时间上一同出现。"虽然当时华莱士还不能解释为什么新物种会出现，但是他已经在暗示物种之间具有地理和时间上的紧密联系，因为它们是从共同的祖先发源的。华莱士将沙捞越论文发回伦敦发表，文章很快就于1855年9月刊登在一份很受推崇的英国杂志上。

这篇沙捞越论文成为进化论历史上的一个重要里程碑，但是由于后续事件的冲击，它被低估了。时至今日，华莱士已占据达尔文之后的进化论的第二把交椅。尽管在同一时间或多或少地回答了物种问题，但是在公众的眼中，华莱士最终还是不得不将进化论之父的地位让与了达尔文。2013年，在华莱士去世100周年的纪念会上，马提亚·格劳布雷希特发表了一份涵盖全面的华莱士传记,如实地重述了这些历史事件,而且读起来就像是在看一部现实版的科学惊悚片。

命名者和收集者

除了作为被证实的生命进化理论的奠基人之一这个不那么清楚的角色,华莱士今天首先为人所知的是他在生物地理学方面的工作——也就是研究生物的地理分布的科学。然而现在,他对东南亚生物多样性研究的决定性的贡献却容易被忽视。作为一名自然造物的收集者,他那漫长坎坷的旅程带领他穿过印度—马来亚的岛屿世界,足迹遍及所有的主要岛屿和大多数的群岛。虽然有时候他会在一些地区花费数月时间,但这给他的采集工作带来了特别丰硕的成果,最终,他的行程超过2.2万千米。在他穿行岛屿之间的旅行结束的时候,他已经捕获了超过12.5万个动物,经过恰当的处理、保存、标注和分类,而且也不只有昆虫,当然昆虫标本有11万件,它们是这批标本最大的组成部分。华莱士还收集了大量的大型动物,如猩猩、鳄鱼,特别是鸟类,所有这些都被运回了英格兰。

华莱士在1862年回到英格兰之后,回顾自己单枪匹马完成的考察工作,对这一非比寻常的成功感到心满意足。甚至在这次探险开始之前,他就已经决定要去一个有全新的、特别的发现的地方,而且那里还可以为他提供回答一直困扰着他的物种问题的信息。他希望能够在热带地区获得大量新的、尚未发现的动物,但是后来即使是专家学者也都为华莱士的收集中尚未描述的物种的比例惊叹不已。华莱士的传记作者格劳布雷希特估计,以华莱士收集的材料为基础,总共有大概1500种昆虫和鸟类得以记述。

英国昆虫学家安德鲁·波拉斯泽克梳理了华莱士回到英国后在10年内发表的出版物,计算了所有根据华莱士从沙捞越带回来的这些标本新命名的物种数量。波拉斯泽克得到的数字非常惊人:华莱士一共收集了大约 8 万只昆虫，属于 7000 个物种，其中有 2000 个是在婆罗洲一地发现的。例如，据我们所知，拥有大量不同物种的天牛类甲虫在印度——马来亚群岛就有超过 1200 个不同的物种。在沙捞越一地，华莱士就收集了 280 个天牛物种，其中 250 个在当时是未知物种，后来由英国的昆虫学家弗朗西斯·波尔津豪恩·帕斯科在 19 世纪 60 年代进行了相关的记述。华莱士预计他在沙捞越大概收集到了 800 种新的昆虫物种，波拉斯泽克后来认为实际有 1000 个新物种得以记述。蝴蝶物种的情况也是类似的，著名的昆虫学家弗朗西斯·沃克尔一个人就在华莱士收集的标本的基础上，记述了 400 个新的物种和 100 个新的属。相似的情况在不停地继续。弗雷德里克·史密斯是另一位在伦敦自然博物馆工作的昆虫学家，他记述了 150 个蜜蜂和胡蜂新种，而与此同时蝴蝶专家沃克尔也在另一类昆虫类群上继续进行物种记述工作，有来自沙捞越的数百种新的蝇和 140 个蝉的新种进入了生物的名录。

马提亚·格劳布雷希特估计华莱士带回来的新物种不会少于 1500种，但是根据来自沙捞越的新物种的数量推算，这个数字可能被低估了。更准确的数字难以获得，因为华莱士收集的标本中的大部分出售给了私人收藏者，而这些买家也时不时会将这些标本再次出售。华莱士采集到的大多数昆虫都用了标准且不为人注意的标签。这些标签都太小了，而且只有一个由 3 个字母组成的缩写词来表示不同的发现地，都是由华莱士或者他的助手查尔斯·艾伦手写完成的。其中有几个标签在不经意间被标本后来的拥有者用新的标签给替换了，这就意味着华莱士的标本不仅分散于许多地方的收藏中，而且这些标本也未必能够判定是华莱士收集的。后续的结果是这些材料由不同的科学家进行处理，并在许多不同的期刊上发表出来。华莱士的标本最大的那一部分是在伦敦自然博物馆，

一件已经干燥了的 *Crocodylus moreletti* 标本上带有戳印的标签，即危地马拉鳄。柏林自然博物馆，本书作者拍摄。

这些标本也用于科学研究。但是在其他各处收藏的华莱士的标本中发现了许多新的物种，而且甚至柏林自然博物馆中也有华莱士曾经收集的蝇类标本，其中许多标本一直都没有人着手研究，直到最近这些年才得到记述。时至今日，研究人员们依然可以从华莱士在东南亚探险时收集的尚未处理的标本中发现并记述新的物种。

华莱士无疑是最具热情的标本采集者之一，为发现新的动物物种做出了巨大的贡献。在植物学领域，英国植物学家丹尼尔·P. 贝博和他的研究小组将华莱士这样的标本收集者称为"大腕"。和植物标本收集者中的大多数人相比，这些著名的收集者们的采集成果中的模式标本要远高于平均水平，这些模式标本日后被用作物种记述的基础。为了搞清楚这些大腕对于新物种发现的重要意义，贝博对收藏和收藏者的相关数据进行了统计，从大约 10 万件来自世界上最重要的 4 个植物学收藏的模式标本数据中得出的结果令人惊讶：所有采集者中的 2% 的人贡献了一半以上的模式标本（同时也是新物种），而大多数的采集者只能提供一个新物种的少量标本（有时只有一件标本）。

　　贝博统计过的排名前 10 位的收集者中的大多数都活跃于 18—19 世纪。例如，苏格兰植物学家罗伯特·布朗从 1801 年开始在澳大利亚收集了无数的植物，其中有大约 1700 件模式标本仍然存放在伦敦的自然博物馆中。他亲自在这些标本的基础上记述了大概 1200 个物种。和布朗一样，许多这样的大腕，都是在很多地区的植物学研究几乎无人涉足的时候进行他们各自的标本采集工作的。无疑在最初的日子里要成为一位大腕要容易一些，但是并不总是这样。贝博曾经证明，这些标本采集界的名人始终存在并且直到今天也依然有这样的人出现，而且他们并不必然都是到世界上物种最丰富的地区去采集标本。然而，这些人有 5 个特有的特征：他们在一生中有很长时间都在从事标本采集工作；他们对于新的一级未知的生命形态有很敏锐的眼光；他们在世界上许多不同的地区进行采集，但通常对一个地区情有独钟，一般都是在一个国家里采集；虽然他们一般都是某个科的植物专家，但是他们也对不同的科进行采集；他们在其职业生涯即将结束之前，采集到明显多得多的未知物种的标本。

　　虽然这些特征并不是适用于每一位业界大腕，但是贝博提供的数字表明了一个有趣的结论。理论上讲，快速增加未知物种数量的最有效的办法，就是简单地将有经验有能力的采集者派往正确的地理区域。

　　这些业界大腕在动物学中的影响力尚未得到和植物学界一样的系统

研究，但是可以设想情况是相似的。无论如何，这种标本采集策略却是始于华莱士，他是动物学标本采集领域最著名的人之一。当他获得了在亚马孙地区的经验之后，他刻意挑选了下一个目的地——印度—马来亚群岛，他希望可以在那里找到最不为人所知的动物类群，而且由此发现大量的新物种。19世纪和20世纪初，其他一些像华莱士一样的探险者，通过个人极大的努力，引领了大规模的动物发现工作，其中有许多动物后来都被确定为新物种。

在动物学中记录最详尽的不是进行收集工作的人，而是那些对收集来的材料进行科学评估的人。在探险者们成功返回家乡之后，颇具价值的物品在数月的毫发无损的行程之后，就要进入下一个技术性的重要的步骤。这些材料必须被妥善包裹以防在递送过程中损坏。鱼类是放在酒精容器中密闭保存的，脊椎动物的头骨要单独用布料包裹，然后码放在箱子里。脆弱的昆虫在长途旅行中尤其容易受损。在各处的收藏中，昆虫一般都是用针固定的，也就是用特殊的针刺穿然后干燥处理。但是，在探险过程中将收集到的昆虫用针固定也是有问题的。无论出于何种原因，很多收集者都是在一整天的野外工作结束后，用昆虫针将他们的标本固定好，在晚间煤油灯的光亮中花费数小时来处理昆虫标本。由于采集到的昆虫数量往往都很大，所以一天采集到的数量没有数千只也会有数百只。一个一个地处理每一件标本，而无论这是一只大个且强健的甲虫，还是一只透明而脆弱的蜉蝣，都需要注意力集中，并且肯定会花费不少时间。首先一定要将标本从毒瓶（killing jar，即装有氰化钾或乙酰乙酯之类有机物的瓶子，用于快速处死昆虫——译者注）中取出来，在标本的一个不会造成太大损害的位置上插入昆虫针之前，要将它的腿、翅膀和触角经过整姿固定成所需的样子和方向，最后将用昆虫针固定好的标本插在一个基座上（此时可能还需要有其他的昆虫针来辅助固定），这个基座用于承载这一费时费力才获得的标本形态。在处理标本的时候，科学的指导原则要求这些用昆虫针固定的标本，能够展现出用于科学研究的各种特征，比如昆虫的翅膀必须展开到一个准确的角度，而腿要固定在一个指定方向上。在运送标本的板条箱里，这些标本必须要放置在相互安全的距离之外，因为这些标本和昆虫针的紧密连接处可能会松动并开始旋转。所以用昆虫针固定的昆虫标本不仅脆弱，而且它们还需要大量的空间，对于大规模的采集活动而言并非是受青睐的对象，需要考虑到它们占用的运输容积。替代性的办法是用纸袋子寄送，就是在昆虫死亡并干燥后立即装入纸袋子里。可以用报纸在野外快速叠成这样的纸袋，这种纸袋很适合装在板条箱里寄送。纸袋的另一个优点是当昆虫的腿或者头部断掉的时候，它仍然会和身体的其他部分落在纸袋中，而且在后期用昆虫针固定的时候可以再将断掉的部分粘回正确的位置。当标本寄送回博物馆之后，专业人员必须准备好投入到费时的固定标本的工作任务中，而这些昆虫标本还要在此之前进行软化。用报纸折成的纸袋通常都是三角形的，在不经意之间变成了来自远方各地的精巧的纪念品，因为包装昆虫的这些纸袋（报纸）是当天的各种事件的片段化的档案，而这并非是标本收集者们当初有意为之。

在对标本进行各种形式的保存的过程中，给标本加注标签可能是最基本的步骤了。总而言之，是标签或者说标签承载的信息，将一件收集到的事物真正变成一件科学用品。在野外，收集的对象常常会有一个临时的标签，提供最重要的需要速记的细节，包括发现的地点和当地的环境，如果只收集到了少数几件标本的话，那么就有可能在野外环境下或者运输途中在标签上写下更有细节的内容，但是对于成千上万的昆虫、甲壳纲动物和其他种类，就要首先选用这种最简单的标签。关于发现地点的清楚的标注是最低要求，而且通常也要标明标本采集的日期。没有这些原始信息的标本在科学上会被认定为无价值的标本，具有重要历史意义的少数几次考察所收集的标本除外。恰当的标签必须要满足以后的使用目的，所以这就成为标本采集之后的关键步骤。标注标签也常常包括对于采集过程、野外指导手册或者旅行日记中相关内容的分析。

在远航探险结束之前还会有相当长的一段时间，所以收集到的材料要进行准确的处理和标注。进一步的科学处理是由一个工作小组来承担的，至少对于大规模的探险收集活动是如此，因为这样的考察活动会在从海龟到丽蝇（绿头苍蝇）的几乎所有的生物类群中添加新的物种。根据动物类群进行初步分类的标本从世界各地发给相应的专家，他们会在此之前就答应提供帮助，通常都是乐于如此，况且这些标本都是来自这些科学家们的专长领域所对应的特别有趣的遥远地区，而且由此开始展开艰苦的分类过程和相关的记述工作。

数据积累和物种筛选

物种的发现者通常都会遇到完全未知的多样性。许多收集到的动物标本都代表着新的物种，而且在"超级多样的"类群，比如昆虫中，可能会有大量的物种需要记述。记述几十种或者有时是几百种新物种，对于全职昆虫分类学家来说是不常见的工作。对于专门研究一个多样性特别高而过往研究又很少的动物类群的研究人员来说，新发现、记述和命名的物种数量可能会达到几千甚至几万个——这是要做一生的工作。这种"高产作者"的数量很少，要实现这种壮举，对工作水平是有一个清楚的指标来要求的。无论如何，确实有少数的博物学家达到甚至超过了1万个物种记述这一指标——这是几十年辛勤工作所达成的卓越成就。

但是，究竟是什么激发一个人将他或她毕生的精力都倾注在这些最微小的昆虫的分类学上的呢？我们能否将这种工作看成是极有知识之人令人钦佩的奉献呢？或者这是疯狂迷恋之情的一种表达方式，一种无法停止的病态冲动，直到最后一件标本得以采集和分类之后才能解除？下面是对每一位已经记述了1万种以上的物种的知名分类学家的介绍，这有助于解答上面这些问题。

在这些人物当中十分突出的一位是查尔斯·P.亚历山大，他是名副其实的"大蚊（crane fly）之主"。大蚊是大蚊总科（Tipuloidea）的常用名称。这些长腿的、大个头的大蚊时常会入侵我们的住宅，它们具有引人注目的外形并且在英语世界里有各种不同的名字，包括 gallinipper、gollywhopper、jimmy spinner、mosquito hawk、mosquito lion 和 daddy long-legs（长腿爸爸）。根据最近的统计，大蚊总科有16,850个种一级的分类单位——即种和亚种，其中有11,278个是由亚历山大记述的。换句话说，一个昆虫学家发现和命名了世界上已知大蚊物种的2/3。更不用说大约还有200种蚋和蝇，以及一种石蝇。所有这些加起来，就是亚历山大命名了11,755种昆虫。多么巨大的数量！这个数字的巨大体量表现得非常明显：1889年，亚历山大生于纽约州，并于1910年，也就是他21岁的时候发表了关于大蚊的第一篇文章。他最后一篇文章发表于1981年。在70多年中，他发表了1054篇文章，或者说平均每个月1.3篇。其中每一篇文章平均包含11个新记述的物种，也就是说他的产出是每周记述3个物种。亚历山大一生的身份始终是一位物种命名者，即使有零星的年月会中断这一节奏。仅1929年一年，他就记述了394个物种。在他去世前一年，他发表了50个新的物种名称，而在他去世的那年，还有18个新名称发表。亚历山大到底是怎么找到时间来完成所有这些事的？

而且他是在哪儿找到这些物种材料的？

对于亚历山大而言，这一切无疑都是来自他极端的勤奋和近乎狂热分子一般的专注力。在他职业生涯中的大多数时候，从1922年开始，他就是位于艾莫斯特的马萨诸塞农学院（即今天的马萨诸塞大学）的全职教授和管理人员。除了每天必然的繁忙工作之外，他还是美国昆虫学会的主席，并且不断地和他的妻子梅布尔进行长期的标本采集旅行。那是他亲爱的梅布尔。和那个时代相一致，也像传记故事里常常描绘的那样，亚历山大的妻子成为他身后强有力的支持，而且也是他身边的得力助手。梅布尔组织并参与了亚历山大大量的比较性采集工作，这些标本存放于他们在艾莫斯特家中的一个专门为此新建的屋子里，这间屋子称为"大蚊天堂"。多亏了梅布尔的工作，这间收藏室被管理得井然有序，她丈夫需要的所有标本、显微操作用具以及文章都准备停当，唾手可得。勤奋，这是对这个世界大蚊之国的一个绝好的概述，这个持续增长的比较分类学收藏在全世界都无可匹敌，而且尤其是在他的妻子梅布尔的支持下，更成为亚历山大赖以成功的秘诀。

但是一个人需要描述这么多物种所需的材料是从哪里来的呢？要描述11,755个物种，最少需要11,755件单独的标本；而从实践的角度出发，所需的标本数量就要超出这个数字许多倍。很多物种都很常见而且收集了不少，但是罕见或者非常罕见的物种的数量更多。亚历山大研究的大蚊来自除了欧洲之外的各个大陆，而且对于他活跃的职业生涯中的大部分时间来说，他是唯一一个全世界几乎每个地区的大蚊专家。与此同时，大蚊常常是被研究其他有翅昆虫的专家的捕虫网捕到的，因此这就成了尚未鉴定的大蚊标本的一个稳定来源，其他收集者和博物馆针对东海岸的收藏全都流入了大蚊天堂。亚历山大的收藏不停增长，而他自己的考察活动也在为其添砖加瓦。这些因素加在一起，就足够确保他永远都不会缺少研究材料，而且如果他有兴趣想要研究某个特定地区的大蚊，总有尚未打开的包裹源源不断地等待着亚历山大。

亚历山大力图以更多的物种来扩展他的比较分类学收藏，必须将尚未记述和已经记述的物种区分开。但是他的行为过了头。在收到专业人士已经处理了的材料后，他会留下几个标本，即使这是模式标本而且需要经过标本所有者的同意才能保留。而且亚历山大常常会解剖研究材料以揭示更重要的特征，他还会将这些解剖得到的部分（即使是正模标本也是如此对待）——一支翅膀、几条腿、雄性生殖器纳入他自己的收藏而没有询问标本主人。他会把剩下的寄还给标本的所有者。

从表面上看，大蚊物种相互之间的差别不大，至少对于外行人来说是这样。对雄性生殖器和躯干上的毛的显微观察，会揭示出人意料的结构多样性。因此，物种间的区分就是建立在这些小的、不显眼的特征之上。除了一台好的显微镜，研究人员需要对此类比较分类学收藏有通盘的认识，还要有一定量的资料藏书和大量的实践经验。亚历山大拥有所有这些条件，而且各个方面都很丰富。在他面前，绝对海量的数据带来巨大的挑战。即使在今天，高速计算机搭配用户友好型的数据库都只是基本条件的情况下，要完成这项工作也不会让你有闲庭信步的感觉。相反，亚历山大的工作过程则完全是在实际物品和论文的基础上进行的，而且这些资料中常常还可能有错误。

还有一个更进一步的问题。某只大蚊所具有的一个既定形态学特征，是否应该被视为它成为新发现物种的指标，这个问题始终都是依赖于种内变异，以及是否有可见的特征持续出现并且是可遗传的特征的相关推测而定。两位分类学家很容易产生意见分歧，而且一方认为是两种很明确的不同的物种，可能会被另一方解释为同一个物种的两个个体。

不管你是否相信，截止到 2009 年，在亚历山大的 1.1 万多个物种中，只发现有 355 个是同一个物种的不同个体。其中有 27 个是客观错误导致的，使得亚历山大将相同的物种正式地记述了两次——也就是新名称、新描述和新的物种图像俱全地在原始文章出版之后又第二次发表。但是其余的这些同种异名现象都是主观原因导致的，也就是说由其他科学家的关于这些物种的分类结果的对立观点导致的。根据估计，在亚历山大记述的物种中有 5% 是已经得到过记述的，而且其中大约有 1%（大约 115 种）是他自己曾经记述过的。

鉴于亚历山大记述的物种庞大的总量，5% 的同种异名现象是一个低比例，正如我们后面会看到的，与其他分类学家相比，无论是在比例还是绝对数量上都是如此。这一低同种异名比例部分得益于他高品质的分类学阐释，但是亚历山大研究的这些地区先前贫乏的科学研究状况也是一个不能忽视的原因。例如，在一个大蚊物种丰富的地理区域里，现在已知有 3574 个南美大蚊物种，其中 3286 个是由亚历山大记述的。到今天，只有 15 个被认为是同种异名，也就是说亚历山大记述的 3271 个南美大蚊总科的物种是有效的。换言之，92% 的已知南美大蚊物种可以追溯到亚历山大那里。从来没有人认为南美大蚊物种可以成为评价亚历山大的物种记述的基础。简单地说就是，没有人在意过这一点。无论是他的物种记述是否最终被证明是良好且有理的，到今天都没有人会说亚历山大垄断了南美大蚊。

同种异名终究是错误，无论如何评判都是如此。在任何情况下，对于一位分类学家来说，通过巨大的努力发表的物种名称最终消失在同种异名里，是一种令人不快的体验。因此，对一位多产的作者的毕生工作进行定量评估的时候，同种异名的比例就是他的工作品质的度量标准。查尔斯·P.亚历山大5%的同种异名比例这一估计值对于其他高产的分类学家而言，就是一个梦。

弗朗西斯·沃克尔就是这样。很难在分类学领域里找到另一个像他一样具有如此相互矛盾的名声的人。1874年，也就是他去世的那一年，在最著名的英国昆虫学期刊之一《昆虫学家月刊》上刊登了一则讣告，似乎说出了沃克尔的大多数同行的心声。开篇的第一句话是这样的："他在科学界的名望居然长达二十余年，在给昆虫学造成了难以置信的巨大伤害之后，弗朗西斯·沃克尔离我们而去了。"这则讣告的作者是名为J.T.卡林顿的昆虫学家，在讣告中对死者用这样的语句表达无疑是不得体的，而且在文末，他改换了他选择的这种行文风格要表达的潜在的批评："我们诚挚地希望我们再也不要承担这样的工作，我们在昆虫学期刊出版界的继任者也不要承担这样的工作，去撰写一则这样的讣告。'死者为大'是我们所全心期望的；而我们业已对此回应，即我们视沃克尔为一位昆虫学家。"然而当时的其他同行将沃克尔看作是第一流的昆虫学家，"是（英格兰）昆虫学界最多产也最勤勉的研究者"，并且强调他们从未见到过第二个人"拥有更为正确、更为多样化，或者更为广泛的知识，也没有人能够用更伟大的愿景和善意将这些信息传授给他人。"

时至今日，沃克尔是历史上最为多产的物种记述者。根据最近的统计——位于火奴鲁鲁的毕夏普博物馆的昆虫学家和蝇类研究专家尼尔·艾文惠斯提供的数据——沃克尔为23,506个物种赋予了名称。但是和查尔斯·P.亚历山大相比，沃克尔并非专门研究一个昆虫的目——这是不可能实现的。鳞翅目显然是沃克尔最喜欢的研究对象，总共有10,628种蝴蝶和蛾子由沃克尔命名，差不多是他研究的全部物种的一半。

不同时期制作的带有标签的一小部分大蚊标本。柏林自然博物馆，本书作者拍摄。

之后是双翅目，有 4000 多个物种；半翅目昆虫的数量也差不多是这个数量；膜翅目有 2500 个；直翅目有大约 1000 个；鞘翅目和蜚蠊目每种有大约 400 个物种。这些还不够，他还对其他 10 个昆虫的目感兴趣，并为其中每个目中的少数物种进行了命名：脉翅目有 200 个以上的物种，毛翅目有 100 多个物种，蜉蝣目有将近 40 个物种，14 种等翅目（即白蚁目，但现在最新的分类学观点是将白蚁目归入蜚蠊目——译者注），7 种啮虫目和 3 种长翅目昆虫。最后，沃克尔还为蜻蜓目、纺足目、螳螂目和缨翅目各贡献了一个新的物种。

沃克尔发表的文章数量和这一令人炫目的数字之间有强烈的反差。查尔斯·P. 亚历山大一生发表了1000篇以上的论文，他每篇文章中平均记述了11个新物种，而且他是在长达70年的职业生涯中以平均每年15篇的速率发表文章的。沃克尔的记录就完全是另一番景象了。虽然他可能发表了至少300篇论文，但是其中大多数论文几乎就是几行字的笔记。他的物种记述中的大部分都能在大概90篇文章中找到，就是说他的每篇文章平均会有261个新物种的记述。如果我们以他的文章总数为基础，那么每篇文章仍然要有差不多80个新物种出现。如果我们再将他明显要短得多的职业生涯考虑进去，那么这些计算的结果会更令人震惊。亚历山大在科学领域活跃了70多年，而沃克尔只有42年的职业生涯。亚历山大平均每年发表168个物种；沃克尔则要发表560个物种；也就是说，沃克尔每个月要描述47个物种，相当于一天要描述一个以上的物种。

以分类学的标准来看，分类学工作包含对研究材料的仔细的研究比对，查阅所有关于研究对象的相关文献，还要进行细致的记述，甚至得有插图，那么沃克尔的生产力水平真的令人难以置信。这是一项冗长繁杂且会拖延的工作，而且要给出真正具有深度的观点——即使是在有多年工作经验的情况下——通常最多只能完成几百个或者2000个新物种的记述工作。因此，在条件良好的情况下，分类学家通常会把注意力集中在一个动物类群上。相反，沃克尔描述了许多个昆虫的目，而且总计的物种数量也非常大。他是如何达到这种近乎是工业化量产的生产力的？首先，他是按照一定的格式发表文章的，这样就节省了用于组织整理大量的物种名称的时间：这是一份物种名称目录，大量的篇幅被名称所占据，一页接着一页。在这方面，他享有特殊待遇：他朝九晚五的工作使他在伦敦自然博物馆创建了一份完整的收藏。那里的藏品曾经是，现在也依然是世界上最丰富和最多样化的。这一简单的目录创建工作也是一项巨大的任务。在整理这份昆虫目录的时候，沃克尔经常会发现尚未记述的新物种，它们需要被纳入收藏中去。此外，这些新的物种让这份目录变成了某种超越目录本身的具有创新性的东西，而不再仅仅是一份物种的名录。所以，沃克尔接受了这份挑战，并且将尚未记述的物种也纳入到他的这份列表中，每一种都附上一份简要的记述和一个新的名称。沃克尔的目录中包含物种名称的主要部分总是有相同的标题，"大英博物馆馆藏 XYZ 昆虫的标本列表，abc 部分"。其中 XYZ 表示不同的昆虫的目，而 abc 表示下一级分类单元。例如，"鳞翅目昆虫，即蝴蝶和蛾子，有 4 个部分"，加在一起超过 1000 页。这种编目形式是自然博物馆长期以来的传统，而且专家们通常会承接不同的项目，专攻他们自己擅长的领域，无论是哺乳动物还是叶甲研究都是如此。大多数签约研究项目在 19 世纪 60 年代终止了，只有沃克尔一个人仍然是这种签约昆虫学家，最有可能的是他稳定的名录出版能力所体现出的生产力成了他保留这一工作合同的原因。他的收入是在规定的时间内以完成的论文为基础获得的。有些资料中说沃克尔是以标本或者物种数量计算获取报酬的，他们认为这是他之所以有如此强大的生产力的原因，但这些说法可能只是流言蜚语罢了。

多亏了艾文惠斯的数据，我们才能够获知沃克尔毕生工作的其他一些同样有价值的数据。他在 27 年中一直在发表物种名录，从 1846 年发表的一份 238 页的关于胡蜂的名录开始，到 1873 年最后一份包含 8 个部分的 1655 页的半翅目名录结束。他的这些名录的总页数一共有 16,960 页，即使它们充满了随意书写的大白话，单就这一数字本身而言也是一项壮举。沃克尔以这种方式列出了大英博物馆馆藏的 46,066 个物种。这份名录的一部分，即 15,959 个物种是新物种（约占总数的 1/3）。

这些新记述的物种并非平均地分布于昆虫的各个分类单位中。沃克尔的名录中的胡蜂里只有 9.8% 是新物种，而在鳞翅目中有 46.6% 是新物种。换言之，在 19 世纪中叶，大英博物馆里的蝴蝶有将近一半是尚未记述的，至少以沃克尔绝对专业的估计来看是这样。

这份为大英博物馆出版的卷叠浩繁的名录——特别是那些关于几乎未有什么相关研究的昆虫物种的部分——是沃克尔喜欢的快速记述一群新物种的方式。沃克尔在一夜之间变得名声大噪，拥有大量私人收藏的人或者受赠颇丰的旅行收集者曾希望他们的标本能够由他进行处理并鉴定。正如卡林顿在批判性的讣告里所说的，不知道沃克尔是否拒绝了此类请求。他在几篇文章中还处理了由阿尔弗雷德·拉塞尔·华莱士从东南亚寄回伦敦的蝇和蚋。

但是，究竟是什么原因让他的某些同行为他的去世感到发自内心的高兴呢？通过进一步的研究，我们发现了他这种危险的快速生产中透露出的他的方法论的浅薄之处。例如，在他 1868 年完成的关于大英博物馆的蟑螂（即蜚蠊）标本的物种目录中，他将同一个物种记述了 3 次，给 出 不 同 的 名 称： *Ischnoptera ruficeps*、*Nauphoeta ruficeps* 和 *Nauphoeta signifrons*。如果同一个物种的 3 个同种异名还不足以说明问题，那么我们还会发现，这 3 个名称都是在指更早之前就发表过的一个名称，*Oxyhaloa deusta*（Thunberg，1784）。公平地讲，同种异名时常会出现在种内变异个体的不同阐述中，而且如果是这样的情况的话，沃克尔就可以因为只是强调了微小差异而被原谅，这些微小的差异可能会被后来的蟑螂专家视作不重要或不合理的差异。就沃克尔的情况来说，其错误不仅仅是一种主观性的问题：那些用于这 3 种物种记述的标本就像是一个豆荚里的豆子，*ruficeps* 的雌雄两种标本他都有，而且这 3 个物种的标本全都来自南非。最起码，他应该注意到他纳入 *ruficeps* 名下的两件标本都有红色的头部。更糟糕的是，沃克尔将 *Ischnoptera ruficeps* 和 *Nauphoeta ruficeps* 两个物种放到两个不同的蟑螂科下面——就是说在他自己的蟑螂分类系统中这二者之间几乎是完全对立的。蟑螂研究专家们一致认为这一系列的蟑螂名称的定名是完全不负责任的行为。

值得注意的是这种同种异名的“明星”无疑是法国昆虫学家让－巴普蒂斯·罗比诺－迪斯沃伊狄，他是 19 世纪最重要的早期蝇类分类学家之一。他新记述的 248 个寄蝇物种特别值得一提：在一个世纪之后的重新评估中，所有这些都会变成一个物种，即 *Phryxe vulgaris* 的同种异名。罗比诺－迪斯沃伊狄的工作有一个典型现象，他发表的所有 248 个物种实际上都是根据最微小的颜色差异来确定的，而且所有这些标本都是来自巴黎周边地区，是在地理上相当可控的一个地区。

对于沃克尔来说，像这种 3 个同种异名的例子在他着手的其他几个类群中是常见现象。以双翅目为例。沃克尔记述的 3917 个双翅目新物种里，有 2691 个到今天依然是有效的，就是说其中的 31% 是同种异名。换言之，他的直翅目昆虫中大约 1/3 实际上是已经记述过的物种。这个比例当然看起来很高，但是和 20% ~ 30% 的同种异名的一般比例相比，根据动物类群的不同，沃克尔的错误和许多其他高产的分类学家是一样多的。

沃克尔还为后来的科学家留下了另一个问题。鉴于他所记述物种的数量庞大，不难想见每一个物种记述都简单地勾勒了沃克尔眼中区分物种的那些指标。沃克尔的物种记述通常都是由 3 行或 5 行以拉丁文写成的简要描述，接着是 10 行或者偶尔会更多的字数用英语写成的更为详细的描述构成的，最后是物种采集的国家和采集者的名字。后面的目录条目和之前的条目的关系不是很清楚：可以是接下来的几个新的物种，或者也可以是来自大英博物馆的仓库里的已知名称。即使确定沃克尔的描述量比林奈的描述量更大，但是对许多后来的分类学家而言，他的这些描述无论如何都太简短了，要用于辨认一个物种的话细节太少了。由于原始的记述不够充分，唯一可以求助的就是查看模式标本，这种做法笨重又耗时，尤其是有数百个物种需要检索的时候更是如此。

在记述过超过 1 万个物种的分类学家中间，只有 4 位和查尔斯·P. 亚历山大和弗朗西斯·沃克尔一样是昆虫学家。

甲虫的世界要感谢法国人莫里斯·皮克，他记述了将近 2 万个物种——有些资料中说有 3.8 万个，但是没有人知道确切的数字，因为既没有完整的论文列表，也没有他确定的物种名称的注册信息。在甲虫研究领域，皮克可能是比其他任何分类学家都有争议的一个人。他的物种记述总是很短，也没有任何的说明性插图，而且他不使用显微镜。此外，他（相当成功地）阻止他的同行来评价他记述的物种的模式标本。皮克的成果发表跨度有 67 年，而且虽然生物学的各个分支——以及位列其中的分类学——在这段时间里持续发展并现代化，但是皮克的物种记述几乎没有在形式上偏离轨道，从他最早于 1889 年发表的文章到 1956 年最后的出版物都是这样。

托马斯·林肯·凯西二世的物种记述刚刚超过了 1 万种。凯西是托马斯·林肯·凯西爵士的儿子，凯西爵士是美国陆军工程兵团的一位荣誉满身的长官。美国要为华盛顿纪念碑的竖立感谢凯西爵士，因为这是他在 1884 年督建的。小凯西和他的父亲一样，也成为了美国陆军工程兵团的一名长官。从他成为一名年轻的陆军中尉开始，他就在理论和应用天文学中取得了一定成就；同时，作为一名军人他还在他踏足的所有地方收集甲虫。他成了他那个时代里最有成就的北美甲虫收集者和命名者。最终他收集的标本包括了11.7万只甲虫,属于超过1.9万个种和亚种。他的收藏中有9200件正模标本,但是他实际记述的物种要远超这个数字。最终,小凯西和他的显微镜一起被葬在自家庄园的墓地里。

另有1万种甲虫物种是由奥地利人埃德蒙·雷特尔记述的。雷特尔的父亲是一名林务官,也是一位训练有素的农艺师,他自己则充满热情地自学了昆虫分类学。从1867年开始,他进行了长时间的采集工作,特别是在欧洲的东部和东南部地区,通过他自己采集的标本和经常性的贸易活动建立了一个巨大的甲虫收藏库。1879年,他在维也纳开设了一间专营昆虫和昆虫学书籍的书店,他将这间书店称为"博物学研究所"。这项收入使他可以开展更多的探险活动来收集标本,而且也将他雇佣的收集者派往了蒙古地区。时至今日,在他获得巨大成功的标本收集的背后,关键的创新之一是一套被称为"甲虫筛"的装置,可以在寻找甲虫的时候从落叶层里筛出甲虫。1886年,雷特尔在一篇文章中写下了关于这种当时已知,但只是零星使用的工具的经验,文章有一个可爱的标题:《昆虫筛,在捕捉昆虫(尤其是鞘翅目)中的重要性及其应用》。他的5卷本著作《德国的动物:德意志帝国的昆虫》使人们可以通过细节丰富的图像辨认德国的甲虫,这部著作今天依然为人所知。1917年,在这本书的最后一卷问世后一年,一份80页的补充性的小册子出版,标题是《德意志帝国甲虫科学名的说明》,这是由西格蒙德·申克林编辑的,他是德国昆虫研究所的所长,该研究机构当时位于柏林达勒姆,即现在柏林郊外的明歇贝格。这三部著作目前还没有被翻译成英文。雷特尔年轻时还创作了一些浪漫的自然诗歌,如《森林的阴影》《安静的傍晚》和《夜之野花》,而且他在20岁的时候出版了一本200页的诗文集。进入暮年之后,雷特尔还对超自然现象感兴趣。他曾对他的传记作者弗兰兹·海克廷格说,在一次通灵中,他的好友路德维希·甘格鲍尔从天上跟他交流，并且还约定在 1911 年的 6 月再次出现。甘格鲍尔当时还没有去世，但是身体确实很不好，还在 1911 年 6 月做了手术。1912 年 6 月，甘格鲍尔去世了，比预言的时间整整晚了一年。

最后一位是英国人爱德华·梅里克，和雷特尔一样都是业余昆虫学家。他的专长是"微小的昆虫"，比如小型蛾子或者微型的鳞翅目昆虫，是鳞翅目专家们钟爱的昆虫。小型蛾子包含的昆虫个体属于我们通常所说的蛾子。它们的物种非常丰富，是在分类学中很有挑战性的类群。像梅里克这样的人是尤其值得尊敬的，他们描述了成千上万种小型蛾子。在 1955 年的一份由梅里克记述的小型蛾子模式标本（标本来自伦敦的自然博物馆）的目录中，有 14,199 个物种名称，而他自己的标本收藏存放在伦敦自然博物馆里直到他去世。除了这些之外，他在螟蛾科（Pyraloidae）这一物种丰富的类群中所做的工作（在前文提到的目录中被略去了）使他记述的物种达到了大约 1.5 万种。

梅里克生长在英格兰，并在 21 岁的时候发表了他第一篇关于小型蛾子的论文。从 1877 年开始，他在新西兰和澳大利亚当了将近 10 年的古典文学老师，在那里他发现了一个几乎从未有人触及的小型蛾子新物种的世界，它正在等待着人们的发现。这就是小型蛾子分类学家的黄金之国（El Dorado，传说中的宝山，或理想中的黄金国——译者注）！他忘我地收集着标本，发表关于新的种和属的论文，有时候甚至会包括更高的分类单位。他在澳大利亚和新西兰对小型蛾子的研究奠定了他在学界的声望；作为少数几个活跃于异域小型蛾子研究领域的人之一，从那个时候开始，他收到了来自世界各地的标本。无论是从斯里兰卡还是印度，中国还是日本，南非还是扎伊尔，大量的小型蛾子从世界的几乎每一个角落被寄到他的手中，请求他帮助辨认，如果是新的物种，就加以记述。梅里克处理了所有这些标本和相关的请求。他的成果出现在正统的科学期刊上，经常是作为对动物的地理起源的相关讨论出现的。因此，他在《新南威尔士林奈学会会刊》上发表了大多数澳大利亚物种的记述，将印度和斯里兰卡的物种发表在《孟买博物学会学报》上，而非洲的物种则发表在《德兰士瓦博物馆年鉴》和《南非博物馆年鉴》上。因为发表过程的复杂和不便——作者和出版方远隔重洋，而且他们之间的交流需要依赖船只寄送的大量手写文稿——梅里克便建立了他自己的出版物，《异域小型鳞翅目》。最终他自费出版了五大厚本总计 3000 多页的图书，作为唯一的作者，梅里克记述了大约 8000 个物种。除了《异域小型鳞翅目》，他还有 428 份出版物。在 64 年的职业生涯中，梅里克平均每年发表将近 7 篇文章，平均每年记述的物种有 234 个。比较而言，查尔斯·P. 亚历山大每年记述 168 个物种，弗朗西斯·沃克尔有 560 种。梅里克正好处于中间位置。

关于他们发表的文字内容，梅里克和沃克尔的物种记述差别不大，通常都是寥寥几行，偶尔会在一页上记述 3 个物种，绝大多数时候没有插图。梅里克被认为是第一个系统研究小型蛾子翅膀的人。昆虫的翅膀是由超薄的膜借助坚硬的翅脉的固定来构成的。这些翅膀上的翅脉网络实际上在所有的昆虫物种中都是常见的，这些翅脉网络具有遗传稳定性，并且往往具有物种特殊性。尤其是纵向的翅脉，它们与相当复杂的翅结（wing joint）紧密连接在一起，是在几乎所有昆虫类群中可以横向比较的一个特征。这些纵向的翅脉和大量的十字交叉的翅脉一起，形成了一个典型的网状翅脉图案。因此，对于许多有翅的昆虫来说，翅脉会在分析它们的系统位置方面扮演重要角色。在鳞翅目昆虫（即蝴蝶和蛾子）中，翅脉是被遮盖在一层很厚且在视觉上多是彩色的鳞片下面。只有在去除鳞片之后，将翅膀沾湿，或者有时候从背后打光，它们的翅脉才会显现出来。在处理这些异域小型蛾子的时候，梅里克意识到这些翅脉在系统研究中的价值，对它们当中的每一种都进行了描述，并且将手中许多的属和科的分类建立在翅脉异同的基础上。截至目前，一切进展顺利。然而他肆意忽视了的，也是他留给今天的小型蛾子研究者们在阅读他的记述时遇到的那些小灾难，是对物种鉴别来说特别重要的生殖器标本。由于他禁止别人对他的模式标本重新评估，他的物种记述中的大部分内容都让人难以理解，换言之，如果没有更多的精力投入，这些物种记述就不能应用于今天各种各样的物种鉴定。简单地说就是，今天的人们不可能知道他具体指的是哪个物种。

除了他对小型蛾子生殖器官的漠不关心之外，还有一个简单得多的原因使他将这些昆虫的生殖器官排除在记述之外：梅里克的手头连一台显微镜都没有。相反，他是借助一个放大镜来进行他所有的分类学比对工作的，在灯光下研究这些用昆虫针固定在一个钟表匠的小型三脚架上的动物（一般来说，在生命科学中，"动物"一词都是狭义地指代哺乳动物，不包括鸟类、鱼类和昆虫等动物类群——译者注）。他的一位同行在他去世后写道，一个放大镜，良好的视力和他极为广博的知识代替了显微镜。然而，他的这些实力反而是他失败的原因：准备这些微小的鳞翅目生殖器官标本的念头从未在他的头脑里出现过；而梅里克就只是没有一台对于恰当的鉴定方法来说至关重要的设备。

我们有充分的理由将这些记述了超 1 万种昆虫物种的分类学家们称为昆虫学家。不仅仅是因为昆虫是物种最丰富的动物类群，而且从技术上讲昆虫也是相对容易捕获和处理的，当然在具体的昆虫类群之间仍有一定的差别。250 多年来，用针来固定和干燥昆虫并非是一个偶然事件，这是一种简单有效的保存方法，可以确保昆虫的壳质外骨骼被保存下来，甚至它们生前的色彩通常也能得以保留。如果一个人要观察所有的昆虫是不可能的，因为它们拥有几十万甚至几百万个物种。因此，出于效率起见，大多数昆虫学家都是专精一个或多或少有些窄小的领域。沃克尔在将近20个昆虫的目中发表了大量的新物种，即使他始终都在研究昆虫，但这也是非常罕见的情况。

在狭小领域里的专门化研究并非是历来普遍的现象。在 18 世纪的博物学研究中，卡尔·林奈希望能为全部 3 个自然产物的界提供一个全面的陈述，即动物界、植物界和矿物界，这在那个时代是可行的，因为当时已知的物种最多不超过一万种。在当时的情况下，林奈就是在几乎每个动物类群中都有记述的作者，从尖音库蚊（*Culex pipiens*）到蓝鲸（*Balaenoptera musculus*），一直到智人（*Homo sapiens*）。到第 10 版《自然系统》出版的时候，林奈总共记述了 4376 个物种，其中大约有一半是他发现的新物种。这仍然是一项了不起的壮举。

随着现代分类学的诞生，林奈被视为这一学科的开创者，分类学家们发现他们自己越来越多地面临医学和生物历史学家斯塔凡·穆勒 – 维勒描述的"信息过载"的困扰。关于地球上生物多样性的迅速增长的知识，最终要求有新的方法来处理大量的信息。首先，研究人员要进入到公元 9 世纪早期，追踪普信主义者（universalist）从事的工作，这些人在当时想要对世上已知的每一样事物进行完整的汇编。百科全书、表格形式的汇编和对遗传关系的树状可视化——常常还是这些单个的注释和建档方法的组合——表现出想要控制新数据之洪流的企图。此类信息管理技术的创新在和时代保持一致的同时，也被论文和书写工具带来的多种可能性加以强化和限制。利用传统的"纸面技术"，当然可能有效地组织和记录成千上万个列在表格和百科全书里的事物。因此，到林奈所在的时代，完整性对于那些独立的百科全书编纂者来说，是一个完全切实的可追求的目标。到19世纪后半叶，知识的库存已经激增了，例如仅仅是得到记述的昆虫一个类群的数量就达到了25万个。在如此大体量的信息面前，昆虫学家们就开始将自己限定在已经记述的昆虫多样性阵列里的一个类群中。时至今日，这是大多数分类学家们的标准做法；在很多情况下，分类学家会进一步追求专精，将他／她的整个职业生涯倾注于甲虫、胡蜂或者蝴蝶的一个属中。

显然，那些一生中记述了1万种以上物种的分类学家们是一种极端的例外。而今天的环境对要求不断升级的科学的理解始终在变化，综合性的出版物代替了物种记述，让分类学家加入一些研究团体的愿望比以往任何时候都低。除了勤奋、时间和获取合适的研究材料的机会，还需要一种特定的精神品质——稍微严格一点讲就是一种痴迷，才能够确保将毕生的精力用于记述和命名物种的工作。坦率地说，每个星期要记述将近3个物种，还要包括花费在必要的"兼职"工作上的时间，如收集动物标本、各种通信交流和实际的研究，更不要说在大学里工作职位上的要求和纯粹是身体必要的休息，如吃饭和睡眠——查尔斯·P.亚历山大是不会有太多闲暇时间的。在他的婚姻生活中，他很幸运找到了梅布尔这样一位伴侣，愿意协助他执行如此严格的作息制度。

对于所有这些记述了1万个以上物种的分类学家们来说，尤其显著的一点是他们以唯一作者身份署名的出版物占比很高。诚然，在19世纪与多位作者合作完成出版物的情况不如今天这样普遍。但即使如此，这一高比例仍可以用于证明这些孤单的科学家们的痴迷程度，他们能够在看上去无休无止的工作任务中保持高产，仿佛他们把注意力集中在下一个物种、下一篇文章上，而不会陷入和可能具有不同观点的同行之间冗长的意见交换中。常见的现象是这些高产作者因为他们古怪的行为引起他人的注意。在他们看来，社交活动与其说是一种让人愉快的分心，不如说是一种麻烦。一个人以一种偏执狂的方式投身于某个昆虫类群的研究中，就一定会将这些昆虫变成这个人的个人世界中一切事物的指针。沃伊切赫·J. 普劳斯基是掘土蜂中的快足小唇泥蜂属（*Tachysphex*）研究方面的世界级专家，在几十年前迁居美国，他的朋友和胡蜂研究方面的同事阿诺德·S. 门克，曾经在一件订制 T 恤上印上"永远的快足小唇泥蜂"送给普劳斯基。普劳斯基也的确是在他的一生中，将这个属作为他的首要研究对象。

我们再次回到弗朗西斯·沃克尔的话题上，他是这些高产作者中的领军人物。如前所述，他在本行业中的糟糕声誉是可以理解的，而他的同行们也很少羞于对他施以尖刻的嘲讽。例如，1863 年，奥地利鳞翅目昆虫专家朱利叶斯·莱德雷尔就传出嘲弄性质的评价，说在大英博物馆的地下室里光线一定很暗，让沃克尔不能意识到他是不是已经将同一个物种记述了"五次、六次，甚至十一次，而在不同的属里，这种情况只多不少"。莱德雷尔进一步揣测说，那并不是一个真正的地下室，而是一个夹层，并且更让人惊讶的是，尽管光线糟糕，其他同行却都做出了"扎实的"工作。除此之外，在有雾的日子里，博物馆不管是地下室还是哪里都是一片黑暗。

即使在今天，在和分类学界的同事们谈起沃克尔的时候，这些和他同属一个专业领域的人的反应也大多都是不以为然，尽管对沃克尔的抱怨至少在一定程度上是我们逐渐喜爱的这个学科的传统导致的。虽然我从未在胡蜂领域（我在本科和之后的博士研究对象）对沃克尔的那些物种有过不愉快的互动体验，但是我的老同事们持续不断的负面意见，也足以在很长时间里让我对沃克尔有负面的看法。在这种背景下，我在研究沃克尔和他的物种时做好了最坏的准备，寻找那些被他记述的物种中令人难以接受的同种异名的数量。同种异名的比例是分类质量的一个常用标准，在经过足够长的时间后，使后来的科学家们能够对这些物种给出定论。在沃克尔记述的物种中同种异名的数量不是很多，但是少数确定的同种异名的情况确实令人惊讶，而且无法与我的期望相符。前文中提到，沃克尔在双翅目物种中的同种异名比例是 31%，和其他该领域专家的工作成果相比，这个数字并不是太糟。和历史上最丰产的 13 位双翅目昆虫学家相比，有 3 位的同种异名比例高于沃克尔，分别是让·巴普蒂斯·罗比诺－迪斯沃伊狄，最终他的同种异名比例高达 49%；皮埃尔·贾斯汀·马里耶·马卡尔，有 37% 的同种异名比例；以及双翅目昆虫研究领域奠基人之一的约翰·威廉·迈根，其同种异名比例是 36%。所有这 13 位活跃于 19 世纪的最丰产的双翅目昆虫学家的工作成果中，出现一个物种被两次记述的比例在 25%~50% 之间。在沃克尔记述的其他昆虫类群中这一情况有很大的不同：他记述的蚜虫中有 74% 是同种异名，蟑螂中有 55%，石蛾中有 23%，而在他记述的北美小蜂物种中只有 6.8% 是同种异名。总体而言，同种异名的比例表明沃克尔的分类学工作达到了平均水平。

除了亚历山大的大蚊物种之外，其他高产作者的同种异名比例几乎没有比沃克尔更好的，许多甚至更糟，而亚历山大的大蚊比例尚有待最后的同种异名评估，因为他的活跃时间对于这种评估而言依然太近了。然而在文献中，他们经常受到赞扬，原因是他们惊人的工作产出，而沃克尔却总是遭到诋毁。这就提出了一个问题，为什么昆虫学家的行业内部的不信任要如此针对沃克尔？

我们可以在沃克尔同时代的人对他更深入的批评中找到答案，也就是这些名称的语言品质。例如在 1863 年，朱利叶斯·莱德雷尔对于沃克尔创造的名称的说法是"大部分都令人毛骨悚然"。的确，沃克尔创造的许多名称都是不太寻常的、在古典文学中有更高价值的词汇组合，对此很多那个时代的分类学家都觉得难以接受，他们更青睐以形态学特征为基础的名称。要想出2万个新名称当然是很有挑战性的，而且虽然从历史的角度看当时人们的反对可以理解，可是在今天没有人再对沃克尔关于命名法的决定感到不快。

无论如何，记述的质量、同种异名的比例和感觉上的语言瑕疵，这些都是沃克尔同时代的人也要在不同程度上面临的批评。所以，沃克尔的科研工作的品质不应该成为他声名狼藉的原因，而如果他个性中的少数几个特点是可信的，那么他的社交行为也不应该是他糟糕名声的来源。即使卡林顿以挖苦的方式哀悼沃克尔的死迟来了20年，卡林顿也承认沃克尔"是和蔼可亲的，而且可能没有多少活了65岁的人能像他一样树敌无几"。伦敦昆虫学会的会议记录中有如下的介绍："这位是弗朗西斯·沃克尔先生，他是完美的可以行走的昆虫学知识百科全书；你会发现他非常和蔼，而且总是可以随时传递知识。"

在他生命的最后几年里，沃克尔要忍受日益恶化的视力。不清楚他的视力是从什么时候开始严重困扰他的，但是到了1873年，他动笔写字都已经明显受视力影响了。视力的损害并没有阻止他对微小的小蜂科物种进行分类学的研究，这些胡蜂的特征肉眼几乎难以看到，即使用当时常见的放大镜也不行。小蜂科的胡蜂是他最后一篇文章的主题，在他去世后的1875年得以发表。

弗朗西斯·沃克尔没有留下个人传记。最终，他的信件档案和他巨大的生产力，显示出他对昆虫目录项中的物种记述与命名的痴迷。不管是否是被虚荣心和野心、对科学的好奇，甚或是对目录编纂的狂热所驱动，他的真正动机都在过往岁月的阴影中归于晦暗了。我们同样不能明了的是，为什么在他受到一些人爱戴的同时，又被另一些人视为粗鲁的莽夫。

沃克尔在大英博物馆处理过的很多昆虫学标本中，有许多都是阿尔弗雷德·拉塞尔·华莱士采集来的。除了沃克尔，还有很多其他专业人士投身于华莱士采集的标本，并导致有数百种植物和动物物种的名称为wallacei（华莱士）。时至今日，在华莱士采集的昆虫中仍会不断发现尚未记述的物种并以他的名字命名。

华莱士并没有只将自己视作一名分类学家，即使他确实描述和命名了大约300个新物种。其中包括12种棕榈树、120种鳞翅目昆虫、70种蔷薇金龟和100种以上的鸟类。其中他捕获、记述并命名的物种中最著名也最漂亮的物种是红鸟翼凤蝶（*Ornithoptera croesus*），在英文中也被称为华莱士黄裳凤蝶。华莱士在1869年的旅行报告《马来亚群岛》这样描述他的发现：

"当我第一次进入巴贡的森林，我看到一只落在远处一片树叶上的蝴蝶，它极其美丽，周身暗色中带有白色和黄色的斑点。我没能捉住它，因为它飞到了森林高处，但是我马上注意到这是鸟翼凤蝶属（*Ornithoptera*）中的一个新物种的雌性个体，是东方热带地区的引以为傲的物种。我当时非常渴望捉到它并找到一只雄蝶，这个属的蝴蝶中雄蝶总是极其漂亮的。在之后的两个月中，我只是看到它一次，而之后不久，在采矿的村子里，我看见了这种雄蝶在空中飞舞。我开始绝望地感到我永远都不能得到这个物种的标本，因为它看起来如此罕见而行踪不定；直到有一天，大约是一月初，我发现了一片漂亮的灌木，有白色的叶状大苞片和黄色的花朵，这种植物属于玉叶金花属（Mussaenda），还看到一只昆虫在上面高傲优雅地飞旋，但是对于我来说它飞得太快了，这是一种全新的华丽物种，也是世界上色彩最艳丽的蝴蝶。状态良好的雄性标本的翅展可以达到 7 英寸（大约 18 厘米），有丝绒般的黑色和炽热的橘色，后一种颜色在本属的其他物种中为绿色所代替。这种昆虫的美丽与光彩难以名状，而且当我最终捉到它的时候，我所体会到的强烈的兴奋激动之感只有博物学家能够理解。当我从捕虫网中将它取出，并展开它光彩夺目的翅膀时，我的心开始剧烈地跳动，血涌上我的头，我感觉到的眩晕要比我已经历过的濒死的恐惧还要猛烈得多。我那一整天都感到头疼，将要展现在大多数人面前的东西所产生的巨大的兴奋，都远远不足以成为这种头疼的原因。

我当时已经决定在一到三个星期内回到德那第，但是这一重大的收获让我决定留在这里，直到获得这种新蝴蝶物种的大量标本再走，从那时开始我就将它命名为 *Ornithoptera croesus*。"

在之后的几个星期，华莱士每天都会返回那个玉叶金花属的灌木丛，他几乎每天都能在那里捉到一到两只标本。他的助理拉西也带回了一些在附近河边捉到的这种蝴蝶。最后，华莱士拥有了 100 只以上的红鸟翼凤蝶。

1859 年 1 月 28 日，在给收件人是塞缪尔·史蒂文斯的信中，华莱士谈到了他的这一最新发现，然后将这些标本送往在伦敦的博物学代理商手中。关于他的这种新的蝴蝶，华莱士写道："对于这种鸟翼凤蝶属的蝴蝶，我认为 croesus 是一个好名字。"这封给史蒂文斯的信除了在 1859 年 6 月 6 日皇家昆虫学会的会议上被传阅之外，还发表在了该学会的会刊上。一些华莱士同时代的人对将这一简要的语句作为严肃的物种记述感到不满，致使当时的学会主席乔治·罗伯特·格雷亲自查看这一艳丽的蝴蝶新种。同年 11 月，在当时已经寄回伦敦的华莱士收集的标本的基础上，格雷在《伦敦动物学会会刊》上发表了这一物种的相关记述。格雷认为，这个物种真的应该以华莱士的名字命名，但是由于手中的这只蝴蝶标本已经有了华莱士标注的 croesus 的标签，而且也因为华莱士已经向皇家昆虫学会声明以该名称命名这个物种，所以格雷采纳了由它的发现者提议的这个名称。无疑只有格雷的论文可以在真正的意义上被视为恰当的具体记述。事实上，很多鳞翅目昆虫学家的立场都是 croesus这个名称除了在 1859 年发表之外只是出现在华莱士的信件中，这是一种尚未发表的草创性质的名称，表明华莱士不是这个名称的作者，但是最终这种观点并没有得到太多注意。也是因为名称可用性规则得到了满足（即使是源于对命名法规则的宽泛的解读），或者只是出于对华莱士提议的名称和对他捕获这种非同凡响的蝴蝶的诗意描述的尊重，所以时至今日，华莱士仍然被人们视为华莱士黄裳凤蝶的命名者。

装有腕足动物（Brachiopoda）贝壳的盒子。柏林自然博物馆，本书作者拍摄。

第八章 谁计数物种，谁命名物种?

登上简约的普鲁士风格的台阶，来到柏林自然博物馆的入口处，透过玻璃门向最神圣的展厅看过去，那是光线充足的恐龙展厅，里面居于主要位置的就是这件标志性的展品，布氏腕龙（*Brachiosaurus brancai*）。在走进恐龙的召唤之光之前请稍作停顿，你可能会注意到两个饱经风霜的人物矗立在入口的上方：与主入口两侧相接，有好几米高，两个拐角有略突出墙面的装饰，是两个面无表情的人像。右侧的是约翰内斯·穆勒，海克尔称之为"19 世纪最重要的德国生物学家"，是他通过对浮游生物和其他微小生物的系统研究，帮助奠定了现代海洋生物学的基础。约翰内斯还在比较人体解剖学和生理学领域发表了几部著作。左侧的是地质学家利奥波德·冯·布赫，他为地质学和古生物学创造了一些关键术语，比如破火山口（caldera），是表示火山口的术语，还有标准化石或指准化石（index fossil）。

在门厅面，靠着左侧大门的是一个近些时候放置的小型青铜牌匾，这个相较于头上方的历史杰出人物像更低调谦卑的牌匾是为了纪念一位科学家——动物学家沃尔特·阿恩特，是一位研究海绵的专家，也曾是这间博物馆的前任馆长（curator，该称呼也常常指代博物馆的管理员和策展员——译者注）。这块牌匾上的题词是对阿恩特可怕的命运的赞颂。

1891 年，阿恩特生于波兰下西里西亚省的卡缅纳古拉。他受过医学方面的培训，并在第一次世界大战中服役，后于 1921 年追随他的老师维利·库肯拓尔来到柏林的自然博物馆，当时它还被称为动物学博物馆。一开始他是一名助理，1925 年起担任主要策展人，他负责海绵、蠕虫、苔藓虫、刺胞动物和棘皮动物的馆藏。他的任期，在纳粹时期和第二次世界大战最初几年里一直都没有问题。但是到了 1943 年，战争的局势开始发生转变：盟军越来越频繁地轰炸柏林，墨索里尼也在 1943 年 6 月 25 日倒台了，而阿恩特对德国的局势越发悲观。到了 1943 年 7 月，阿恩特相信纳粹政权就是下一个要倒台的，而且罪行很快会受到审判。他对他的同事冈特·特姆布洛克说了他的看法，后者在后来成为柏林研究动物行为的专家和动物学家中的佼佼者。特姆布洛克和其他人警告阿恩特，要小心选择他的交谈对象。

1943 年 9 月，在回乡探亲的时候，阿恩特碰见了同校的一位老友，汉内利斯·梅尔豪森。据她后来说，阿恩特说了下面一番话："糟糕的是我们所承受的是其他人强加在我们身上的东西。但是现在他们会面临审判。就好像墨索里尼在意大利被讨伐一样——这里会发生同样的事情。你们会看见那一天的。在四个星期内，纳粹党也会在这里垮台的。"梅尔豪森从 1930 年开始就是纳粹党的党员，她将这些告诉了当地的纳粹领导人，后者又向柏林的盖世太保发出了警报。那年年底，阿恩特在柏林的州立图书馆前遇见了一位研究昆虫的专家沃尔夫冈·斯蒂格尔。还是类似的谈话，据说阿恩特将 1933 年德国国会大厦的大火描述为纳粹的阴谋，而斯蒂格尔恰好是一位党卫军成员，向他的上级告发了阿恩特。除了政治倾向之外，阿恩特的个人原因也可能是他被告发的原因。梅尔豪森说她自己曾经是阿恩特博士的未婚妻，但是他最终拒绝了她。斯蒂格尔多年来一直想要在柏林自然博物馆谋个职位，而且多次抱怨说是阿恩特挡了他的路。不管是什么情况，1944 年 1 月 14 日，阿恩特在他位于自然博物馆的办公室里被盖世太保逮捕了。

1944 年 5 月 11 日,阿恩特案在人民法院开庭并宣判,由法官罗兰·福莱斯勒主审。福莱斯勒无疑是纳粹德国最臭名昭著的法官;他曾经处理了数千个死亡判决，包括对白玫瑰抵抗组织成员的判决和想要在 1944 年 7 月 20 日刺杀希特勒却遭失败的反叛者。根据冈特·特姆布洛克亲眼所见，阿恩特的庭审也是在福莱斯勒的盛怒之下完成的。两个小时后，完全仅在梅尔豪森和斯蒂格尔的证词的基础上就宣判了——阿恩特的罪名是"令军威蒙受极大的耻辱"，并被判处死刑。几位杰出的科学家上书恳请宽大处理，其中包括当时博物馆主席汉斯·冯·兰格尔肯，后来成为柏林动物园园长的兰格尔肯的妻子卡塔琳娜·海因洛特，以及著名的外科医生费迪南德·绍尔布鲁赫。特姆布洛克甚至请求汉斯·哈斯——著名的潜水员和海洋生物学家，他和纳粹党的高级官员有紧密的联系——出面求情赦免阿恩特。这一切都是徒劳。1944 年 6 月 26 日，阿恩特在勃兰登堡监狱被送上断头台斩首。之后他的姐姐收到了 300 马克的账单被要求支付这次行刑的费用，还有 20 分的邮费和各式各样的其他费用。

既非器官也非肌肉，既不是神经，也不是感觉细胞

阿恩特被谋杀标示着一段跨越 20 年的科学生涯壮烈结束。从 1907 年他 16 岁时第一次发表关于"一条水族馆饲养的梭子鱼每年的食物消耗量"的文章开始，到他的最后一篇论文在他死前不久发表，阿恩特共发表了 260 篇文章，其中有 220 篇是在自然博物馆工作期间完成的。有大约 15 篇草稿尚未完成或者是在他死后发表的。他的科学研究涉猎广泛，但是这些研究都与他十分珍视的领域紧密相关——例如，在自然博物馆

工作，有所体会而写的较为普通的文章（《自然博物馆的职业病》，1931年），有关于标本保存记述的技术性文章（《自然博物馆中酒精使用的相关问题》，1937年），以及对于特定动物类群的具体保护问题的文章（《植皮术的过去和现在》，1934年）。

然而在动物学界，阿恩特享有的国际声誉是源于他对海绵的研究。海绵——在科学上被称为多孔动物门或海绵动物门（Porifera）——是一类古老的多细胞动物，已知大约有8000个物种。海绵通常都是海生的，有些海绵物种也可以在淡水中找到。作为动物，海绵有一种奇怪的身体结构，看起来既非器官，也非肌肉，既不是神经，也不是感觉细胞。它们通过自身的身体结构来滤过漂浮在水中的颗粒物质，其身体一般都是多孔的，而且它们非常多变的形态在很大程度上是依赖于它们的实物状况和栖居环境的。在只有3种细胞类型的情况下，海绵具有针形的骨架元素，称为骨针（spicules），其化学成分、形态和排列对于分类学家和生物系统分类来说是重要的性质特征。有一个例外是寻常海绵（demosponges，属于寻常海绵纲 demospongea），它们没有坚硬的骨针，却有具有弹性的像角一样的海绵丝（spongin fiber）。这种单细胞物种可以通过浸渍作用去除，而这种有弹性、柔软且有吸收能力的海绵骨架长久以来一直有商业价值。海绵的很多变种现在都实现了水产养殖，并在采收后用于医学和制药领域。

阿恩特对于这种"有实用价值的海绵"尤其感兴趣。他花费数年时间在柏林自然博物馆建立起可能是最大的实用海绵及其相关文献的收藏库。他从可以想到的任何角度来研究海绵。例如，他不仅研究"有关海绵的最古老的图像表现"（1931年），而且在进行了大量研究之后，以哀悼的方式揭示了"歌德与海绵的关系"（1939年），因为这位诗歌王子在魏玛的住处里留下的海绵，不可能是属于他本人的。相反，我们会想到的洗浴用品其实是一种来自西印度群岛的没有经过漂白的天鹅绒海绵；一直到 19 世纪 40 年代，也就是歌德 1832 年去世约 10 年后，这种海绵才被定期进口到欧洲。

在一篇 1943 年的文章中，阿恩特检查了自然博物馆收藏的 119 种已经干燥过的海绵骨架，研究它们声学性质。他"以一种典型的'敲击'方式用右手食指中间的关节"击打这些海绵，如果声音太小的话，就用食指或中指的指甲击打。他用多种不同的物理测试方法记录了音量和音高，将这些结果编辑到这篇文章附录中一个长达 9 页的表格里。

除了对海绵及其对暗礁和其他海洋栖居地的核心作用之外，阿恩特还发表了一些关于生活在水下洞穴中的生物共同体，海绵和水螅珊瑚的共栖，保加利亚的水生生物学以及北波罗的海的海绵与各种淡水湖的文章。在他和他的同事费迪南德·帕克斯协作完成的系列研究《动物界的原材料》中，他的贡献是一份近 500 页的关于海绵的内容涵盖广泛的手稿。

最终，可能也是最具代表性的，是阿恩特发表了大量索引性著作，这些研究成果能被轻松归类为目录或者列表，很大程度上得益于他对现有文献细致入微的分析工作，例如，《博物馆学文献》和《生物学文献目录》，这是一部多卷本的著作，里面充满了各种生物学相关话题的表格和数据，以及关于在德国和其他栖居地的物种的一系列出版物:《在德国的已知动物种群中寄生虫的比例》(1940 年);《生活在德国（帝国时期）的洞穴和地下水中的动物物种数量》(1940 年);《我们今天了解的动物界中有多少"微小"动物物种生活在德国》(1940 年);《德国有多少种已知的现存动物物种》(1941 年);以及《德国（帝国时期）得到证明的现存动物物种有多少》(1941 年)。

即使以今天的眼光来看，这份最终的著作列表也同样是非凡的成就。在大量的表格中，通过对动物类群的系统划分，阿恩特阐明了有多少个物种分别生活在陆地、淡水和咸水环境中，以及德国的全部物种数量。他对德国的整个动物种类中各自的比例有着令人瞠目的准确计算。因为他可以证明海洋野生动物占德国动物种类的 9.7%，如果不包括 300 种海岸物种和寄生昆虫，那么这个比例会下降到 8.9%。

可以说，阿恩特的目标是要确定德国动物物种在每个动物类群中，所占的世界范围内已知物种数量的比例。首先，他想要获得对现有的鉴定结果中已知的生物多样性的一个真实估计，即当时已知世界上全部记述过的动物物种有 102.5 万个，其中 3.8% 是德国的动物群。虽然很多物种丰富的类群，比如昆虫——它们在热带地区物种尤其丰富多样——在德国的数量要少得多，但是蠕虫和类似蠕虫的微小生物这一类群，比如腹毛动物门（Gastrotricha）、轮形动物门（Rotatoria）和缓步动物门（Tardigrada）所占的比例却高得多。这些生物类群是在 19 世纪和 20 世纪初的时候首次发现的，一定程度上是德国动物学家的贡献。同样，这些微小动物的巨大数量也可能是由于特别的关注，以及新发现对研究焦点的促进导致的，而不是因为在德国的水生环境中有独一无二的巨大种群存在。

计数和目录编纂

我们对物种多样性程度的认识，基本上是由两个不确定的数字决定的，尽管它们的不确定的结果有不同的原因和表现方式。第一个数字是已知物种的数量，第二个是地球上存在的生物物种的数量，这两个数字都是人们已经想到却又尚未证实的。在动物研究的初期，动物学家们不幸未能建立起一个集中的、必须的登记了所有已发表的有效科学名称的系统，当然，这样的尝试在 19 世纪的时候有过几次，以便使目录和花名册上不断增长的众多名称可以有一个清晰的脉络。例如，英国研究人员谢菲尔德·艾雷·尼弗就发表了一部多卷本的《动物命名》，这是一份旨在全面展现自从林奈的第十版《自然系统》出版以来，所有已经发表了属和亚属名称的目录。这份目录在尼弗去世后继续出版，并且现在也有在线的电子版本，它的条目一直更新到 2004 年。另一份今天依然可用的划时代的目录是《动物学记录》，首次出版于 1864 年。现在有电子版，这个持续更新的数据库的目标是要记录每一个动物学分支中的新出版物。

这只是许多目录编纂中的两个范例，它们在系统动物学研究中具有极其重大的意义，但此外，出于多种原因，它们也一直未能确定物种的数量。其中一个主要原因是科学名称得以确定的方式，在过去和现在都各不相同。一个物种，其名称经过正式发表出版，被认定符合命名法规则，是有效的名称之后，才算完成了"洗礼"。动物命名法规则框定了是否计数一份出版物的评价标准，这些标准是所有分类学事物所依据的准绳。从反面说，科学期刊是分类学结果和新物种发现相关论文的首要平台，这些期刊要求作者遵守《命名法规》。评价标准内容简短：命名法规则认为有效的工作成果必须要使公众可以通过付费或免费的方式获取，而且"其一个版本要有大量一致且耐久的副本（拷贝）"。其实不难看出，这条评价标准是有点兜圈子的规定，即这些出版物必须得以书籍或者期刊的形式出现，而且这就是它所要求的一切了。根据命名法规则，任何一本书或者期刊满足了这些细微的评价标准后都可以视为一份有效出版物；这里面印着的每一个科学名称——它们应该是遵循名称创造的规则和其他一些要求的——都可以视为可用名称。反过来说，这就意味着在此类可以被称为出版物中的所有印刷发表出来的物种名称，即使是那些最晦涩的名称，都必须被视为可用名称。例如，在游记的附录中、与分类学毫无关系的长篇科学著作的脚注中，19世纪的只会印刷几本的自然哲学杂志，还有各种令人惊讶的出版物里的物种。任何想要编纂一份已经发表过的所有名称的综合性目录的努力，都要对这种复杂的情况有所预计和准备。

如果要进入某个综合性主要目录，科学名称必须出现在这个目录的编辑定期梳理的出版物中，或者由这篇文章的作者向这个目录编辑者提交申请。直到今天，仍然没有对新近发表的名称的登记要求。这些新名称中的大部分是否会出现在《动物学记录》中，很大程度上要依赖于编辑的搜索策略、名称作者的协作意愿，以及相当的好运气。对于未来的物种记述至少有希望：要求新的动物名称在ZooBank网站上登记，这是一个由动物命名法委员会发起的在线数据库，而且这一要求已经在实施了。

潜伏在上述背景中的是对于动物分类和命名而言更为根本的一个问题：在可用性和有效性之间的决定性区别是什么。如前文所讨论过的，一个名称必须首先要明确它的可用性。如果可用性存疑，那么就要将这个名称扔到窗户外面去：一旦它被证明没有可用性，那么这个名称永远也无法成为一个物种名称。通过了可用性检验并不必然使这个名称成为有效名称，也就是说，不能成为真正用于这个物种的名称。我们已经在第七章里看到了，出于不同原因同一个物种可能会被记述多次，结果是有好几个同种异名指代同一个物种。在所有的可用名称中，最老的名称具有优先级，而且这个名称会被视为有效名称。

除此之外，还有很多生物学家会提的问题，即真正决定一个物种是否从未被最终记述过的标准是什么。在这个问题上，有广泛被接受的标准，而且时至今日，这一标准引起的物种概念的偏离也没有产生什么影响。

分子系统生物学逐步增长的重要性和用于区分物种的遗传学方法的使用，被很多科学家视为在分类学的长达数世纪的发展过程中的哥白尼革命。例如在 2011 年，动物学家科林·P. 格罗夫斯和彼得·格拉布发表了一份内容丰富的经过改进的有蹄哺乳动物在世界范围内的多样性的分类学结果。除了这一动物类群中人们熟悉的那些成员，它还包括了犀牛和其他几种人类了解较少的只是被视为有蹄动物的类群。有蹄哺乳动物中物种最丰富的类群是牛科（Bovidae），这个科包括家牛、绵羊、山羊和多种羚羊物种。到 2011 年，全世界已知的牛科动物有 143 种。在近几十年中没有多少新发现的物种加入这个类群，而且研究者们都相当确信，未来的发现中也不会有什么让人惊讶的成果。格罗夫斯和格拉布改变了研究者们的这一信念，在他们二人的著作中，世界范围内牛科动物的多样性从 143 个激增到了 279 个物种，几乎翻倍！科学界被激怒了，而且掀起了对格罗夫斯和格拉布发动了暴风雨般的攻击。地球上的牛科动物怎么可能突然加倍，而此前很长时间里科学界都同意这个数字是低于 150 个的呢！这些新物种都是哪来的？

的确，格罗夫斯和格拉布并没有在实际操作中发现这 136 个"新"物种中的任何一个，他们也没有检验任何此前未知的揭示新特征的研究材料。相反，他们是以完全不同的视角来看待已知的和已经命名了的物种的，即"系统发育学中的物种概念"。根据这一概念，"一个物种就是最小的种群或种群的集合，它和其他此类种群或种群的集合之间有固定的可遗传差异"。所谓固定的可遗传差异，按照格罗夫斯和格拉布的描述，是可以存在于同一个物种在地理上相分离的种群之间的。将这一概念运用于牛科的分类上，很多长期以来被视为同一个物种的种群，现在都各自成为了一个物种。例如，虽然科学界是否长期以来都将非洲山羚这种体型最小的羚羊视为一个单一的物种，即 *Oreotragus oreotragus*，但是格罗夫斯和格拉布看到了 11 个不同的、界定清晰的非洲山羚物种。对于这一点的激烈争论仍在进行。至于哪一种论点最终占上风还有待观察。

在实践中，这个问题对于山羚及其同类有着巨大的意义。所有的山羚，不管它们是 11 个物种还是 1 个物种，都是国际自然保护联盟（IUCN）红色名录上的濒危物种。然而生物的保护措施，往往都是因物种而异的。政治上和财政支持上的，以及实际执行中的差别，在为 11 个还是 1 个物种设计保护路径时是显而易见的。对于非洲的很多大型动物，保护行动首先是要包括物种的栖居地，而且在为现有种群中引入新的动物的实际挑战也不容忽视。这只是格罗夫斯和格拉布的"多样性加倍"所产生的某种可能的影响，解释了激烈争论产生的原因，也是为什么这么多科学家和环保人士拒绝接受他们的工作成果的原因。

这些高分辨度的遗传学方法无疑有助于破解"神秘莫测"的物种，它们的数量到今天也不清楚。隐蔽物种是指那些用所有现存的办法无法鉴定的，但是遗传学检测显示它们与其他物种明显不同。很多此类物种在形态学上的确看起来无法区分。在某些情况下，遗传数据提供了一种对形态学的新的检测，这种方法有时可以发现那些先前没有注意到的不同的外在特征。关于隐蔽物种多样性的估计差别巨大，而且有些时候，一个根据形态学确立的物种后来被证明是 10 个物种。这些情况似乎是例外；很多科学家相信在真正存在的全部物种中，隐蔽物种的比例在 5% ~ 10% 之间徘徊，而其他一些人则主张这一比例高达 30%。

因为从来没有任何一个核心的名称注录系统，也因为名称可以发表在作者选择的任何地方，所以要对我们已知的物种进行普查基本上是不可能的。过去对于确定这一总数的努力总是集中在已知物种——即得到命名的物种数量上。要估计地球上所有现存物种的数量要困难得多，换言之，就是已经记述了的物种和尚未发现的物种的总和。对于许多科学家而言，全球物种的数量是生物多样性研究的圣杯。对于分类学家来说，他们希望加入到这一任务当中；对于生态学家来说，他们想要更好地了解生态系统；但是对其他人，尤其是环境政策的制定者、环保组织的人来说，他们能从对多样性和自然的价值加以定量的工作中获益。在对相对可信的计数结果的追求中，所用的方法从简单的估计——这是一种直觉的产物而不是客观的评估——到在特定动物类群中物种记述的增长以及算法处理和统计分析的基础上进行的外推法，各种方法不一而足。

对创造进行量化

在 17 世纪，也就是距林奈的时代还有几十年的时候，英国神学家和植物学家约翰·雷就已经尝试得出地球生命范围内的总数。雷眼中的对自然的研究，"或许公正地讲，就是对神性的恰当的参悟"（约翰·雷所秉持的认识论大致可以理解为"纸上得来终觉浅，绝知此事要躬行"，强调对自然界的亲自研究和感知——译者注）。作为一名"自然神学"的信徒，雷相信他在自然环境及自然系统的互相依赖中看到了完善和美，而这种完善和美中就包含着上帝存在的明证。有什么样更好的方式服务上帝，而不仅仅是将自然作为神之全能、智慧和优雅的一种外在表达来加以研究？雷在他于 1691 年出版的名著《造物中显现的上帝的智慧》（下文简称《上帝的智慧》）中，以《旧约》里的赞美诗 104 :24 开篇：

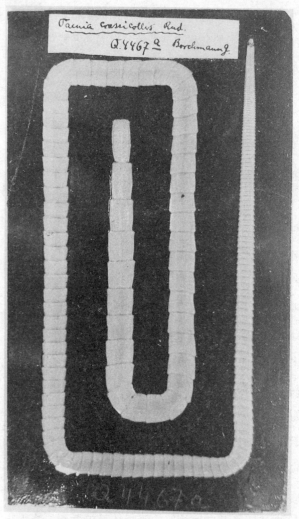

一张猫科动物绦虫的标本切片，它现在的名称是 *Hydatigera taeniaeformis*。柏林自然博物馆，本书作者拍摄。

"我主，你的作品何其众多！你以智慧塑造它们；地球上无不是你的造物。"虽然这部著作的大部分内容都聚焦在一个神造自然秩序的基础上，但是雷第一次想要回答这首赞美诗开头一句所引出的问题。神之造物的数量和创造性能够得到计算吗？雷确信的是自然事物的绝对的、真实的数量——即上帝以其智慧所创造的万物，对于我们来说是根本无法计算的，而这也是上帝的无限和"他的智慧和力量之生产力"的证明。然而，这并没有让雷停下追寻答案的脚步。雷是当时自然研究方面一位杰出的权威人士，而且在对已经区分开的动物类群（如不列颠群岛的蝴蝶和蛾子）不断增长的理解的基础上，他估计英国的昆虫有大约 2000 个物种。从这一估计再进行外推，他认为世界范围内的昆虫种群大概在 2 万个上下。他将这一逻辑用于对所有类群的动物物种的估计中：除了昆虫，雷还观察了四蹄动物（他将其称为"兽类"）、鸟和鱼。根据他的估算，有150 种四足动物（包括蛇在内），还有鸟类和鱼类各 500 种已被发现和记述。如果将贝类算入鱼的行列，那么这个类群会有 3000 个物种。虽然雷反复承认人们无法获知这些动物类群中物种的真实数量，但是他始终在努力。他又为四足动物和鸟类各增加了 1/3 的物种，而在鱼类中添加了一半物种。这样就有了 5350 种非昆虫类的物种，而且将昆虫也加在一起后——雷将昆虫这个类群扩大到包括蜘蛛和螃蟹等其他节肢动物门（Arthropod）生物的一个大类——总计有 2.5 万个物种（现在的科学分类中，昆虫纲、蛛形纲和甲壳纲都属于节肢动物门，而非属于昆虫这一个大类——译者注）。

当雷运算这些数字的时候还记录了一个观察结果，这一记录在之后困扰了系统生物学家们很多年。他描述了在物种多样性和形态学复杂性之间的一种联系，这种联系使得一个动物类群对其周遭环境的或多或少的适应能力，能够在这个类群更高级的发展中表现出来。换言之，一个动物类群"越不完美"，它的物种数量就会越多，相反一个动物类群"越完美"，自然——或者说是造物主——在该类群的扩散上就显得越经济节约。这并不令人惊奇，鸟类的数量比鱼和四足动物多，而昆虫的数量比其他动物全部加起来还要多。这些数字告诉了我们什么？首先，这些数字证明"上帝以其力量和智慧创造的作品一定是更杰出，而非更多"。其次，它们表明所有这一切都是令人快乐的，这是 17 世纪流行的一种论调。因为在上帝的全部智慧的作品中，上帝为了人类的享受而创造了植物和动物，所以造物的多样性越高，人类享受的荣耀就越大。

在彼得鲁斯·范·米森布鲁克还是一个小孩的时候，他就直接接触到 17 世纪的技术与自然科学的发展，这要归功于他的父亲，著名的荷兰科学仪器制造者约翰·尤斯登·范·米森布鲁克，他最知名的成就是制造显微镜和望远镜。彼得鲁斯曾到英格兰听了牛顿的讲座，深受牛顿的影响。他自己做过有关电的物理学方面的试验，并且发明了一种射线装置，用于自然科学研究，还出版了大量的关于物理学和几何学的书籍。和约翰·雷的《上帝的智慧》一样，范·米森布鲁克于 1744 年出版的《上帝智慧之表现》一书也是植根于自然神论的传统，并通过对"十分确信的自然事物"以及这些事物和上帝之间的联系的研究，来赞美上帝的智慧和力量。书中包括了对动物和植物物种数量的一份估算，范·米森布鲁克确定的数字如下：在已知的动物中，有 500 种鸟类、450 种陆生脊椎动物、600 种鱼类、1000 种软体动物、50 种两栖动物，以及 5000种昆虫和水生脊椎动物,总计 7750 种。还有 1.3 万种植物物种。在当时，他的这一计算是非比寻常的成果。他假设每一种植物一定有 5 种昆虫是直接依赖该植物生存的(在范·米森布鲁克逝后 250 年的 20 世纪 80 年代，这种生态学上的共生关系及其对物种数量的暗示，为特里·欧文著名的全球多样性计算提供了基础，欧文的计算永远改变了我们对实际的物种多样性的认识；后文会详细讨论）。5 种昆虫对应一种植物，这就又会产生 6.5 万个昆虫物种。加上已知的 7750 个动物物种，就有了 72,750 个物种。如果进一步假设每种动物都至少有一个特定的捕食者，那么这一数字就会倍增为 145,500 种。最后，范·米森布鲁克提出了他的怀疑，因为地球表面已经开发的区域极小，所以这一数字只是实际存在的物种数量的一半。那么就是再次加倍，范·米森布鲁克对世界上全部物种的数量的估算就是 29.1 万种。鉴于知识的进步——特别是对生态上的互相依赖的认知增加，这一假设的可能的物种数量在雷的初次计算不到 50 年后，就变成了首次计算结果的 10 倍还多。

卡尔·林奈这位"分类学之父"几乎没有提及世界上物种的实际数量。在林奈的时代已知的植物和动物物种的数量和他书中所列的相差无几。在 1758 年的第 10 版《自然系统》这部动物学论著中，他命名了 4376 个物种。虽然林奈勉力获得一份完整的结果，而且他也在自传里说过，"在此之前没有人写过更多的著作，也没有更好的、更系统的作品，或者源于个人经验的作品"，他对他的这一目录中的漏洞了然于胸。那又该如何解决呢？在去往遥远地区的旅途中，他曾经亲眼看到那些正待发现的植物和动物。他派去世界各地收集标本的学生（他将这些学生称为"信徒"）每次都能为他寄回先前未知的物种。这扩展了林奈对于神之造化的数量的看法，在他的系统研究成果的一版又一版的更新中就反映出了这一点。

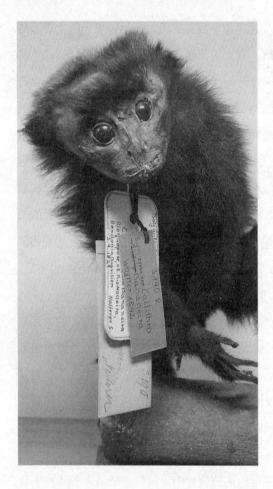

一只伶猴的模式标本，*Callicebus brunneus*（Wagner，1842），这个物种起初是归于狨属（*Callithrix*）的。柏林自然博物馆，本书作者拍摄。

1735 年出版的《自然系统》是第一版。它是由 14 个大张的对开页构成的，而且 3 个自然分界中的每一个——矿物界、动物界和植物界，都以两页的表格来说明。林奈在这一版本中编录了 561 个物种。鉴于当时的背景和博物学收藏中沉睡着的宝藏，看起来林奈不大可能真的认为他的记录接近物种的总数。到了 1758 年的第 10 版《自然系统》，林奈命名了 4376 个动物物种，而在 5 年前的《植物物种》一书中，他编录了大约 6000 个植物物种。在这本《植物物种》的前言中，他估计说实际有大约 1 万个植物物种，而且他又假设在动物界也有相似数量的物种。不难看出林奈可能更重视植物学而不是动物学。当时几乎没有人怀疑动物物种的数量会大大超过植物。但是林奈首先是一位植物学家，他以更为仔细的态度收集和研究植物。

　　然而林奈已经间接地建立了生物多样性可能的上限，至少对植物而言是如此。在1754年出版的第5版《植物的属》中，他引入了一种按字母顺序排列的系统，这是一种植物学的语言或者字母表。26个字母代表26种可以对植物进行综合性描述的特征。这些特征中的任意两种的组合，加上额外的4种"具体而机械的原则"——也就是数量、位置、形态和相对位置——就足以清楚地定义任何植物的属。这种任意组合的数量是$26 \times 26 \times 4$，约等于2684种组合，因此，可能的植物的属最多有2684个。

　　10年之后，在第6版的《植物的属》中，林奈用另一种计算方法得到了相似的结果。他假定在一开始的时候，上帝首先创造的是"自然界的目"，根据林奈的计算，目这一分类单元有58个。属是通过这些目的"混合"而产生的，或者说是58×58，有3364个属。通过上帝指定的结构进一步"混合"，所有可能的物种数量根据各种特征的组合就可以计算出来，所以是$58 \times 58 \times 58$，总数为195,112个物种。林奈相信这种物种的随机混合产生了另一个层次的产物，即"变种"。但是他论证说，这种随机过程持续发生，而且对于这样一个数字来说，植物学家们不必考虑其产生的任何结果。

　　和18世纪的大多数野心勃勃的计算尝试一样，在一种数学运算和直觉的组合的基础上，德国生物学家和地理学家艾伯哈德·齐默尔曼也是这样做的。齐默尔曼的《人类和常见四足动物的地理分布史》这部著作在1778—1783年中出版了3卷，为他赢得了业界的知名度和动物地理学的奠基人的声誉。对于齐默尔曼来说，数学是极为重要的。当然这也并不奇怪，齐默尔曼对"动物界的大小"和"地球的大小"进行了大量的计算。但是还有一些事情有待处理。齐默尔曼的基本自然哲学设想之一是，3 个自然界相互之间是有一定比例的，仿佛是根据规则建立的。组织的级别越高，自然的多样性就越大。那就是说，齐默尔曼假设的就是，动物界作为"生命的最高层级"，和植物界以及矿物界相比，应该拥有最大的物种多样性。对相关文献进行了彻底梳理之后，齐默尔曼确信世界上的物种多样性的重要组成部分尚未被发现，而且他相信数学方法是确定一个世界物种多样性的稍微可信的估计值的关键。

对于动物的总数，齐默尔曼是从植物界开始计算的：作为食物和药品的来源，植物已经获得了更为广泛的研究，而且更容易获得实物。通过经验性的观察，齐默尔曼写道早期的博物学家如查尔斯·邦尼特、奥古斯特·约翰·罗泽尔·冯·罗森霍夫和其他一些人，都得出结论，认为必须要把每一种植物看作是一个有许多市民居住的"小型共和国"——换言之，这是无数动物物种的家园。从这一点出发，齐默尔曼得出的结论是，每一种植物物种至少有特定的 5 种昆虫相对应。加上林奈在《自然系统》中提及的信息，以及海洋生物多样性尺度的相关知识，齐默尔曼认为动物的物种总数会"轻松超过 700 万"，这意味着对植物界的乐观估计会"超过这个数字的 10 倍以上"。齐默尔曼肯定已经知道了他的这个估计值有多么离谱。他所说的 700 万个动物物种超过了之前发表的计算结果几个量级。即使是齐默尔曼，都对生物多样性可能的尺度感到惊奇不已："这些物种，它们所具有的个体得是一个多么难以计量的总和啊！所有这些都是在一个小点上，在这个对于木星上的居民而言只是一个未知的星球上，木星自己的太阳，对于居于猎户座天体上的观察者而言，也只是一个没有什么用处的遥远的恒星！无声的惊异是唯一真实的赞赏，没有谁会因为这样无足轻重而烦恼，相反，这种想法会让人流下感激的眼水。"

从今天的观点来看，齐默尔曼估计的百万数量级看起来达到了总体规模的标准。然而过了将近 150 年之后，才有另一位动物学家的估算超过了这个 7 位数的临界值。齐默尔曼的数字在这些年中无人提及，19 世纪和 20 世纪的学者们都远远落后于他。由于物种发现数量的稳定增长，尤其是随着全球的地理大发现的步伐，人们对物种多样性范围的普遍认识也持续地扩增。

美国进化和系统生物学家路易斯·阿加西在 1848 年提供了第一份来自新世界的全球物种计算结果，他被认为是将物种的多样性和上帝的创造行为联系在一起的最后一批古生物学家之一。他还在当时拒绝接受达尔文的进化论，也就是说，他相信新的物种不能真的从种内变异、已知的遗传法则和环境变化的相互作用中涌现出来。阿加西也着手估算地球上动物物种的数量。他从已经得到记述的 15 万个物种开始，提出总数为 25 万个物种的意见；作为一位古生物学家，他认为化石物种的数量与此相同。虽然这一计算比范·米森布鲁克或者齐默尔曼的估算要低得多，之后基本上被当作缺乏先进科学知识时代的遗留物而被大多数人所忽视。但是阿加西的预测要更有冲击力得多，因为这是来自 19 世纪的顶尖动物学家的研究成果，当时书籍实现大规模出版也使得他可以比他的前辈们享受更高的知名度。阿加西和他的合著者奥古斯都·艾迪生·古尔德注意到了他们估算的这一体量，并强调这个巨大的数字应该对博物学家们产生鼓励——而不是将他们吓跑，因为每一个新记述的物种都表现为一个"辐射点"，照亮了它周围的一切。因此，他们论证说，分类学家们兼顾的工作会扩展并描绘出这幅全景图画。

阿加西和古尔德在一本教科书中发表了他们的发现成果，而且在几年之后，一部类似的含有动物物种数量的书籍出现在了德国的学校里。约翰内斯·兰尼斯是德国北部城市希尔德斯海姆的一位牧师，但他的首要目标是教学和博物学工作。在他1851年出版的教材《博物学》的导论中，他试着估计了世界上的物种数量。他的计算基础是1748年出版的第6版《自然系统》，从那时起物种增加的速度是每10年增加3/4。兰尼斯预计，如果欧洲以外的世界各地都得到更仔细的研究的话，那么已经在册的世界范围内的物种多样性"肯定显著地增加了"。然后，他又在讨论中引入了一个新的角度，他相信已知的动物物种的实际数量应该会下降1/5，"因为相同的物种总是以两个不同的名称出现在出版物中，而且这些物种制作者会产生一定量的'变幻物种'"。无论是否来源于"物种制作"还是不断变化的物种定义，对于物种的二次记述曾经是，而且一直都是一个要考虑的因素。时至今日，假定有20%的物种是同种异名，这与兰尼斯的先见之明完全一致。

1898年，卡尔·奥古斯特·莫比乌斯开始确定一个可信的物种多样性估计，但是出发点和在他之前的科学家有所不同。1888年，也就是作为德国基尔市第一位动物学教授工作20年之后，莫比乌斯被召至柏林，成为弗雷德里希威廉大学的系统生物学和动物地理学教授，同时担任动物学博物馆（即柏林自然博物馆）的馆长。在他工作的头一个月，莫比乌斯负责将博物馆的大批藏品从位于菩提树下大街的大学校址迁往因洼里登大街的博物馆新楼，这两个地方都位于市中心。新博物馆的开馆庆典在1889年12月举行，德皇威廉二世出席了开馆仪式。从1896年开始，莫比乌斯成为整个博物馆的行政主管，管理包括动物学收藏和矿物学收藏以及古生物学收藏。在1898年卷的《柏林皇家普鲁士科学院院刊》中，莫比乌斯发表了一份博物馆的现状报告，这份报告有一系列不同的目的。文章的标题是《柏林动物学博物馆的最大容量和设施问题》。莫比乌斯在短短几页中，就勾画出了自林奈以来，动物物种多样性快速增长的事实，过去的表述和现在的理解相比，大型动物学博物馆作为教育和研究机构的角色和功能，馆藏物品如何组织编排以应对排山倒海一般的生物多样性，以及这间博物馆雇佣了多少人等问题。在这篇文章唯一的表格中，莫比乌斯在林奈 1758 年的物种、莫比乌斯本人对 19 世纪末已知物种的估计、动物学博物馆中大概的物种数量、动物学博物馆中大概的标本数量和已知的动物类群之间进行了对比。根据他的估算，已经记述的动物物种有 418,600 个，其中 201,370 个物种和博物馆馆藏的 1,776,253 件标本相对应。这些无疑是令人瞩目的数字展现了此类博物馆追求的规模，即成为"所有可得到物种的优良标本的家园"，以及为达到这一目的所需的支持有多少。虽然莫比乌斯确实承认有"新的物种持续注入"的可能，但是他没有明确地陈述动物多样性的实际程度。

有魔力的百万级标记

莫比乌斯给出的数字是 19 世纪最后一个有意义的计算结果，而且也是最后一个低于 100 万这个魔法临界值的计算结果。就在 30 年后，德国动物学家理查德·海塞，在他 1929 年发表的《"动物界"报告》中勇敢地越过了百万级的门槛，这篇文章当时发表在普鲁士科学院院刊上。但是海塞的"动物界"并不是指真实的动物世界。相反，它指代的是一本野心勃勃的目录性质的书籍,旨在"编录和鉴定所有现存的动物物种"。德国动物学会于 1890 年 5 月 28 日成立后，该学会的科学家们感觉获得了力量，推进了学会在建立前的筹备时期就讨论过的项目的实施。直到现在，大多数分类学家都意识到需要编录自林奈时代以来我们已经了解到的动物世界的大小，物种多样性的规模已导致了两个紧密关联的问题。一方面，大部分人同意林奈的双名法是为物种命名的最佳方法。另一方面，林奈的书中提供的只是一个双名法的基本框架，它亟需通过整合指导原则实现标准化。在几十万个已知的名称中有太多的例外和矛盾，而关于如何最好地处理这些问题的观点既是争论的常见话题，也是在同行之间产生深深的敌意的原因。

显然，我们需要以命名法规则为框架拟定具有约束力的公约。国际动物学家组织也为自林奈时代以来，新的物种记述和名称持续不断的注入却没有得到同步的注册和编录感到惋惜。没有可信的总结或综述说明迄今为止发表过什么内容。所有开始研究长期被忽视的动物群体的新兴科学家都面临着相同的问题。如果他们不够幸运，选择了一个以前的科学家已经编录过的动物类群作为研究对象，那么他们就得被迫穿过错综复杂的历史文献，一直追溯到林奈，这是对 19 世纪晚期野心勃勃的动物学快速有效的进步的一个荒唐要求。新成立的德国动物学会为解决这两个问题提供了一个恰逢其时的平台。1891 年在莱比锡的成立大会上，动物学家奥托·布施里、亚历山大·格特、路德维希·冯·格拉夫、休伯特·路德维希和约翰·威廉·斯宾格尔提出了两个议案。第一项议案是要求学会建立一个委员会，"旨在（创建）对系统生物学命名法的标准化管理"。第二项议案表达出一种希望，"德国动物学会能够以自身的力量承担校订'近世动物物种'名录"。因此，这个委员会应该提出一项计划，创建一份包括所有动物物种的名录，并在下届年会上呈交这份名录。

考虑到规范命名法的目的，德国单方面的做法并不能有多少帮助。一项要建立一个委员会来订立相关的规则的议案于 1895 年，被更深入地扩展，即创立一个国际委员会，从而"将动物注录的规则统一为一套三种语言写成的典章，因为这些规则都已经在各个国家和语言中形成并得到推行"。根据提议，这份典章（法规）由法语、英语和德语写成。

现行的第 4 版国际命名法规则——第 1 版出版于 1905 年——包含经过彻底校订的法语和英语两种语言。2000 年出版了德语译本。

事实证明，提出的另一个项目——校订"近世动物物种"名录的挑战性要明显大得多，1891 年提出的倡议直到 1999 年才实现，而且在那之后也没有全部完成。最初，这个项目由德国动物学会执行，并在 1894 年被赋予了一个纪念性的名称《动物界：现存动物物种的汇编与指南》（德语原文中的表示"动物界"的主标题是 Das Tierreich，这个写法一直被保留着，即使是用英文写作的作者也都将这两个词以德文书写，所以这个项目在国际上广为人知）。弗兰兹·艾尔哈德·舒尔茨被委任为编辑，后来他也顺理成章地成为各种动物类群的潜在命名者，结果喜忧参半。然而到了 1896 年，舒尔茨的确完成了对一个较小的动物类群，即单细胞的太阳虫目（Heliozoa）的编目，并成为范本，动物标本是由德国原生动物学家爱德华·来西诺准备的。在给柏林皇家普鲁士科学院（该学院从 1901 年开始负责这个项目）的项目进展报告中舒尔茨还抱怨了"发表这样一份庞杂的成果所固有的"两个巨大的困难。在太阳虫的条目提出 20 年后，他又完成了 42 篇文章，从短短数页到几百页不等。虽然舒尔茨坚持认为这项工作根本看不到尽头，但他毫不怀疑这个项目正在正确的轨道上前进。

1927 年，理查德·海塞接手编辑工作。两年之后，他向普鲁士科学院汇报，但是他对未来的看法远没有舒尔茨在 1919 年的时候那样乐观。海塞想要证明《动物界：现存动物物种的汇编与指南》这个项目在过去 30 年中已经进展了多少，而且他特别想要估算出还剩下多少工作。比如，1915 年已经提交了 9712 页材料；到了 1929 年，这个数次已经增长到 14,624 页。

问题是要花费多长时间才能实现这个项目的设想，即编录而非记述所有已知动物物种。海塞解释说，"通过专家们的帮助并参考最近的文献"，他已经根据昆虫的数量大小估计出已知物种的数量是在 70 万 ~ 100 万种之间，昆虫是最难处理的一个动物类群。他在一个动物类群表格中给出了更准确的数字：他编录了科学已知的 1,013,773 个动物物种。海塞进一步估计认为如果以这个项目目前进展的速度来处理所有这些物种——还要考虑一些小的倒退，比如后来的第二次世界大战——可能要 750 年才能完成这项工作。这个计算结果是基于大约 100 万个物种的保守估计，不包括持续增加的新近发现的动物数量。他继续说，以"字面（时间）"计算，即使产出的效率提高一倍，这个项目也会变成一份无休无止的目录——完全不切实际。那么需要做什么才能以一种合理的方式进一步推进这个项目呢？根据海塞的说法，唯一可行的方式是确立优先级，而且不要试图追求全球范围的完整性。该项目是从虫子开始，一位颇有影响力的昆虫学家朋友曾经对海塞描述说，这是一个"丹尼亚斯之女的任务"，唤起用无底的罐子取水的神话形象（传说这些女子听命于父亲，在新婚之夜杀死自己的新郎，而被罚在地狱里永不停歇地以漏水的工具取水——译者注）。除此之外，海塞认为，这一用昆虫起头完成的系统工作往往要求在可以将昆虫纳入这个项目之前，需要有更好的组织和支持才行。对于这项需要成功的工作而言并非如此，也就是说，要完成某种"结论性的和完整的"工作，较小的分类单元要挑选出来，并且尽可能彻底地研究。海塞总结说，只有这样，这个项目才"能够提供一个坚实的基础，为未来的科学家省去无尽的劳碌，并且为一个清晰的领域提供一个可信的概览"。这项工作以此开始，一直延续到今天。在 1999 年出版了第 113 卷之后，德国的德古意特出版社宣布这一"庞杂的工作"已经结束。这个项目仍然不完整，但继续下去的前景渺茫。

对于物种多样性最有效的计算之一——以其详细程度和证据水平而著名——是由沃尔特·阿恩特完成的，我们在本章一开始就提到了他。他曾经只是对记录德国的物种数量感兴趣，并和其他地区以及全世界的物种数量进行对比，在他的时代之前的任何已经发表的勾画动物类群的表格都是足够完整的。主要的动物类群、目标地区当前的物种数量、各自的来源，这些都已经完成了。但是阿恩特做得更细致。首先，支持他的计算的分类工作有像文学作品一样的细致描述。他将单细胞生物分为25 个子类群，而他统计的多细胞动物的表格长达 6 页。之后是更多的表格。最重要的自然是到 1939 年时在德国已知的物种有多少，以及这个数字和全球的数量相比如何。最终，阿恩特将德国的物种数量和已经发表的来自格陵兰、匈牙利和印度的地方物种数量进行了比较。

我们最感兴趣的那一章是《至今已知的德国动物物种和全部已知的动物物种数量》。通过将德国置于这一研究的中心位置，阿恩特是以当时的惯例来看最可能持续下去的研究者。关于已知物种的总数，他大量参考了理查德·海塞的研究结果，并对 1929 年以来的发现数量进行了小的修改之后，给出的数字是 102.5 万种。对于所有动物物种的实际数字，阿恩特的结果始终模糊不清，他笼统地说："鉴于其他国家的动物研究持续不断，最终的数量会大幅增长，德国动物物种所占的比例会以一个相对比例缩小。"当时，根据阿恩特的计算，德国的生物物种（包括单细胞生物）占世界动物物种的 3.8%。相比之下，格陵兰是物种贫乏的地区，至少其陆生物种是这样，但在其海域中却发现了颇为丰富的物种。即使考虑到第一次世界大战对匈牙利边境的重大影响，这个国家的物种在全球物种中所占的比例仍然"相当高"。更不用说印度了，英国动物学家正投身于编录《英属印度的动物》系列专著，直到阿恩特参考这一专著的时候它还没有完成，但它的确提供了"在一些情况下几个有意义的深刻见解"。

直到阿恩特的时代，任何时候对物种数量进行计算，其主要的结论都有同样的倾向。已经得到记述的物种的准确数量没有可信的确定结果。然而，自从林奈以来，物种发现的速率不是线性的，而一直是指数增长。此外，这种增长还没有结束的迹象。因此，对世界上的生物多样性的每一次计算都充满了错误，以至于科学家们为了避免此类错误而不再尝试计算多样性。至少看起来是这样，因为在加西和古尔德的努力之后，直到 20 世纪 80 年代之前，都没有人再次明确提出计算潜在的物种数量了。

必须计算所有物种

从 20 世纪 80 年代之后，一切都发生了变化。人为导致的世界范围内的环境变化和栖居地的破坏已经达到了无法再忽视的程度。一开始，只有科学家们对生物多样性的问题和国际动物保护中的挑战感兴趣，但是大众和政治的兴趣也很快开始增长。一些关键问题的主体得到了讨论：人类社会的增长和发展对自然环境的冲击只是一种"天然的"、人类物种扩散的生物进化结果吗？在地球生态系统坍塌并威胁人类生存之前，它能够经受多大程度的侵蚀和改变？之后是关于生物多样性的问题：生物多样性在地球生态系统中的角色是什么？我们需要这种难以形容的多样性，特别是热带地区物种极为丰富的栖居地吗？我们甚至不能知道地球上大致的物种数量，该如何看待这一事实？大部分物种都是区域性分布的，而因此肯定它们在世界物种总体多样性中扮演着一个不重要的角色吗？这难道不是说大部分的生物多样性不重要，而且失去这部分多样性也不是什么大不了的事？因此，是将大量的资源投向研究隐藏在亚马孙角落里的类似微小的黏菌这样的东西，还是投向深海里无尽的黑暗中不为人知的蠕虫，政府在这之间的选择如何做到公正合理呢？

随着 20 世纪的进步，人类之间出现了一种共识：对物种多样性的合理估计对于理解地球上栖居地的复杂性有重要价值，对于证明与我们共同分享这个星球的生物的巨大量级，以此来塑造公众的观念，影响政府对环境保护的支持也有重要意义。丰富的定量数据已经存在，但是科学家和政界人士需要更多的信息来证明有关重大决定和巨额支出的合理性。

正是在这种背景下，第一批大规模的项目于 20 世纪 70 年代启动，对特定栖居地，尤其是对热带地区的物种多样性建档记录。其中一个考察活动是在巴拿马，有一位狂热的甲虫爱好者参与了这个项目。特里·欧文，1940 年生于美国加利福尼亚州，他早年就以充满热情且有天分的鞘翅目昆虫学家，即甲虫研究专家的身份在业界崭露头角。他在加拿大的亚伯达通过有关甲虫研究的论文答辩后，便进入史密森学会工作。在当时最重要的甲虫研究专家之一，卡尔·林德罗斯的指导下，欧文在瑞典度过了一段学习时光，此后欧文决定回归北美甲虫研究。他想对加州的动物进行研究，但是史密森学会的主席保罗·赫德，也是欧文的导师发现了一个问题。当时针对加州地区的研究很难获得经费支持，但是中美洲地区，以其热带栖居地和靠近美国本土的优势而成为当时研究机构的焦点。赫德毫不客气地在欧文的申请表里划掉了"加利福尼亚州"，而代之以"巴拿马"。欧文刚刚从瑞典回到美国，他在一个教职工会议上得知他的研究经费申请得到批准，但是不是用于加州的研究；相反，他要被派往 4000 英里（约 6500 千米）之外的美洲东南部。欧文备感惊讶，一开始也很困惑。他从来没有在热带工作过，而且他得到的 8000 美金经费也要谨慎使用。1971 年 12 月，欧文动身前往巴拿马。他买了一把大砍刀、一顶帽子和一个笔记本，出发去研究热带雨林中的甲虫。从一开始，欧文将自己的注意力集中在雨林树冠层，那里有大量未知的生物多样性正在等待被发现，但他不是来追求多样性的。欧文只想找到罕见的甲虫并记述新的物种——换言之，他要找的是一位昆虫分类学家的传统技艺。

很快他就意识到他在树冠层的工作和合理收集标本中遇到了一些技术问题。他学会了使用专业的设备爬到树上，但是很快就发现这种操作是多么的乏味和耗时。1979 年，他做出了一个激进的决定。他开始对这些树木进行雾化处理：使用一种巧妙的技术装置，在树冠里面喷上杀虫剂，然后等着昆虫落下来，而不用费劲地爬到树上去找虫子。

欧文很快就收集了大量的昆虫标本——有毒的喷雾已经杀死或者几乎杀死了这些昆虫——它们从树上掉下来，落在地上铺着的布单里。正如欧文所希望的，他看到了大量的步甲，而且还有属于其他昆虫类群的数千种异域昆虫。他面临的问题是该如何处理眼前大量的形态、颜色和物种的多样性。一种可能的做法是把步甲都挑出来。欧文在几个月密集的野外工作后回到史密森学会，然后在接下来的 10 年里花费大部分的时间用于分析这令人难以置信的变化多样的材料，并记述所有的新物种。但是欧文有不同的决定。他被这里的生物性多样深深吸引，而且他知道这只是表现了那个地区生物多样性的微茫的一小点。难道巴布亚新几内亚或者中非的物种类群不会像这里一样多样化吗？而且如果巴拿马的一棵树的树冠都是如此众多的甲虫的家园，那么这整棵树，从树冠到森林的地面上又该是何种景象呢？巴拿马雨林中所有的树上的情况如何？或者从这一点出发，地球上所有的树上又是怎样的情形？

欧文进行了一项粗略的计算。在研究了 19 棵 Leuhea seemanni——

这是椴树的一种近缘树种——的树冠之后，他已经收集了 8000 只甲虫，代表至少 950 个物种，其中有些物种是已知的，但大量的都是未知物种。然而，这 950 个物种并不包括象鼻虫。作为物种最丰富的甲虫类群，象鼻虫是分类学中的一个噩梦，而且欧文不能对它们进行可信的鉴定，但是他知道一些小窍门。在巴西的研究已经表明象鼻虫的物种数量和叶甲的物种数量差不多。因此，欧文简单地将他发现的巴拿马的叶甲数量加倍，从而获得了 1200 个甲虫物种——仅仅是在 Leuhea seemanni 一种树上的甲虫物种数量。

接下来，他假定每一棵 Leuhea seemanni 树上都居住着 163 种甲虫。如果这个数字适用于每一个树木物种，而雨林中每约 1 万平方米有大约 70 种不同的树木，那么 163×70，结果就是有 11.4 万种甲虫生活在一公顷雨林的树冠上。加上大约有 1000 种四处巡游的物种并不固定生活于特定的树种上，那就会得到 12,400 种甲虫，而这只是树冠区的数字。

欧文进一步假设，认为甲虫大约占全部节肢动物（arthropod）40%的物种数量，也就是说有 31,120 种节肢动物（包括甲虫在内）生活在一公顷雨林中的树冠上。此前人们相信雨林中 2/3 的节肢动物物种生活在树冠区，另外 1/3 的物种生活在下层和森林地表层，这就会使一公顷的巴拿马雨林中的节肢动物数量增加到 41,389 种。

这种在最小程度上得到证实的假说还不够多，最具争议性的观点是：欧文自己不仅对这 70 种巴拿马的树种感到满意，他还将他的计算推广到地球上的 5 万种植物学家已经记述了的树种上。如果你用 5 万而不是 70 进行计算的话，那么其结果就是地球上的森林中有 3000 万种节肢动物，就如欧文曾经反复重申的，"不止是 150 万种"。虽然有些分类学家可能会对欧文只计算了节肢动物，忽略了其他类群而感到不快，但是在这一尺度上，数千甚至上万种蛔虫或者其他无脊椎物种只是世界上全部物种的沧海一粟。不要在意像哺乳动物这样的"微小"种群，它们只有6000个物种，或者鸟类也不过1万种。和3000万种虫子的多样性相比，这些都是小菜一碟。当然欧文承认3000万这一数量的误差可能会以百万计。

无论如何，欧文为所有想要对任何非昆虫的类群进行类似计算的人打开了一片天地。正如节肢动物门的情况一样，欧文已经设立了一个相当清楚的下限，他认为这个下限不能降低。但是，他会非常乐意有人使用他的样本作为计算的起点并超过他得出的数字。

欧文的数字是政治上的炸药，即使要在几年后才爆炸。1981年，他在一份相当晦涩的期刊上第一次发表了他的成果，这份期刊在他所属的领域之外没有人知道，即《鞘翅目昆虫学家通讯》——你可能会说他是把他的成果藏在这里了。的确，文章发表后得到了恰当的回应：沉默。什么都没有发生，因为除了少数几位鞘翅目昆虫学家之外，没有人注意到它。但是当欧文将他的计算结果讲出来的时候，情况很快发生了变化。他在各种会议上、培训班和采访中谈到他的3000万个物种，而且这一数字开始流传开来，且传播速度很快。在《万物》一书中，作者罗伯·邓恩描述了对这一数字的反应：惊讶、震惊和公然的挑衅。

在对欧文计算结果的批评中，对他所假设的公式和条件批评较少，更多的是针对他引入的那些数字。除了他在自己的研究中描绘的那些之外，他的这些数字都是建立在鲁莽、有错误的估计之上的；当对这些数字进行计算的时候，它们都飞升到了令人难以置信的地步。也许欧文是对的，而且全球的生物多样性真的有这样高，甚至更高，但是他缺少实证。他缺少支持他的想法的数据，以此来表明他大胆的计算不仅仅是想要追求一个梦想。

　　然而，欧文通过简单计算，将科学家和公众的注意力都引向了生物多样性争论的一个新的方面。每个人都知道世界上的物种多样性即使不是巨大无边，也会是相当大的一个数字。或许地球上曾有过的生命体比我们所能想象的都庞大得多、更多样，并且更复杂。在欧文的文章发表了几年之后，他的 3000 万个物种已经变成了关于全球生物多样性的一个比喻。即使在 40 多年后的今天，在关于世界范围内物种数量的讨论或出版物中，总是不免会提到欧文的名字。在这场讨论开始之后不久，很多新的研究项目，特别是在热带地区的项目都获得了资金支持，以求缩小由欧文描述的公认难以证实的经验性预测所产生的令人痛苦的数据缺口。他遇到的反对的声音证明这足以引发地区多样性研究的浪潮。在回溯这一风潮的时候，无论欧文是否正确，他从 20 世纪 80 年代初期进行的不起眼的工作，看起来是个适时的挑衅，极大地激起了关于生物多样性的争论。

　　这个具有魔力的 3000 万持续升温。著名的美国蚂蚁研究专家和生物多样性研究者爱德华·O. 威尔逊，在他的很多关于物种灭绝问题和可能的解决办法的文章中都引用了欧文的这个数字，有时候甚至会将这一数字改成 4000 万。威尔逊甚至不反对考虑高得多的数字——为什么不会是 10 亿个物种呢？罗伯特·M. 梅勋爵也这样认为，他是一位在生物多样性论争中活跃了多年的知名物理学家和生物学家，几乎只参考欧文给出的数字。但是到了 20 世纪 80 年代末，威尔逊和梅都开始在这些乏味的物种数字和物种自身之间建立具有一定功能的联系了。他们的分析表明，在不同的分类学类群的绝对体型大小和这些类群表现出的物种多样性之间，或多或少存在着一种线性的关系。动物的体型越大，它们的物种就越少，相反，一个动物类群的体型越小，在进化过程中出现的物种越多。

这种反比关系在体型最小的动物门类里就不适用了。在小于1厘米的动物类群中，其物种数量要远远小于这一线性关系所预测的数量。虽然很多科学家都进一步假设在体型小于1毫米的生物中，其多样性在世界的历史长河中有过爆发性增加，但是数据所讲述的是一个不同的故事。物种的体型大小在几毫米到1厘米之间的动物类群表现出了最丰富的物种多样性。批评者认为也许是由于方法论的原因，最小体型的类群尚未得到充分的研究。无论如何，随着显微世界并非是生物多样性的黄金之国这一事实的发现，人们产生了更大的怀疑：在这样的情况下，如何获得3000万这样一个数字？这些疑问是有其合理原因的。

1997年，澳大利亚生物学家奈杰尔·E.斯托克发表了一篇内容广泛的文献综述，并总结说已经发现的物种数量在180万～200万之间；算上20%的同种异名的情况，已知物种的真实数字会缩减到140万～180万之间。至于尚未发现的多样性的情况，斯托克的计算结果是有490万～660万个昆虫物种，以及超过150万种真菌。

十多年后的2009年，另一位澳大利亚生物学家亚瑟·C.查普曼检索了可以找到的文献和各种澳大利亚动物的汇编，以便统计澳大利亚和全球的生物多样性状况。他得到的结果是1,424,153种已知物种，并推算全球范围内存在的物种总数在800万～900万种之间。

近来，由马克·J.科斯特洛领导的新西兰的研究小组发表的几篇文章中，提出的物种数量明显少于自欧文以来大多数作者给出的结果。他们认为有大约150万种已知物种，物种的总数在500万种左右，上下浮动的范围是300万。所以我们可能接近了200万个物种的下限，但是可能实际情况是有近800万个物种，这就意味着还有相当多的工作有待完成。看起来科斯特洛想用他的这些数字表明，我们有理由相信人类会在物种灭绝前记述完每一个物种。他的著作有一个恰当的标题:《我们能在地球上的物种灭绝之前为它们命名吗？》他清楚地回答说:"是的，我们能做到。"

在过去 20 年中已经发表了对物种数量的几个计算结果，科学家们可以使用数字数据库对其进行处理。这些数据库简化了运算，并且使之更加精确。随着时间的推移，出现了越来越多的专门统计某一个生物类群的数据库。全球性的以互联网为基础的数据库门户网比如"生命大百科"，或者类似"国际海洋生物普查计划"这样的研究项目在科学上和政治上都是受欢迎的地球生命登记簿，这些研究计划只要经费允许，就能够快速取得进展。今天，在 21 世纪初叶，人们获得的数据已经超过了以往任何时候，但是，完整的生物物种名录仍然是一个遥远的现实。

再次澄清一下，我们在这里讨论的是物种名称，而不是物种。编入目录的是语言要素——名称，这些名称写在标签上或者指代生物学概念的文字区域里。然而，随着此类大规模计算的框架的建立，这些名称背后关联的概念的科学品质就无法确证了。作为计数这些名称的基础，参考最近发表的文献自然是一个好主意，在这些文章中专家们已经在这些证实和未证实的概念之间做了区分——也就是在有效和无效的名称之间进行区分。虽然同种异名的问题经常出现——这种情况的实际比例在20% 左右，但是在为名称编目的时候，真正的魔鬼埋藏在细节中。同名异种，或者说是不同的物种拥有相同的名称的情况，与相同的物种在不同的属里拥有不同的拉丁后缀的情况一样会带来问题。根据命名法的规则，一个有形容词性的种名必须要和它的属名具有相同的词性（即阴阳性——译者注）。如果属变化的话，那么种名也必须进行调整。例如，在一个语法上是阳性的属中的 niger 就要变成语法上为阴性的属中的

nigra。也就是说，同一个种名会有两个版本。这对人类大脑来说很容易理解和计算，但是对于一台真正的计算机来说就不是这样了。

这里揭示了在科学名称的组织和管理中的一个有趣的方面，那就是逐渐增加的对电脑的依赖。因为分类单元的名称发生词尾或其他记号法中的变化是主观的，所以对于机器来说就难以进行识别。对于一台电脑来说，在 niger 和 nigra 之间的差别是根本性的，因为它是在阅读不同的字符串。在维持字符串作为科学家之间交流的动态语言要素功能的时候，有太多的例外使得将这些名称解释成电脑可以读取的字符串变得困难重重。为了解决这个问题，在几年前出现了名为生命科学标识（Life Science Identifiers，简称 LSID）的系统：在 ZooBank 中会生成并发布每一份电子物种记述的专属网络信息的永久参考内容。LSID 的使用是存在争议的，而且有几个平台指定了他们自己的 LSID 却相互之间没有进行匹配，这就破坏了朝向一致的努力。想要用机器可以识别的编码来替代不稳定的人类语言的愿望无可厚非，但这一目标的成本显然很高。要实现此类编码的最大困难是人类的大脑完全不适合读取和记忆几乎是随机的大约 60 个字母、数字和特殊符号组成的字符串，机器当然是可以轻易处理这些字符串的。举例来说，可以想象如果超市里的产品名称和标签忽然全部变成条形码，那时你要在糖果部找到你喜欢的巧克力就不再是一件简单的事情了。

科学名称的情况不是这样。虽然有些名称会含有复杂的卷舌拉丁或者希腊发音结构，但是可以将它们按照其他任何外语词汇进行处理，并吸收进你自己的语言中。通过语言学的方法，在一部经过专门制定的命名法规则的支持下进行的物种命名过程，始终都是对现存物种多样性的发现和记述的一个组成部分。在有数百万物种等待鉴定的时候这一点也同样适用。尽管所需的名称要比物种的实际数量少得多，但是我们仍然需要为物种准备大量的名称。一个种名在它所在的属中必须是独一无二的，所以一种水母和一种啮齿动物共有一个 niger 这样的种名无关紧要。有些常用名称比如 bicolor（双色），被用于像"生命大百科"这样的主要注录系统中的超过 3000 个种和亚种。现在比过往更甚的是，要保持当前的知识储量可用且经过组织编排，那么就需要一个具有统一方针指导的标准化处理程序。因此，为物种命名——即使仍然有许多物种有待发现——仍将是物种发现科学处理过程中标志圆满的时刻。

我们不知道沃尔特·阿恩特在为物种命名时的立场是什么。他像会计一样严谨，在许多方面都符合一位博物馆策展人员的传统形象。他工作事无巨细又一丝不苟，而且他把工作放在第一位。在他的父亲于 1928 年退休后，这对父子就移居到柏林的一所公寓里。直到 1943 年他去世，阿恩特的父亲都在协助他，尤其是他为物种编目的项目。沃尔特·阿恩特准确地计划一天的时间，以此来优化他对时间的利用。他的一天分成两个工作时段和两个短暂的睡眠时间。每天，他都在午后的同一时间离开博物馆，和他的父亲一起喝茶，休息几个小时后，在没有打扰的状态下一直工作到将近午夜，在凌晨睡几个小时，然后在新的工作日开始的时候准点来到他在博物馆的办公桌前。他既不抽烟也不喝酒，他认为这些会不利于他的工作。他戒除了其他分散精力的活动，比如看电影或者看戏，因为他的时间太宝贵了。他一直都没有结婚，因为他需要集中全部注意力，也因为他在内心感到他的时间永远都不够用。他的一生看起来都是由朴素和谦逊定义的，他的一位传记作者对他的描述也许是对的："他是科学工作中的苦修僧。"因此，阿恩特的工作运转和出版物都具有彻底性和百科全书般的感觉，他的书中介绍了很多系统生物学家和分类学家，因此，他的文章具有一种不可否认的古怪品质。这一点在他对收集的热情中地清楚地表现出来了。阿恩特是一位杰出的收藏家。他会收集与博物馆或者海绵相关的东西。一方面，他对收藏的痴迷聚焦在海绵和关于海绵的文献上；另一方面，他对数字也有追求。阿恩特以无可匹敌的完整性，以数字的方式评价了他书桌上的所有事物。这些数字，以及各种简单的统计处理，成为他大量出版物的支柱。理论上的抽象阐释并不适合他；正如他的另一位传记作者描述的，他是"更有描述性的经验主义者，嗜好大量的、广泛的综合性的描述"。对于像阿恩特和其他我们将会了解的怪人来说，博物馆（至少在其传统形式上）是他们可以敲击他们的海绵并且创建他们的物种列表的地方，在那里不会受到外界纷争的干扰。每天早晨，阿恩特教授都大步行走在动物学博物馆空旷的展厅里，薄薄的嘴唇，修剪过的平头，没有一点胡茬，雪白的衬衣配有老派的高领和领带，他戴着一顶圆顶硬礼帽，会在远处就将礼帽友好地举起致意，在几乎令人羡慕的内在力量的驱动下迈出每一步。和很多对古怪的事物有癖好并且对他人眼中难以捉摸的细节有偏爱的专心一志的收藏者一样，阿恩特收获的唯有愉悦——沉浸其中并将自己放逐于具有力量的数字、目录和列表中的愉悦——在图表的令人欣慰的冷漠中，让难以计量的多样性那使人不安的天性得到安宁。

第九章　命名虚无

关于那些毕生致力于研究这个世界生物多样性的人，有难以计数的故事可以讲述，是自我牺牲和困顿的故事，却也是热情和愉悦的故事。很少有人能像瑞典作家、食蚜蝇分类学家弗雷德里克·舍贝里在 2004 年出版的《捕蝇器》一书中那样很好地捕捉到这一点。这本书一部分是个人回忆录，一部分是对昆虫学的意义的反思，舍贝里以文雅的自嘲描述了对采集标本、分类和命名的热情。舍贝里的作品的特殊之处是他了解自己谈论的事物，从分类学领域的内部着手进行写作。这种真实可靠的内容品质，结合作者的讽刺笔调，使这本书精彩刻画了分类学家喜爱组织整理的这种癖好，对于科学研究而言，此类癖好既是一种负担，也是一种福分。

虽然在科学界不难找出古怪的人物，但对于分类学家（尤其是昆虫学家）而言，"古怪"似乎是进入这个研究领域前必须跨越的分界线。和昆虫学家一同工作意味着会被各种怪癖弄得颠三倒四，而作为一名昆虫学家，我能证实这一点。昆虫研究者的愿望是要驾驭世界上看起来无穷无尽的生命形态，他们特别易于在幻觉或者平行宇宙中迷失自己；对于缺乏经验的人来说要进入平行宇宙的境界是很困难的，即使他们很想试试这种感觉。昆虫分类学常常是一个唯我论的（solipsistic）世界，这个世界坚定地拒绝对其目的给出似是而非的理由。为什么要费力地依照这个领域的程式化标准去发现和记述几十万、上百万的昆虫物种？因为这些物种存在于这个世界上，等待人们去发现这难以尽数的多样化的物种！在丛林中穿行数月，无休无止并且往往无功而返，保护已经采集到的昆虫标本不要发霉、腐败、被蚂蚁损害的战斗，以及此后在图书馆和博物馆里进行数年的显微镜观察工作，这些就是分类学家们找到的舍贝里称之为幸福的东西。

分类狂

社会不能接受的并不一定就是一种癖好，古怪的人或许会发现自己游离于社会成规之外。古怪的人是在已经建立的规范之外进行思考，常常乐于沉浸在对其信念和理想的无悔追求中而放弃社会的认可。但是他们都是完全自愿地做出这样的选择，并且这一选择将社会接受的此类行为方式和不健康的强制行为区分开来。在本书中讲到的许多故事里，怪异的行为和奇怪的热情引发的乐趣是和一种不安的感觉相互萦绕在一起的。那些已经通过不寻常的功绩或者项目获得声誉的分类学家们，他们将其毕生的精力用于自然之物的分类工作中，并因此与社会成规相互分离，他们已经决定背离大多数人认为的令人满意的社会和家庭生活，并且投身于危险的旅程——一个人真的能够确定他们是通过自主选择采取这样的行为的吗？或者说，有些人是在自己无法控制的欲望，一种记录、组织、分类的冲动的驱使下做出这样的选择；一种遵循规则而不是追求真正的自由意志的欲望？我们有把握认为每一位分类学家都能说出那些人际交往能力明显不合常规的同事的名字。在可控的古怪状态和病态状态之间的边界是流动的，许多强迫症患者在这些由秩序和分类定义的环境中感到舒适自在。

亚历山大·阿尔塞内·吉罗是那些不能控制自己，精神错乱的怪人之一。和许多昆虫学家一样，他 15 岁的时候就因为对虫子感兴趣而开始了职业生涯，后来经历了许多波折和不幸，最终成为在昆虫分类学历史上最不寻常的人物之一。1884 年，吉罗生于美国马里兰州，他有法国血统，偶尔在学校里教数学课，但是他一生中最大的热情在于小蜂总科（Chalcidoidea），这是一个物种极为丰富的类群，由上万个物种组成，其中很多都是寄生于园林害虫的寄生蜂，它们对农业至关重要。大多数小蜂总科的物种体型都很小，甚至只有一丁点大，它们的分类学也很有挑战性。

吉罗在美国工作了很多年之后，在 1911—1914 年之间移居到澳大利亚的昆士兰。在此期间，吉罗身为昆虫学家在一片甘蔗种植园里开展工作，在那里他研究了作物害虫及其天敌，其中就包括小蜂。仅仅过了几年，吉罗就放弃了在应用农业经济学方面的工作，将之后的全部精力用于他称之为小蜂的"纯分类学"。当时已经很清楚的是吉罗是一个原则性很强的人，对于什么是好的科学工作，尤其是好的分类学有着不可动摇的观念。对于他来说，分类学是生物学最重要的基础，而且在他看来，分类学家应该是有高学历的人，对于这些人来说工作应该胜过一切。吉罗的目标是发现真理，根据他的自我评价，他是认识到这一点的最出色的权威人士之一。当涉及到他的信念，他就变得毫不妥协和偏狭了。

人是可以为了信念偏执的，但不幸的是吉罗推行他的观点时的强硬和固执未能在他的同事和上级面前止步。在回到位于美国华盛顿特区的国家自然博物馆的 3 年中（他在澳大利亚的时候依然是该博物馆的正式雇员），他就和博物馆其他所有员工闹翻了，并于 1917 年被开除。同年，他回到澳大利亚，并再次在甘蔗种植园里找到了工作。到了 1919 年，在与他的老板詹姆斯·富兰克林·伊林沃思持续不断的冲突之后，他又在那里被解雇了。他接下来的 20 年便是一个失业、短暂就业的循环周期，并且自始至终都在澳大利亚小蜂物种研究方面大量产出分类学记录。到了 1939 年，吉罗的行为已经变得更加古怪不定，之后还有一次和警察发生冲突，他的孩子们将他送到了精神病院。在之后的两年里，他反复出院又反复入院，直到 1941 年在病房里去世。

吉罗是一位杰出的分类学家。他发表了 462 篇文章，其中许多有上百页的篇幅。在他去世时，还留下了 2483 页的未发表的手稿。吉罗一生中记述了大约 3000 个小蜂和其他胡蜂的属和种，大多数来自澳大利亚。最近对于几个小蜂物种的研究表明，吉罗的记述中大多数都可以识别并且在命名法上是有效的。在很长一段时间里，从 1917—1937 年，他私下发表了 60 份研究成果，其中记述了数百个新物种，这些成果引发了激烈的争论。分类学家们通常会在官方的科学期刊上发表他们的研究发现。私人印刷的研究成果——即使是那些印数不小的私人出版物——在分类学中难以被认可，因为它们可能没有满足命名法认可的出版物提出的各种条件。在小蜂研究领域里，很久以来都没有明确该如何处理吉罗私人出版的成果，这不是一件寻常的小事。例如，因为这些出版物不是官方出版的，所以这些名称没有一个被收录到《动物学记录》，即动物学出版物和名称研究方面的标准参考资料中。但是其他的名录，比如从 1939 年开始出版的谢菲尔德·艾雷·尼弗的多卷本《动物命名》，其中就包括了吉罗确定的名称，从而为其提供了基础。不能忽视这些名称，但是它们看起来也不是特别可用。一个可能的办法是向国际动物命名委员会提交申请，宣布吉罗私人出版的这些名称是无效的，这是一种有明确结果的常见做法。但是最终，小蜂研究领域的专家们采取了不同的做法：他们进行了一项成本效益分析，发现将吉罗发表的这些名称确定为无效会对小蜂研究产生毁灭性的影响，看起来只有将这些私人出版物认定为符合《命名规约》，是合法的研究成果才是更有价值的做法。因为这些名称大部分都在有限的范围内传播，所以吉罗的私人出版物由美国昆虫学期刊在 1979 年重新出版。这样，这些成果就能够出现在更广泛的公众面前，为任何人使用这些记述和名称扫清了道路。

吉罗的私人出版物不是为了让该领域的同行们仔细审查的，而是给他自己提供一个空间，让他的观点和感受在那里自由流淌。他着魔一样地就很多话题进行写作，从"经济昆虫学和昆虫学家"到商贸、经济、政治、美国社会、女性和同行。有些话题对他来说特别重要，像是一条贯穿于他的作品中的金线：科学中的真理、分类学正在变化的处境，以及在他那复杂的世界观中自己这个人所处的位置。他的批评文章就像是公理一样构建起来，语调常常是严苛的，而且对于他的同事和政客们来说特别有攻击性。他的写作风格千变万化，在长篇史诗的情节、警句箴言、诗歌和物种记述中，表达着他愁苦怨愤的观点。

在数百个关于这些小型胡蜂的严肃的物种记述中，有两个名称打破了常规。这两个名字都不是用来记述在自然界中真实存在的物种。相反，二者都是吉罗伪装成一份分类学期刊的正式模样发出的咒骂。这些名称不仅有正式的物种记述，而且它们还和那些真正的物种名称一起发表，这更加深了人们的错觉。

第一个名称是 Shillingsworthia shillingsworthi。值得读一读这份原始记述全文——这是对 3 个新的物种和一个新的属的冷静记述：

"和 Polynema（另一种小蜂物种）一样，但是这种胡蜂的触角、头、腹、上颚都不存在。S. shillingsworthi，这是一种完美的空白、虚无、空洞。非凡的不存在之物，只能从特定的视角看见它。没有影子。空气一样轻灵的物种，除了心生双翼，便再无法追踪它的飞行。它来自木星上裸露的深坑。1919 年 8 月 5 日。

这个小属是约翰·弗朗西斯·伊林沃思博士（原文如此）的圣物，在他那些忘我投入到昆虫学领域中的日子里，不仅牺牲了生活中所有的舒适，而且还有他的健康和名誉，以达到对真理和对"那些空气中薄而透明的居民们"的爱的坚定追求。向他致敬！"

包含了这则记述的出版物在 1920 年出版，它的标题本身就很惊人：《一些人类此前从未见过的昆虫》。他的开篇是一个简短的攻击性发言，这是吉罗最喜欢的话题之一，即被商业目的所利用的科学追求：

"研究是出于爱的工作……爱必须也和钱有关吗？……天呐！事情已经变成了这样……有爱的人越来越少，都是私生子、娼妓吗？何等壮观！与此同时，所有的真爱之人都会变成魔鬼；所有的人和所有的事物无论什么都不能没有钱。

但是谁看不清这些追逐铜臭的人并非真正有爱之人，而只是欺世盗名、阴谋算计和狡猾诡诈之徒（不可能成为好父亲！），拿出勇气，猎人们！"

在出版的时候，伊林沃思（Illingworth）——他是 S. shillingsworthi 和另一个名称的同名之人（另一个名称在同一份出版物中是一个真正的物种）——还是吉罗的上司。当吉罗在美国短暂停留的那段时间，伊林沃思顶替了他留下的职务空缺；1917 年，吉罗回到澳大利亚开始工作后，便成为伊林沃思的助手并只完成专门分配的任务。吉罗同意了这些条件，并在今天昆士兰的戈登维尔的甘蔗园实验站里开始了新的工作。由于他的工作职责，他被迫开始利用自己的业余时间进行分类学研究。短短的几个月内，吉罗就和他的上司发生了严重的争执。在吉罗屡次不来上班之后，他的老板在1919年初让他停职。伊林沃思、吉罗和研究站的管理者在接下来的几个星期内多次激烈争执，直到1919年5月，吉罗被开除了。吉罗在新物种的记述中表达了他的愤恨和失望。这些种名和属名包含了对科学的商业化的批判，其中伊林沃思的名字变成了"shilling's worth"（先令的沃思）。

在另一则也许更加深奥难懂的物种描述中，吉罗的心中有一个不同的目标。1924年，在他私人发表的一篇4页长的文章《有毒的人类和新的膜翅目昆虫》中，吉罗记述了一个新的人类物种：

"自从威廉·莎士比亚描述了女性之后，我已经考察了美国和其他地区，在火星上我想我已经发现了一种显然是新的雌性男人，还在那里引起了一场骚动（甚至在地球上也能听到微弱的争吵声）。然而，这种生命形式很快就在地球上为人所知（首先是在美国），并被称为新女性或者商业女性……

流毒人（Homo perniciosus）从而得到记述，而且这一记述得到了确认：不正常的女性（没有爱，没有后代）；心没有功能；乳汁干涸；心理异常（正如设想的一样）且虚伪；同性恋、浓妆艳抹、野性未退、铜色的脸颊、像极了莎士比亚的女性，但是本质坚冷（自私自利、傲慢、没有同情心、不负责任、有攻击性、有刺激性、麻木不仁、奢侈、好斗、亢奋、好管闲事、顽劣、贪婪，甚至会吃人；逆反、粗鲁、自大、挑剔、有竞争性、恶毒）；表现不稳定（甚至有背叛的倾向），双唇紧闭、身体强壮。

四处可见却在自然栖居地中很罕见。

来自年青人，这些最普通的人，1923 年，澳大利亚。

起初，我错误地认为这是一个新的形态变异，但这种女性的不正常很严重，需要多加注意，这是目前所知的……（有些人将其称为）野草、令人讨厌的东西、错乱的、丑陋的——这是什么样的魔鬼……

当我发现错误所在时才知道，这种女性不是被发现的，而是被创造的一个新的心理状态，天啊！我笑得发抖。幽默够了，但却更悲伤，甚至变得冷酷无情了……上帝请帮助我们！道德鞭挞毫无用处，当我在忍受和羞耻中思考其原因，很多次我都从心底发出这样可怕的呼号：

上帝诅咒并毁灭所有自由行动的女性。

地球可以不受太阳的影响吗？那么女性怎么能不受男性的影响，或者男性不受女性的影响呢？"

在这篇针对 20 世纪 20 年代新职业女性的激愤演说之后，是两页半篇幅的你能想象到的最艰涩的胡蜂分类学内容。此刻，我们应该相当清楚为什么吉罗要选择私下出版，而不是将他的成果提交给同行审定了。

Homo perniciosus，这有毒的人类看起来让吉罗忧心不已，因为这个物种又出现在后面的两部私人出版物中。《澳大利亚小型膜翅目昆虫新编》发表于 1926 年，是由印在一页纸上的 4 个自然段组成的。在第一段里，他记述了小蜂物种 *Mozartella beethoveni*，因其科学名称而出名（字面意思为莫扎特属贝多芬——译者注）。第二段记述了另一个胡蜂的属；第四段是关于一个新种。在这两段之间有单独的一句话："Homo perniciosus Girault。这个畸形的世界公民是由现代商业产生的，当然是不止一种邪恶特征的根源。"

之后于 1928 年出现了另一本题为《一些昆虫和一位新的殿下：在恐惧与悲伤中编辑的笔记》的小册子。在这里，吉罗扩展了他对女性范式变化的看法，总结说这种改变表明了对社会的具体威胁——特别是对那些寻求真理的男人的威胁。开篇的两句话说明了一切：

"在自然界中发生了一次革命。女性——Homo perniciosus——已经篡夺了人间的王座，而且现在已经成为统治我们的暴君，所有（男）人都必须向这位无上的君王陛下俯首躬身。"

命名假想之物

这种编造的大段内容让吉罗私人出版的内容变得混乱不堪，这些反复出现的内容在分类学上是有效的，已经有委员会认定为符合规范而接受了。鉴于他的个人背景，我们并不是很清楚他为什么要以这般尖刻和不让步的姿态纠缠在这些话题上。虽然吉罗在小蜂研究中有令人难以置信的高产出，但是他在事业上的失败归因于一种对抗全世界的你死我活的态度。在他去世后的几年里，人们对他出版物中情绪宣泄的部分的关注很大程度上超出了对他全部成果的认可。如前文所说，他的分类学成果已经恢复名誉，而他的其他作品，虽然充满对自然的热情，但现在却被认为不过是一个怪人过分古怪的行为罢了。

但是 Shillingsworthia shillingsworthi 和 Homo perniciosus 有何种结果？即使不是绝大多数，许多物种名称都有一个确定的语言外观——一个确定的构词法——使这些名称在文本中易于辨认：它们由两部分组成，属名的首字母大写，种名的首字母小写，二者都要写成斜体，并且通常都有古典语言起源或者至少有一个拉丁化的词尾。当一个词的组合满足了这些要求，它就表明这是一个分类学名称，因此它就要受到命名法规则的限制。Shillingsworthia shillingsworthi 和 Homo perniciosus 看起来达到了这些要求，而且在构词形态上不难看出这是物种名称。可是它们和其他物种名称之间有着巨大的不同，因为它们并不表示真实的物种。这命名法规则衡量算是一个问题吗？换言之，系统生物学家必须要注意它们吗，还是会被视为创造性头脑的插科打诨而被注销吗？

请大家牢记：只有可用的名称，也就是满足既定构成和出版的评判标准的名称才会成为命名法规则的考察对象，并因此被纳入分类学文献中，即使后来发现它们是同种异名并失去其有效性。有效性的问题在《命名规约》的开头就有说明，简言之，有效性的要求适用于所有现存或已经灭绝的动物的科学名称，《命名规约》中有一个段落是决定吉罗的这些名称的身份的关键。这段话明白无疑地指出，用于假想概念的名称不受命名法规则条款的约束。《命名规约》因此声名只有那些命名其生物学存在获认可的事物的名称才会被接受。

在 Shillingsworthia shillingsworthi 这个问题上，情况显而易见，小蜂分类学家是不会碰这个名称的。一个以没有影子而且缺少物质存在为特征的物种，显然不能在自然界中将其按照有形实体进行观察。根据《命名规约》，Shillingsworthia shillingsworthi 毫无疑问是一个完全假想的概念的名称。

虽然对 Homo perniciosus 进行的物种记述根本就是荒谬的，但是吹毛求疵的分类学家会按照命名法规则对其检查，并要求对这一记述做严格的分析。因为和缥缈、非物质的胡蜂不同，那个让吉罗痛苦不堪的职业女性在当时和现在一样真实。吉罗在伏案写作这一记述的时候在头脑中大概假想了几个女性，但是他并没有指定任何一个作为模式标本。

然而，他在他的胡蜂记述中没有像今天期望的那样指定模式标本，所以对于这种职业女性而言，模式标本的缺失并不能让吉罗所说的 Homo perniciosus 这个物种的有效性受损。进一步讲，这完全是生物学中的胡言乱语也没有什么关系。物种名称是科学假设的标签，这种假设和所有的假设一样是可以证否的。从命名法的角度来看，根据一个单一的、外观非比寻常的动物来记述一个新的物种没有任何问题，这也是吉罗做过数百次的事情。只有时间能告诉我们这个名称是否会持续下去，也就是说，这个名称背后的假设是否会经受住更进一步的检验，比如将这个物种和新的发现以及其他物种进行比较。Homo perniciosus 是一个可用名称吗，以及这个名称会成为 *Homo sapiens*（智人）的同种异名列表中新加入的一个成员吗？也就是说动物命名法规则适用于 Homo perniciosus 吗？答案可能会是肯定的，因为鉴于人们认为吉罗的私人出版物满足了《命名规约》关于一般出版物的要求，那么在 Homo perniciosus 和小茧蜂科的 *Phanerotoma coccinellae* 的物种记述之间就没有根本性的差别，后者就出现在 Homo perniciosus 的同一页上。

在这种情况下，命名法规则最终需要充分合理的评判。吉罗的记述在其好斗的态度的影响下，无疑达成了他的目的：他将分类学写作看成是一个表达个人的、甚至是对社会变化观察产生的政治观点的机会，顺理成章，恰如其分。我们假设分类学家会严肃地决定忽略吉罗在上下文中嵌入的这些意图，并且正确地运用《命名规约》，得出 Homo perniciosus 是一个有效名称的结论。这会有什么样的影响？这个名称指代的有事业心的女性群体很难由任何物种概念定义为一个有意义的生物学实体，这就会让这个名称别无选择地成为 *Homo sapiens* 的一个同种异名。结果就是，对于生活在地球上的仅有的人类物种的无效名称列表又会加长一点。因此，讨论仍然停留在学术领域之内，Shillingsworthia shillingsworthi 和 Homo perniciosus 会作为假想概念的名称——也作为生物学史中的轶事而维持它们为业界接受的状态。

不用说，动物的科学名称是为了命名存在于自然界的事物。正如已经证明过的，存在的概念并不是完全直白明了的，但是我们不需要在这里花费更多的时间。可以确定的是一个科学名称应该在生物学语境中指代某种在自然界里有清楚参照物的事物。现在，我们要加入语言学家的大合唱了：命名是一个观念的语言表现。因此，命名不需要对以语言表现的观点的意义或可信与否进行评价。换言之，在进行命名活动的时候，被命名的对象是否有生物学意义并不重要。现在，作为一个规则，生物学家们都只想要命名那些在自然界中真实存在的实体，它们可以通过实证被证明，其中有一个显而易见的功能性原因：在生物学中命名的关键目的是为了提出有关自然界的可以证实的主张。

可靠的科学和异想天开

因为思想通过命名行为以语言来表达，所以很明显名称不是专门留给假设的存在之物的。我们可以有许多的想法，其中不少在自然界中是不存在的，或者，可以说超出了人类思维范围。Shillingsworthia shillingsworthi 和 Homo perniciosus 就是表示想象中的生物实体的名称的范例。这二者的命名在根本上与命名真正存在的物种没有区别，而区别在于这两个"物种"仅仅存在于吉罗的心里。

动物学中发现了数量惊人的虚构物种的名称（例如，根据命名法规则创造的名称得以发表，其明确的目的是记述幻想中的造物和编造的物种）。这种做法的动机各有不同。吉罗想要宣泄他的蔑视情绪。对于其他人来说，这是一种有趣的分类学练习，在一种虚构的多样性里

用于鸟类标本的底座，有历史标签，上面有物种名、同种异名、地理起源和收集者的名字。柏林自然博物馆，本书作者拍摄。

解开解剖学、进化理论和命名工作中的清规戒律带来的束缚。人类有发明和写作幻想故事的天然的冲动，而且这种冲动看起来也延伸到了分类学家中间。

在虚构的物种多样性中最出色和惹人喜爱的一个是鼻行动物（rhinogrades 或 snouters），是一个假想出的哺乳动物的目，位于德国斯图加特备受尊敬的科学出版社 Gustav Fischer Verlag 于 1961 年出版的一本 80 页的书中记述了这些动物。作者是哈拉尔德·斯塔普克博士，这是卡尔斯鲁厄大学的动物学教授格罗夫·斯坦纳的化名。他的这本书名为《鼻行动物：它们的形态和生活》，已经有许多不同语言版本问世，包括 1967 年的英文版。鼻行动物在 20 世纪 60 年代的生物学家中间非常流行，并且被收录在各种不同的教科书中。例如，罗尔夫·希文的《动物学读本》中描述，它们是一个哺乳动物的目——就位于啮齿类动物之后，而这本书是一部根据行业标准撰写的系统性著作。有一句简短的话表明这种动物的存在广受怀疑，而斯塔普克的书是这些鼻行动物构造特征的唯一清楚的参考资料。

斯坦纳（也就是斯塔普克）的灵感来自克里斯蒂安·摩根斯特恩的一首诗，斯坦纳认为这首诗很早就提到了他称之为 "Nasobame" 的未知动物类群：

> 依靠它的长鼻子，
>
> 走来一只长鼻子动物，
>
> 身边有它的幼崽相伴。
>
> 它并非来自梵天，
>
> 它并非来自迈耶，
>
> 也不在布洛克豪斯百科全书中的任何一页。
>
> 只有通过我的七弦竖琴，
>
> 我们才得知它曾经来过。
>
> 从那时起，依靠它的长鼻子，
>
> 有它的后代陪伴，
>
> 走来一只长鼻子动物。

关注细节并利用人们一眼即可辨识的科学行话，斯坦纳充满趣味地描绘了发现这种动物的故事、它们的地理分布和胚胎发育，以及它们在（同样是作者发明的）希伊伊群岛的核试验之后灭绝的情况。鼻行动物遭遇的残酷的核灭绝发生在传说中斯坦普克造访这些群岛之后不久，这是符合那个时代的氛围的。1961 年是第二次世界大战首次在日本使用核武器十多年之后的时候。对更强核战争的恐惧是冷战时代的主要组成部分，这种氛围定义了那个时代的全球政治。在这样的背景下，德国自民党将斯坦纳的动物学幽默作品进行表面解读的动机就不足为奇了。在 1945—1990 年之间主要在东德发行的《自由民主报》上，自民党报道说，希伊伊群岛上令人惊奇的动物世界会存活下来，是因为"我们是和平的力量，及时地实施了广泛的裁军政策并禁止生产和试验核武器"。

　　然而斯坦普克的大多数著作都是致力于鼻行动物的系统生物学和分类学的研究，也因此做出一定贡献。他以极为准确的方式创造了一个物种丰富的动物类群内在一致的景象，还有完整的内部谱系。

　　斯坦普克杜撰的科学名称的多样性真的让人感到神奇。他为 15 个科、26 个属和 138 个物种撰写了完美的记述。但是，显然这些名称并非出自一位精通古典语言的作者笔下，这一点导致著名的进化和系统生物学家乔治·盖洛德·辛普森在《科学》杂志上发表了一篇对这本书的书评。虽然他认为鼻行动物是"20 世纪迄今为止最惊人的动物学事件"，但是他也批评斯坦普克创造的名称是"违反国际动物学命名法规的犯罪行为"。辛普森利用斯坦普克的语气，为失去"旋转矩阵"（rotated matrix，这是一个数学概念，在动物学没有什么意义）而感到悲痛，并且认为斯坦普克的分类学是"令人痛苦的系统发育学的成果"。辛普森还表示："如果这不是一种责任，至少也是一种惯例，那就是审稿人用来暗示他对眼前的主题要比作者了解得更多，并且这位审稿人如果从更重要的事情里抽出一些时间亲自写这本书的话，那么这本书会比现在更好一些。"

其他一些书评作者将他们的分析点放在这本书看上去具有的严肃性上，并用科学书评术语将他们的点评写了下来。时至今日，鼻行动物偶尔会出现在幽默而富有创造性地扩展鼻行动物世界的出版物中。例如，位于德国北部城市普隆的研究沼泽生物学的马普研究所声称在普隆湖里发现了一个新的物种，当时法国科学家发现了一批保存十分良好的鼻行动物化石。所谓的目击现场的照片和视频在网上频繁出现，而且自然博物馆专门策划了一场鼻行动物的展览。1988 年，格罗夫·斯坦纳放弃了斯坦普克的化名，代之以新的笔名卡尔·D.S. 盖斯特，但依然和同一家出版社合作，第一版的成功让编辑们同意把这个玩笑继续开下去，出版了一本 100 页的小书，编录了自从鼻行动物发现以来的论文、综述和进一步的研究。

所有鼻行动物共有的核心特征是，"顾名思义"，一个名为 "nasarium" 的鼻子，这个鼻子在各个物种之间有所不同，并且是这种动物最重要的器官，要用它来移动和完成其他诸多行为。因此，斯坦纳努力在它们的名字中指出这种特殊鼻子的形态和功能。他在物种记述中加入了每一个物种的方言名称，让对于古典语言不那么熟悉的读者能够理解每一个名字的出处（也许这也是为了补偿斯坦普克在古典语言方面的蹩脚之处，在第二本书中的"盖斯特"也同样有这个问题，辛普森批评的就是这一点）。例如，Georrhinidia 是掘穴鼻行动物，*Holorrhinus* 这个属代表 Wholesnouters，而 *Hopsorrhinus aureaus* 更常见的名称是金色跳鼻兽。此外还有一整群灵感型的名称创造，比如 *Archirrhinos haeckelii*，即海氏原鼻兽，为纪念我们的老朋友恩斯特·海克尔而命名。对于 *Bathybius haeckelii* 来说并不是一个糟糕的替代品，那是注定要毁灭的原生汤。总体来说，斯坦纳的文字内容绝对是令人愉悦的：

Tyrannonasus imperator 是一种特别值得注意的物种，有两个原因：和所有的多鼻亚目的鼻行动物一样，这种动物的鼻子不是特别灵巧，但是它们行走的速度要比 nasobemids 快。但是现在，所有的多鼻亚目由于它们鼻内的充气器官的原因，在行走的时候会发出像口哨声一样嘶嘶声，在很远的地方就能听到，所以 *Tyrannonasus* 不能在它的猎物面前无声地爬行，那么它——由于猎物在它还离得很远的时候就逃走了——就必须首先静静地趴下来等待，然后再大步冲过去。

（诸如此类的内容差不多有 80 页。）

另一个不那么著名的例子是一部完全虚构的专著，作者是一个完全虚构的人，这是一份对 *Eoörnis petrovelox gobiensis* 的 34 页的记述，作者是奥古斯都·C. 福瑟林汉姆，于 1928 年写成。福瑟林汉姆是植物学家莱斯特·W. 夏普的化名，他在文中说这种罕见的鸟类的存在一直有争议，在对戈壁沙漠为期 4 年的考察之后终于证实了它的存在。这种鸟在当地被称为呜吩噗，这是一个拟声名称，表现出这种鸟在飞行时发出的声音："在空中会有'woof'或者'whiz'的声音，接着是这种鸟的脚击打松散的沙子时发出的'poof'或者'shush'的声音。"这次考察是由准将塞西尔·维米斯－乔姆利爵士领导的，福瑟林汉姆是他的科学向导。这种呜吩噗鸟的平均体长大约是 17 厘米，有一个会让人联想到鹈鹕的喙和喉囊。它具有明显短小、新月形的翅膀，会在飞行时发出声音，"声音比 C 中音高出三个八度"，这是由于翅膀快速的扇动。呜吩噗鸟的翅膀是由短的沙子颜色的羽毛构成的，产生富有光泽的近乎金属的外观。

细心的读者会注意到，这个属名不符合命名法规则，因为它含有特殊符号。然而这个"ö"并不是代表一个元音变音，相反它是一个分音符号,指示"o"旁边分开的音节。因此正确的发音是"Eo-ornis"（音译为伊奥－奥尼斯），这个名称应该写作 Eoornis 以满足命名法的要求。虽然《命名规约》要求元音变音要用词干元音代替，并在 1985 年之前发表的名称中加上一个附加的 –e，但是这个名称没有写成 Eooernis。由于这不是一个元音变音,这个分音符号就只能被移除,用一个字母"o"占据原来变音的"ö"。下文中会有所讨论，*Eoörnis petrovelox gobiensis* 的分类学地位毋庸置疑，在这种情况下，我们无需太过认真地考虑正确的记号法。

这种鸟的发现时间上溯到 12,000 到 40,000 年前的克鲁马努人时期，在多尔多涅省的洞穴画中有相关的证据。根据福瑟林汉姆的说法，在图坦卡蒙法老的坟墓里发现了像鸣吩噗鸟一样的辟邪之物。据说有大量关于 *Eoörnis petrovelox gobiensis* 的叙述，例如古罗马历史学家欧特罗皮乌斯、马可波罗，以及皮尔斯伯里，据说他在詹姆斯·库克的太平洋远征中担任随船医生。

除了福瑟林汉姆详细描述的独特的骨架特征，这种鸣吩噗鸟还有不同寻常的生存方式。这种鸟非常社会化，在 25 ~ 250 只鸟组成的群体里生活。在飞行的时候，这些鸟展现出它们独具一格的"苏美尔之箭"的编队方式。鸣吩噗鸟的配偶是终生的（一夫一妻制），而且有趣的是，每一对鸟都会产下双胞胎——一雄一雌。在达到成年后，兄弟姐妹会再配对结伴终生。

让人好奇的是在 1933—1934 年的文章《优生学和近亲结婚》中，哲学家和反犹主义者安东尼·M.鲁多维奇引用了鸣吩噗鸟的习性细节作为在动物中间存在着本能的近亲通婚的证据。夏普对于 *Eoörnis petrovelox gobiensis* 的描述已经被很多知名的科学期刊引用，通常都是语气严肃的文章，但也对这种鸟类是一种"虚构之物"有充分的认识。最初版本小册子已有好几个版本了，并且现在依然可以在书架上找到它。

鼻行动物和鸣吩噗鸟都是由科学家创造且都是首先为科学家服务的。斯坦纳（斯坦普克）和夏普（福瑟林汉姆）都设法创造了虚构的动物类群信息的封闭系统，这些内容在读者的脑海里以可信的、有具体细节的形象浮现出来。至今仍然有关于鼻行动物和鸣吩噗鸟的世界的很多版本出版物出现就是其流行性和合理性的明证。

1982年，古生物学家和进化生物学家杜格尔·迪克森出版了《人类之后：未来的动物学》，这本书取得了巨大的成功，确立了他知名作家的身份。这本书面向更广泛的读者群，这样一来，他通过仔细研究杜撰出来的科学名称就只起了很小的作用。《人类之后：未来的动物学》是一本内容丰富的带有插图的书籍，描绘了数百万年后动物世界可能的模样——准确地讲是5000万年后，那个时候人类已经灭绝很久了。在这本书的前30页里，迪克森对起显著作用的进化机制，以及今天动物世界中的谱系变化进行了快速的概述。他强调说，这些理论、机制、数据共同形成了他对未来的推测的基础。的确，他将这些理论和数据用于通过想象形成"生命之树"，超出了现有的界定范围。迪克森还虚构了大量的物种，为它们赋予了拉丁名称，并且有许多物种还有口语名称。在那些让人想起高中生物学课本的文字和图片中，我们会了解到老鼠已经变成了这个星球上的主要肉食群体。例如 *Amphimorphodes cynomorphus* 是一种和狗大小相仿的鼠类，它们成群地捕食它们的猎物——同样也是一种虚构的鹿。

迪克森让他的想象力以一种在科学上坚实可信的方式自由驰骋。现在我们所知的 *Megalodorcas borealis*，或称长毛大羚羊已经进化成为一种大型的长着长毛生物，它的角一直生长到它的脸前方。企鹅已经变成了世界上最大的动物，称为漩涡（*Balenornis vivpara*）。企鹅已经占据了几百万年前灭绝的须鲸的生态位，最终它们长成了 12 米长的物种，它们的喙发育成了浮游生物的筛网。虽然企鹅原来是在陆地上产蛋的，但是 *Balenornis* 会在体内一直携带着它们的蛋，直到准备孵化的时候才产出来。这些特征反映在它的名字中，"Balen" 指的是鲸，特别是露脊鲸（迪克森的书里有一个小错误，露脊鲸属的正确写法是 Balaen）；"ornis" 是指鸟；"vivipara" 是指胎生（viviparity）。

生命在迪克森的动物世界中快乐地继续繁衍。幼年的齁鼱物种 *Pennatacaudus volitarius* 能将它尾巴上的毛散开成降落伞的样子，让它可以在它生活的山地的夏季上升气流中滑翔 24 个小时。*Alesimia lapsus* 拥有长在手足之间的飞行膜，很像今天的鼯鼠（飞行小松鼠），但鼯鼠到那个时候已经灭绝很久了。*Florifacies mirabilis* 是一种不能飞行的蝙蝠，大部分时间都坐着不动，它有鲜红色的耳朵和鼻瓣。通过坐在植物中间，朝向天空定位这些彩色器官，这种蝙蝠就伪装成一种盛开的特殊的花朵。昆虫会落在这种模拟的花朵上而不是真的花上，成为这种蝙蝠欣然享用的猎物。从蚂蚁到羚羊，从负鼠到鸵鸟，所有这些生物都经过进化变成了最奇怪的生命形态。至少在和我们目前所熟悉的动物相比的时候，它们是非常奇怪的。除了纯粹的动物学意义上的乐趣之外，迪克森向读者传达的信息是：今天的动物对于我们而言就算不正常，至少也是我们熟悉的。但是向后退一步，并通过地外生命或者早期人类的眼睛看待今天地球上的动物世界，这样做是值得的。借助这种视角，忽然之间，我们现在的动物与迪克森描述的离奇却又不那么难以置信的进化之果相比，在奇怪程度上竟然有过之而无不及了。

命名谎言

一次又一次，夹杂在真实文字内容中简短的虚构记述总会有办法进入科学期刊。这背后的动机各不相同，但是这通常都带有幽默的意图。科学期刊在发表此类词条时会面临的问题是它们的科学性质——科学期刊的责任是只发表那些关于自然界的可以验证的文章。因为这些期刊希望它们的作者这样做，所以它们的读者也希望这些期刊这样做，并且相信每一篇文章都会满足普遍的科学标准。除非是一目了然的情况，否则没有建立在科学方法之上的幻想类作品会很快且往往是不可挽回地损害一份期刊的声誉。

奥地利昆虫学家汉斯·麦里奇就利用了这一点。麦里奇以杰出的石蛾专家而扬名国际。20 世纪 60 年代末，他成为奥地利昆虫学会的主席；并负责学会的新闻通讯出版物《昆虫学简报》。这份简报主要刊登与昆虫有关的趣闻轶事，并且时常还有各种与昆虫无关的文章。作为这份简报的编辑，麦里奇想要推动提升相关科学标准。学会看待事物的方式略有不同，麦里奇很快被解职。不久之后，麦里奇向该学会的另一份出版物提交了一篇文章，使用的是笔名奥托·苏特明。这篇文章发表于 1969 年，关注的是两种来自尼泊尔的新的跳蚤，*Ctenophthalmus nepalensis* 和 *Amalareus fossorius*。乍一看，这篇文章没有什么特别之处：两个新的物种名，有完整的形态学描述、发现地点和作者。第一眼看上去，没有人能发现这完全是编造的，而且因为任何的手稿提交给该学会的期刊都没有同行审议的程序——这是麦里奇作为编辑想要改变的事情——新的编辑也没有发现任何错误。这篇文章就这样发表了。虽然，麦里奇身边的知情人士知道事情的原委，但直到 1972 年才由一位来自伦敦自然博物馆的知名跳蚤研究人员 F.G.A.M. 施密特在《昆虫学简报》上发表了一篇短文，标题是《关于两种来自尼泊尔的编造的跳蚤的注解》。施密特逐行阅读了那篇原文，表明文中的大部分信息都是虚构的。虽然文中用于参照比较的一些跳蚤物种是真实存在的，但是不仅是这两种新的跳蚤，还有它们寄生的哺乳动物 *Canis fossor*（字面意思是"犬齿埋葬虫"）和 *Apodemus roseus*（粉红小林姬鼠）都是虚构的。只要有一点想象力（以及一点语言学分析），就知道一些发现地点表明它们是隐藏得很浅的奥地利方言的表达。多亏有一位奥地利同事，施密特才能够为这些名称做出解释："'Khanshnid Khaib' 可能是指代 'Kann's nit geiba'（不可能存在），'leg. Z. Minaï' 听起来像是一种非常粗俗的表达（不能印刷出版的言辞）。"无论这种幽默形式是不是真的好笑，都要交给读者来决定。尽管有他们的揭露，麦里奇对这两种跳蚤的描述至今依然有效，而且那种寄生在虚构的"粉红小林姬鼠"上的虚构的跳蚤 *Ctenophthalmus nepalensis* 甚至还在维基百科上有了自己的页面。以至于奥托·苏特明——那个所谓的在斯洛伐克科希策的一个地方博物馆工作的研究人员，对于施密特来说仍然是一个谜。施密特甚至给苏特明留下的地址发过一封信，请求借用这些跳蚤，但是没有回音，那封信也没有被退回。"苏特明"这个名字是奥托·冯·莫尔特克的化名，他是卡尔·梅在一本书中虚构出的梅克伦堡地区的一位骑士（卡尔·梅是 19 世纪深受德国人喜爱的冒险故事作家，他最知名的作品是传说故事《荒蛮的美国西部》）。有时，这位骑士会秘密退避到一座有魔法的房子里，他在那里用 Suteminn（苏特明）的化名进行各种科学实验。

　　1978 年，致力于爬行动物和两栖动物科学研究的《非洲爬虫协会期刊》刊登了鼓眼蛙 *Rana magnaocularis* 的记述文章。署名的是虚构的作者兰克·弗洛斯，来自"忠诚的安大略博物馆"，这个博物馆名称是对位于多伦多的皇家安大略博物馆的误用（将 Royal 写成了 Loyal）。这是一篇短小的文章，只有一页多一点，具有正统的物种描述文章的结构和风格，开篇是这样的："在安大略沿着道路进行夜间采集时发现了一种新的蛙类，特点鲜明，它具有巨大的眼睛和扁平的身体。这个物种会在下文中记述，并对它的用于鉴定的特征之恰当性进行了讨论。"鉴定结果是："眼睛巨大，突出的舌头通常是伸展着的，身体和四肢有非常扁平的背面和腹侧。背部没有横向的褶皱。其他方面与 *Rana pipiens*（豹蛙）相似。"这个新物种经常出现在繁忙的柏油路上或路的两边，尤其是春天更为常见。文章的讨论部分特别有趣：

有三个问题需要注意。这种独特的形态有什么重要意义，为什么只出现在一个栖居地，以及它是如何移动的？

为什么它的身体如此扁平，为什么眼睛这么大？我们相信这些都是为了适应特定栖居环境的结果。通常情况下，蛙类会躲藏在芦苇、草丛或者灌木中以躲避捕食者。在公路上它们则是完全暴露的。通过进化成一种二维的身体性状，除了突然从头顶而来的捕食者之外，这种凸眼豹蛙可以躲开所有捕食者的注意……

我们一开始对于它们如何从一个地方向另一个地方运动迷惑不解，是因为我们对活着的标本缺少观察。起初我们只找到了些微的痕迹。在移动中这些像轮胎胎面一样的痕迹有什么用处，它们与地面有没有接触？与铁环蛇的类比提供了一种假设；这些豹蛙将自己卷成一个圈，把挤出的舌头伸进臀部，灵巧地翻滚自己，从而在公路表面留下了像轮胎胎面一样的印记。

这份记述以卡通素描的方式，描述了一只躺在街上的眼睛凸出的豹蛙，它的舌头完全伸展着。

很明显这是对许多豹蛙（*Rana pipiens*）的描述，每年春天在公路上都会发现被压扁的它们。目前不太清楚的是根据命名法规则，这个名称是否可用。当然没有任何两栖动物分类学家愿意将这个名称放进他们的物种列表里。如果将动物命名法规则作为标尺来衡量，肯定有可能找出这则物种记述所违反的内容，从而使这个名称正式失效。许多基本要求都得到了满足：这则记述以恰当的方式发表，这个物种有其科学名称，被鉴定、记述，有清楚指定的模式标本。这种扁平的蛙类似乎不是皇家安大略博物馆里收藏的正模标本。但是命名法规则的目标不是要评价现有陈述的可信度。对于严肃认真的物种记述，只有在个别的例外情况下才会检查模式标本的入库编号和存在与否。

那么剩下的问题就只是那种在于吉罗的案例里不符合条件的因素了，即与假设的概念有关的排除因素。在这篇文章中没有任何地方说 *Rana magnaocularis* 是一个假设的概念，而且让这个问题更棘手的是这份物种记述至少有可能是在一种真正存在的实体物种的基础上完成的。所以你在阅读这份记述的时候，从字里行间可以看出作者的明确意图是为一个假设的概念命名，这就排除了作者要依照命名法规则承担相关责任。可以肯定地说，科学家们（比如两栖动物分类学家）受到这个案例的影响，会以此为机会将 *Rana magnaocularis* 排除在不可用的蛙类名称之外，而且很可能这位作者也会同意的。

在考虑 *Rana magnaocularis* 这个名称是否符合命名法规则的时候，名称作者的意图应该着重明确。如果普遍认为名称作者是在为一个假设的概念命名，那么可能不会有任何人反对这个名称指代的是一个切实存在的生物学实体，并因此通过该名称的发表使之成为可用名称。但问题在于作者的意图在这里变得不那么确定。但更麻烦的是当作者的明确意图是要为一个他或者她相信是真实存在的物种命名的时候，该物种的存在却受到其他科学家的怀疑或者将其视为完全是假设的物种。

这两个评价标准——作者的意图和生物学事物的物理存在性——实际上足以在良莠之间进行区分。要做出这样的判定是很容易的，尼斯湖水怪的故事就能告诉我们其中的原因。

从公元 6 世纪开始，就有了对于苏格兰高地尼斯湖中一种大型动物甚或是一群大型动物的记录，尼斯湖水怪和雪人以及大脚野人一样，成为由隐生动物学家研究的最广为人知的动物学之谜。隐生动物学研究的是传说和神话中的大型动物的实质内容（真实存在性），因为研究者们相信对世界范围内大量的民间传说都是在真实存在但隐藏得很好的动物物种的基础上形成的。尼斯湖水怪就是这些神秘的神话造物之一，它已经声名远播，并且在苏格兰的旅游产业中扮演着极为重要的角色。至今仍有所谓的目击的报道，但是利用声呐和自动相机进行的颇为系统的研究（这是一种必要的研究策略，因为尼斯湖深不可测，其水量占整个苏格兰地区湖水总量的绝大部分），未能找到无可争辩的证据来证明在湖中栖居着一种大得出奇的动物。

关于尼斯湖水怪的散布最广的理论认为，这是一种存活至今的蛇颈龙（plesiosaur）——属于海洋爬行动物的一个类群，在白垩纪晚期，即地质学上中生代的终章时已经灭绝。蛇颈龙的特征是椭圆形的身体，很长的颈部和一个小脑袋，巨大的像桨一样的用于游泳的四肢。特别是它的长脖子，成为尼斯湖水怪公开形象中反复出现的特征。虽然有大量的科学因素都表明不可能有蛇颈龙类型的生物存在于尼斯湖中（例如这个湖的地质史，或者湖中水量太小并且营养来源太少，对于很小的种群而言都不足够维持生存），但是水栖恐龙的形象看起来已经永远和尼斯湖结合在一起了。

很多图像据称证明了尼斯湖水怪的存在。最早的一张照片来自R.K. 威尔逊，一位受人尊敬的外科医生，他在 1934 年拍摄了这张照片，成为蛇颈龙神话的基础。这张照片描述了一种巨大的具有长脖子的生物在水中滑行的样子，1934 年刊登在《每日邮报》上，被一些人认为是尼斯湖水怪存在的确凿证据。但是在 1994 年对这张照片进行严谨研究后证明，威尔逊是在一些同谋的协助下伪造了这张照片。

最近几十年中最知名的尼斯湖水怪的照片是专利权法官罗伯特·赖恩斯及其小组拍摄的水下自动照片。这个小组拍摄了差不多 2000 张照片，这些照片是在 1972 年和 1975 年的考察中以确定间隔的频率拍摄的。其中有 6 张照片中出现的物体形态值得注意，而这 6 张照片中有 2 张可能是拍摄到了尼斯湖水怪。这些照片成像质量差，颗粒明显，即使用今天的电脑成像技术进行了大量的提升处理也还是如此。作者认为拍到的是偏菱形的鳍，以及一只大型动物的部分身体。通过镜头的放大处理，计算得到的结果是右侧的后鳍长度大约是两米。

在其中一些水下照片以及同时产生的声呐图形的基础上，赖恩斯和彼得·斯科特爵士（摄影师和环保主义者）一起，决定正式记述和命名尼斯湖中的水怪。他们在《自然》杂志上发表了这份记述。《自然》杂志是世界上最具影响力的科学期刊之一，这保证了他们的记述会获得国际上的关注。他们选择的科学名称是 *Nessiteras rhombopteryx*，这一名称的起源如下：属名 *Nessiteras* 的第一部分显然是指尼斯湖水怪，并因此以它的家尼斯湖命名，第二部分表面上来自于希腊语的 teras，两位作者在记述中写道，自诗人荷马以来，这个单词就用于表示"一个奇迹或神迹，以及那些以具象的方式引起赞叹、惊讶以及时常伴有恐惧的各种怪兽"。这个特殊的种名是希腊语 rhombos（偏菱形的）和 pteryx（鳍或翅）组成的。斯科特和赖恩斯写道，从字面上翻译，*Nessiteras rhombopteryx* 的意思是"有一个钻石形状的鳍的尼斯湖神兽"。

尼斯湖水怪存在与否是显而易见的，但是斯科特和赖恩斯用他们的照片和现有其他目击事件中的信息证明了他们的描述。老实说，第一眼看这些照片的时候看不出多少内容：一些有阴影和明亮的区域相互穿插渗透，产生的任何可辨识的形状都难以阐释。一张放大的照片显示了一个白色的结构，看起来差不多是一个有角的头部，当然，照片是有缺陷的。斯科特和赖恩斯从照片中提炼出他们能提炼的内容：他们所描绘的是一个差不多两米长的鳍（可能是右后方的鳍），背部和鼓起后显现出粗糙的皮肤纹理的区域，可能还有几根肋骨。作者相信那两张小一些的照片展示了这些结构，表现了 *Nessiteras rhombopteryx* 的物种记述的真实基础。所有这些信息都是猜想。根据两米长的鳍，在经过成像优化的照片的帮助下，尼斯湖水怪的体长会在 15～20 米之间，有一个 3～4 米长的颈部和一个小脑袋，它的头上可能有几个像角一样的突出物。这份有瑕疵的物种记述是由两部分的证据重建组成的，描述了蛇颈龙一类的动物，它的身体相当肥胖，难看地附和着它的前肢。两位作者有意回避了尼斯湖水怪属于哪个动物类群的问题。偏菱形的鳍意味着它会是一种脊椎动物，这一点没有疑问。根据斯科特和赖恩斯的文章，现存的鲸类中甚至没有略微相似的菱形鳍。结果基本令人满意。留给我们的选择就是某种爬行动物，但是正如作者承认的，任何准确的定义都纯粹是推测而已。

斯科特和赖恩斯可以很容易地预见尼斯湖水怪的物种记述会招来批

评。他们指出命名法规则允许在照片的基础上建立的物种记述，而且他们必须依赖这一许可，因为很不幸人们没有任何尼斯湖水怪的模式标本。这并不完全正确的，因为从技术上讲，它所缺少的是真实的可以获得的正模标本。然而，自1972年8月8日起，几乎可以肯定有一件模式标本，原因是他们给它拍摄了照片。

在这则物种记述的结尾，斯科特和赖恩斯写道，"经过计算"，尼斯湖中可获取的生物量是足够维持这个体型的动物的生存的，那里有大量的鲑鱼、海鳟以及大型的鳗鱼。他们也相信可能在1.2万年前，尼斯湖当时还是一个河口，现在的尼斯湖是被一个渐渐渗入的地峡将其和海洋分隔开的。因此，有一个小的 *Nessiteras rhombopteryx* 种群被隔离，并从此在尼斯湖中繁衍生息。

斯科特和赖恩斯在文章的开头解释了他们为什么要先为尼斯湖水怪命名，这样解释一点都不奇怪。英国议会在1975年通过的《野生动植物保护第一议案》中，将保护对象扩展到自然界中存活受到威胁的所有动物。物种要被纳入被保护类别当中，就必须要有科学名称和通俗名称。虽然斯科特和赖恩斯承认尼斯湖水怪的存在在专家中仍有争议，但是他们建议在"未雨绸缪好过亡羊补牢"的原则下开展工作。因此，如果立法者要采取措施保护这个物种（仅存几个个体）——如果经证实它们确实存在——那么他们有理由推断，尼斯湖水怪已经通过正式命名被纳入议案中。

将一种可能是假想出来的生物纳入官方保护之下的情况并非史无前例。1969年，美国华盛顿州的斯卡马尼亚县将大脚野人加入到受保护的物种列表当中。大脚野人（在加拿大人们称之为萨斯科奇人，即北美野人）是传说中在落基山脉和阿巴拉契亚山脉中出没的猿人；所谓的目击事件至今不绝，但是它的存在还有待通过不可辨驳的证据加以证明。关于大脚野人的系统生物学归属的各种理论都被讨论过。最流行的观点之一是，大脚野人是巨猿（*Gigantopithecus*）的后裔，这是我们今天只有通过化石才能了解的东南亚的一个已经灭绝了的巨猿的属。人类学家和大脚野人研究者格罗佛·S. 克兰茨（他于 2002 年去世）在他所写的《大脚足迹》一书中讨论了大脚野人和萨斯科奇人的传说故事的合理性，并且提出了关于其科学名称的几种模糊的可能性。如果证明大脚野人属于巨猿属，那么 *Gigantopithecus canadensis* 就会是一个合适的选择。如果大脚野人最终需要建立自己的属，则这个属名应该是 *Gigantanthropus*，想必还是用同样的种名，即 *canadensis*。克兰茨还考虑了在大脚野人和发现于非洲的早期人类的已经灭绝的南方古猿属（*Australopithecus*）之间可能存在的联系，这可能会导致大脚野人的科学名称为 *Australopithecus canadensis*。另一位大脚野人研究专家戈登·斯特拉森伯格在 1971 年就发表了文章，讨论了大脚野人和另一个原始人类的属之间可能存在的家族关系，其结果是一个完全不同的科学名称：*Paranthropus eldurrelli*。

但在这里让我们回到尼斯湖水怪的科学名称是否在命名法中可用的问题上，这个问题还没有解决。根据动物命名法规则，这是一个有效名称吗？它的物种记述、鉴定、名称和出版物，一应俱全。因此，讨论的焦点就转而成为 *Nessiteras rhombopteryx* 是否命名了一种假设的概念，在这种情况下它就不会受限于动物命名法的规定了。许多人都当然地断言尼斯湖水怪是神话传说中的一种生物，它缺少出现在尼斯湖或者地球上其他任何地方的生物学形式，所以它只是一种假设的概念。然而，分类学中的一个重要原则是，首先，发表的内容是否是有效的。根据这份出版物，斯科特和赖恩斯无疑完全相信尼斯湖水怪的存在。换言之，对于

Nessiteras rhombopteryx 这个物种的记述并不是明确地为一种假设的概念而进行的，问题在于许多科学家（即使不是大多数科学家）都不相信尼斯湖水怪是一种真实的生物，但这不足以将其从英国动物物种列表中剔除。因此，有很多人认为 *Nessiteras rhombopteryx* 可以作为一个真实、重要，并且有效的名称被接受。

有意思的是斯科特和赖恩斯将他们的新物种 *Nessiteras rhombopteryx* 和其他神话中的，而且特别是那些已经有正式名称的海蛇进行了比较。最古老的是马萨诸塞海蛇（*Megophias monstrosus*），其命名者是博物学家康斯坦丁·萨缪埃尔·拉菲尼斯科－施马尔茨，该名称发表于 1817 年。直到 1958 年，隐生动物学的奠基人以及该领域最出彩的人物之一的伯纳德·霍伊维尔曼记述了 *Megalotaria longicollis*，这是另一种虚构的物种，据说有蛇颈龙一样的外形，生活在北美水域中。然而在将照片和其他的物种记述对比之后，斯科特和赖恩斯总结道，这些更古老的名称无法适用于这个"在这些照片中后部有鳍的物种"。

伯纳德·霍伊维尔曼所做的不仅仅为美洲海蛇赋予一个名称。霍伊维尔曼于 1916 年生于诺曼底，他在自己最热爱的事业——爵士乐和生物学之间挣扎了很多年。第二次世界大战之后，他开始系统研究神秘的神话中的动物物种。他的两卷本著作《追寻未知动物》从 1955 年开始成为畅销书，并且让他一夜成名。这部书是现代隐生动物学的奠基之作。

霍伊维尔曼在这部书和其他著作中，发表了大量的存在性颇有争议的神话生物的科学名称。例如在 1969 年，他在明尼苏达冰人的基础上记述了 *Homo pongoides*，这是一个封冻在一块冰中的原始人类的身体，20 世纪 60—70 年代曾在美国和加拿大各地的购物广场和国家展览会中展出。霍伊维尔曼相信 *Homo pongoides* 展现了和尼安德特人有近缘关系的人类物种。有很多人认为明尼苏达冰人就是一场恶作剧。

和明尼苏达冰人一样，雪人的科学名称 *Dinanthropoides nivalis* 也得自霍伊维尔曼。霍伊维尔曼将这个名字解释为"可怕的原始雪人"。如果雪人和大脚野人一样，有可能是已经消失的巨猿属（*Gigantopithecus*）的幸存者，那么 *Dinanthropoides* 就是它的更晚来的同义词，因为之前的名字是由古斯塔夫·冯·孔尼华在 1935 年发表的。霍伊维尔曼总结说，如果事情就是这样的话，雪人的科学名称就会相应地调整为 *Gigantopithecus nivalis*。

霍伊维尔曼以这样的方式在隐生动物的世界里摸索着前进——这是非凡的动物的世界，这些动物决然地避开了人类的探查。并不是所有的隐生动物都和雪人一样为人所知，但是霍伊维尔曼想要使用合适的科学名称作为确认它们存在的关键环节：有长长的脖子的海牛，体长有 18 米，很有可能是一头海狮（*Megalotaria longicollis*）；马头鱼尾的怪兽（海马）是一种 18 米长的有胡须的海兽（*Halshippus olaimagni*）；还有"超级水獭（*Hyperhydra egedei*）"，这是一种海蛇，身长 20 ~ 30 米，形似水獭。

霍伊维尔曼的这些名称是否能够通过动物命名法规的审核是值得怀疑的。但是我们几乎不可能像反对尼斯湖水怪一样反对一个假设的概念。即使霍伊维尔曼是世界上唯一一个相信这些他所命名的神秘生物（隐生动物）真实存在的人（而他并不是唯一相信的人），你都得接受这些名称是为那些被认为真实存在的生物学实体配备的这一事实。无论《命名规约》中超出这一约定的部分是否被违背，都要对每一个个案进行审核。

让我们回到本书的中心主题：《命名规约》是经过许多人的思考和多年发展而形成的一套成规，意在对大批量的分类学结果进行标准化的、简化的管理。分类学是辨认、记述和命名的科学，它如何与命名法这一创造和管理名称的规则相关，这是争论的常见话题。在大多数物种记述中，这些由分类学和命名法进行陈述的条目之间有优雅的一致性，以至于在日常的科学工作中难以区分这些条目之间的差异。物种的辨认和记述的分类学处理与命名过程十分紧密地纠缠在一起，似乎没有必要对二者进行区分。分类学和命名过程是针对同一个对象的：一个等待着被记述和命名的物种或者其他的生物学实体。然而就像"为虚无命名"一样，其中的差别尤其明显。在这些隐生动物学的事例中，分类学的对象是虚无，因为大多数系统生物学家都同意这些得到记述的物种是不存在的。但是命名的过程和以往一样继续进行着，而且它也应该始终如此。这是一个语言学的过程而非经验过程——它不需要和真实捆绑在一起。当涉及动物命名法规则所决定的有效性时，以经验为指向的分类学和语言命名最终会重叠在一起。《命名规约》只应用于那些有形的生物学实体。通过将用于假设概念的名称排除在外，本章中论及的大多数名称都会获得定论。它们并没有落入命名法规则的审视范围，因此不属于生命的名录。官僚主义做派的分类学家会接受的观点是，有些，甚至全部这些名称都与命名法正式相关，那么问题就是我们能从这种形式主义的条文中获得什么。这份所有生命体的列表是否包含一些神秘生物——它们可能会是一些童话中的造物或者真实的物种——与全球物种多样性存量的相关问题之间的关系最为密切。在这种情境下看待的话，类似这些神秘生物的名称只是学界笑谈的内容，诚然这些内容也是幽默的。

一堆来自哺乳动物收藏部的旧标签。柏林自然博物馆,本书作者拍摄。

在世界上最知名且最受关注的科学期刊之一的《自然》杂志上发表的 *Nessiteras rhombopteryx*,会最终证明它是 1975 年的一场灾难。这篇论文发表于那年的 12 月初,引起了全球媒体的关注:整个世界都在讨论尼斯湖水怪和它的新名字。这正是像《自然》这类科学期刊和媒体始终梦寐以求的——完全是因为一篇科学论文引起的效应。在这一年结束之前,苏格兰国会议员尼古拉斯·费尔贝恩有了一个惊人的发现。他在用 *Nessiteras rhombopetryx* 中的字母做游戏,发现这个科学名称是"彼得·S 爵士的怪兽闹剧(monster hoax by Sir Peter S)"的异位构词游戏。他通过邮件通知了《纽约时报》。12 月 18 日,《纽约时报》就这个问题刊发了一则简讯,将这个异位构词游戏引用为证据,证明 *Nessiteras rhombopteryx* 是一个谣言。对于《自然》杂志来说，虽然赖恩斯已经回击说这些字母也可以重新排列拼写成"是的，两幅照片都是怪兽（Yes, both pix are monsters. R. ）"，但是读者们有足够理由意识到这只是一种搪塞。我们永远不会知道罗伯特·赖恩斯和彼得·斯科特是否有意地设置了这个文字游戏，或者这仅仅是一场欢乐的意外事件。当然，以如此严肃的科学目的造就的一个名称应该在其中包含着对欺骗的许可，以此为命名艺术塑造一个格外美丽的范例。

后记　标签

　　在物种记述和命名方面，有一个地方是为分类学的思考和实践而专门准备的：自然博物馆中令人着迷的藏品室，在那里自然的多样性被揭示出来，不同于其他任何地方，除了大自然本身。同时，藏品是名称的宇宙，不能独立于它们的物质对等物而存在。科学名称之所以具有重要意义，是因为它们指向的是我们能够感知的自然实体。

　　作为语言元素的名称与它们所指定的生物实体之间的联系，在标签中表现得最为明显。博物馆的藏品通过其标记，跨越了个体到物种的界限，物种正式从个体有机体的独特属性中解放出来。这些自然标本不仅因为它们的命名而失去了它们的个性，而且它们也变成了代表总体概念而不是具体概念的有机体系统中的对象。标签把以前的生物变成了某种生物物种存在的假设对象。

　　但假设可以改变。实际上，在语言领域，这种类型的变化发生在对象及其名称之间的连接上。更改之后是新名称，而新名称之后是新标签。尽管如此，自然博物馆藏品的摆放排列绝不是随机的；相反，它是由我们对物体本质的理解所决定的。同一属内的种彼此相邻，同一科内的属也是如此。如果我们对事物的理解发生了变化，那么物体就会失去它们熟悉的邻居，并被转移到房间的其他地方。汉斯·齐施勒曾在文中说过："如果有关某个物体的新知识被发现，它会突然从一个架子上被带进其他物体的行列。"因此，博物馆收藏中的"抽象概念的动态"通过博物馆空间内的这种运动得到了进一步表达。

语言构成了获取和守卫科学知识的框架。即使把一个名字配给一个对象使其在空间上表现出来，但规则的实际表达最终服从于语言秩序。它用命名——将一个名称固定到一个对象上——在一个自然史集合中创建顺序。因此，被命名对象的排序位置是次要的，前提是通过有形名称承载物及其包含在目录和数据库中的文档来确保明确的名称分配。

然而，即使通过命名的行为，任何动物也不能完全脱离博物馆藏品中的个体。毕竟，它仍然是一只动物——待在一堆藏品中间，等待着人们的注意——作为一件有记录档案的收藏品，它的生命和死亡的痕迹往往可以在某些细节上得到重现。在所有科学名称的背后，都是它们所指代的对象的故事，是那些在遥远的土地上被收集，然后成为科学妥善保存的对象的动物们的故事。再一次，名字和它们指代的对象与那些把研究自然作为毕生事业的收藏家、研究者、专家和业余爱好者密不可分。

科学名称代表了知识及其多种形式的多维顶点。结构化的使用科学名称和知识为这份生命名录创造了语言上的相似性，其可读性也取决于名称创建和使用的既定惯例被遵守的程度。但是，正如这些名称可能是用科学语言表述的那样，科学名称的创造将继续受到无数非科学势力的影响，且这种影响并不罕见。正是由于这些不完美，这些名字才有了很大的吸引力。

致谢

虽然这本书的主要部分是我在家中书房，时而远眺柏林市郊写成的，但是像这样一本书的根本总是在于很多人都为它的完成和成功做出了相应贡献。我希望能够在这里提及所有人，但请原谅我任何无意间造成的疏漏。

我要感谢汉斯·齐施勒，他带给我大量很有启发的论点以及他对于博物学的独特视角。他将我介绍给来自Agentur Gopfert 文稿代理公司的丽贝卡·格普菲特，丽贝卡的慷慨帮助、对本书的兴趣以及为我和柏林 Matthes&Seitz 出版社的联系提供的方便，让我心怀感激。非常感谢安德烈斯·罗策尔和他的出版团队友好、积极的支持，尤其是迪尔曼·沃格特，他极为仔细、耐心地阅读了我的书稿。

感谢马尔堡大学的达莫里斯·纽柏林教授，他是物种名称研究方面真正的权威，他耐心地回答了我冒昧提出的问题——这些问题从一位语言学专家的角度来看必定是幼稚的，而且他可能依然相信生物学中的物种"并不比一打新鲜出炉的面包卷更特殊"。

特别感谢生物学家和历史学家卡斯滕·埃克特，他总是愿意和我分享他在生物学史领域极为丰富广博的知识，尤其是柏林自然博物馆的历史信息。

加利福尼亚大学河滨分校的道格·雅尼加和夏威夷大学的尼尔·艾文修斯仔细地校正了第一章中的英文翻译。宾夕法尼亚大学的珍妮特·蒙赫为保存在宾夕法尼亚大学考古和人类学博物馆的爱德华·德林克·科普的头骨提供了诸多背景信息。

我的朋友和同事们和我分享了已经发表和尚未发表的奇闻异事以及奇妙的名称创建，慷慨地将他们自己关于名称和命名的知识传授给我，并且为我提供了相关的文献。感谢乌尔丽克和霍斯特·阿斯伯克夫妇（维也纳）、苏林·弗莱科夫斯基（柏林）、克劳斯·贝特克和约恩·科勒（德国BIOPAT）、尼尔·艾文修斯（夏威夷）、安科·德·黑森（柏林）、赖纳·哈特勒（波恩）、迈克尔·A.艾维（蒙大拿）、沃克尔·劳赫曼（不莱梅）、沃伊切赫·J.普劳斯基（旧金山）、特奥·迈克尔·施密特（德国格赖夫斯瓦尔德）、弗兰克·施泰因海默（德国哈雷）以及霍尔格·斯托克（柏林）。

我诚挚感谢所有为我提供图片和复制许可的同行们，特别是柏林自然博物馆的赛宾·哈克塔尔和森肯堡德国昆虫学会的伊迪萨·舒伯特。

　　我特别感激在柏林自然博物馆的同事们，他们欣然与我分享最奇妙的收藏和他们专业领域里的故事。没有比这里更好的研究自然界多样性的地方了，这里还有始祖鸟和腕龙的陪伴。这间博物馆正是有了下列诸位才有了今天的成就和威望：雷纳特·安格尔曼、彼得·巴尔奇、奥利弗·科尔曼、杰森·邓禄普、卡尔斯坦·埃克特、希尔科·弗拉纳特、约翰内斯·弗里希、克里斯蒂安·芬克、马提亚斯·格劳布雷希特、厄休拉·戈尔纳、彼得·吉尔、赖纳·冈瑟、赛宾·哈克塔尔、安科·霍夫曼、弗里德·迈尔、沃尔夫拉姆·梅、比格尔·诺伊豪斯、克里斯蒂亚娜·夸伊泽、卡罗拉·拉德克、马克–奥利弗·罗德尔、弗兰克·蒂利亚克和约翰内斯·沃格尔。我还要感谢柏林自然博物馆图书室的工作人员，他们在文献方面给予了我巨大的帮助：玛蒂娜·李伯格、汉斯–乌尔里希·洛克和安内格特·汉高。在撰写本书的最后几个月中，卡洛琳·林帮助我进行研究，将她特有的能量和热情，以及她对精彩故事的挑选眼光带给了这本书。

　　我想要感谢许多的朋友和同事，当我表明我确信物种名称很重要并且为分类学提供了钥匙的时候，他们是充满共鸣而没有指摘的听众。没有谁对我表达不满，只有那些确实帮助我提炼对事物的看法的人——我希望在他们提出的至关重要的论点和问题之下，我确实有所提升。非常感谢马提亚斯·格劳布雷希特、安妮塔·赫尔曼斯塔德特、艾娜·霍伊曼、沃克尔·劳赫曼、卡斯滕·卢特尔、卡廷卡·潘特兹、格哈德·舒尔茨、格奥尔格·特福芬和汉斯·齐施勒。

感谢卡斯滕·埃克特、马提亚斯·格劳布雷希特、丽贝卡·格普菲特和卡洛琳·林，他们带着批判和专业的眼光阅读了本书的初稿，指出了所有的矛盾和不一致的地方。卡廷卡·潘特兹——善于观察、有好奇心、有独创性——以她自己的修改意见创作了一件艺术品。

我的妻子丹妮拉是我最不知疲倦和有批判性的读者，毫不留情地将初稿的各个版本组合起来以删除无意义的闲谈和冗余的部分，最终使之精练成一个毫无疑问更好的版本。

最后，我要向丹妮拉和我的孩子们，亚尼卡、马特斯、莫尔和米娜表达我的感激之情，不仅在我这里如此，他们也毫无怨言地和亚历山大、吉罗、弗朗西斯·沃克尔以及其他怪人一起相处。此刻，我的孩子们不能理解一个人怎么可能会对昆虫学感到厌倦。